高等职业教育新目录新专标电子与信息大类教材

人工智能数据服务

主　编：杨忠明　聂　葳　陈　筱

副主编：王任之　冯翔飞　苑占江　杨　灿　李晓亮

参　编：刘　清　蒋小波　付　钰

U0281028

电子工业出版社

Publishing House of Electronics Industry

北京·BEIJING

内容简介

本书深入剖析了人工智能时代数据服务的核心技术与应用场景，为读者揭示了数据驱动人工智能发展的奥秘。本书通过设计具体的项目和任务，引导学生在完成任务的过程中，深入掌握人工智能数据服务必要的理论知识和实践技能。全书内容分为 5 个项目，共 17 个任务，包括人工智能数据服务基础、数据采集、数据处理、数据标注与质量、数据可视化，内容全面，体系完整，并配套丰富的立体化教学资源。本书对标职业化标准，理论结合实践，通过任务分析和实际操作，使学生在面对挑战时能够积极思考、不断创新，同时强调培养学生的社会责任感和职业道德。

本书适合人工智能相关专业的学生及从业人员使用，无论是高职院校还是职业本科院校，都能为学习者提供全面、系统的学习资源。

图书在版编目（CIP）数据

人工智能数据服务 / 杨忠明，聂葳，陈筱主编．

北京：电子工业出版社，2024. 8. — ISBN 978-7-121
-48780-4

Ⅰ．TP18；TP274

中国国家版本馆 CIP 数据核字第 20240PC432 号

责任编辑：邱瑞瑾
印　　刷：三河市良远印务有限公司
装　　订：三河市良远印务有限公司
出版发行：电子工业出版社
　　　　　北京市海淀区万寿路 173 信箱　　邮编：100036
开　　本：787×1092　　1/16　　印张：17.5　　字数：448 千字
版　　次：2024 年 8 月第 1 版
印　　次：2024 年 8 月第 1 次印刷
定　　价：58.00 元

凡所购买电子工业出版社图书有缺损问题，请向购买书店调换。若书店售缺，请与本社发行部联系，联系及邮购电话：（010）88254888，88258888。

质量投诉请发邮件至 zlts@phei.com.cn，盗版侵权举报请发邮件至 dbqq@phei.com.cn。

本书咨询联系方式：（010）88254580，zuoya@phei.com.cn。

前　言

随着以大模型为代表的生成式人工智能技术席卷全球，其对人类的生产和生活都带来了革命性的变化，人工智能的发展从以模型为中心转变为了以数据为中心。以数据为中心的人工智能理论认为，好的人工智能需要高质量、大规模和多样性的数据。同时，在新基建政策下，人工智能被列入国家重点建设领域。伴随着人工智能产业的发展，国内逐渐形成了以数据采集及标注为核心的基础数据服务行业。人工智能技术向落地应用阶段高速发展，将给基础数据服务行业格局带来重大变革。

一、教材编写背景

人工智能数据服务作为人工智能技术的重要组成部分，其重要性不言而喻。数据是人工智能的基石，高质量的数据是实现人工智能技术突破的关键。党的二十大报告强调，要加快发展数字经济，促进数字经济和实体经济深度融合，打造具有国际竞争力的数字产业集群。这为人工智能数据服务的发展指明了方向，也对人才培养提出了更高的要求。然而，高质量的数据并不是凭空产生的，它需要通过科学的方法进行采集、预处理、标注和分析。因此，培养具备这些技能的专业人才，显得尤为重要。

近年来，随着人工智能技术的快速发展，人工智能数据服务人才的需求也在不断增加。2020年2月，人力资源和社会保障部发布了人工智能训练师新职业，这标志着人工智能数据服务人才的培养已经上升到国家层面。然而，目前市场上缺乏系统化、专业化的教材，无法满足高职及职业本科院校的教学需求。因此，编写适合高职和职业本科学生的基础性强、可读性好、学生能快速入门且适合老师讲授的人工智能技术专业教材，显得尤为迫切。

二、教材编写目的

本书旨在为人工智能相关专业的学生提供一本系统、全面、实用的教材。通过学习，学生能够增强数据安全意识，提升数据分析思维，促进数字化创新与发展能力，树立正确的数字社会价值观和责任感。同时，本书还注重培养学生的团队意识和职业精神，使学生具备独立思考和主动探究能力，为学生职业能力的持续发展奠定基础。

三、教材编写特色

（1）对标职业化标准：教材内容设计对标职业化标准，满足人工智能数据处理、计算机视觉应用开发、人工智能深度学习工程应用等 1+X 职业技能等级证书的相关考核要点和能力要求，确保学生能够掌握行业所需的核心技能。

（2）技术先进、应用广泛：广东科学技术职业学院与深圳市越疆科技股份有限公司深入合作，教材内容优先选择技术先进、应用广泛、自主可控的软硬件平台、工具和项目案例，确保学生能够掌握最新的技术和方法。

（3）理实一体化设计：教材设计突出项目化、场景化，按项目场景的工作任务流程组织教材中模块的内容，注重数据特征工程的方法，质量对后续模型训练、应用开发的影响等方面的内涵式指导和讨论。

（4）课程思政要求：在应用场景、项目、数据集或采集对象的设计当中，考虑了蕴含思政元素的数据和场景，紧跟国际主流技术，与国际标准数据集对接，落实课程思政要求，突出职业教育特点。

四、教材内容概述

本书共分为五个项目，涵盖了人工智能数据服务的各个方面。

项目一：人工智能数据服务基础，介绍了人工智能数据服务概念、应用场景、发展，以及实验环境安装与配置的相关知识。

项目二：数据采集，详细讲解了网络数据采集、端侧数据采集，以及数据存储与加载的方法和技术。

项目三：数据处理，涵盖了图像、文本、语音数据处理，以及数据增广和特征工程等内容。

项目四：数据标注与质量，介绍了数据标注工具和方法，图像、视频、语音和文本数据标注的实践任务。

项目五：数据可视化，讲解了 Matplotlib、Seaborn 和 Pyecharts 等工具在数据可视化中的应用。

五、教材适用对象

本书适用于人工智能技术应用、人工智能工程技术等相关专业的学生，同时也适合作为相关领域的培训教材。教材内容设计合理，既有理论讲解，又有实践操作，适合不同层次的学习者。

六、教材使用建议

在使用本书时，建议教师结合实际教学情况，灵活安排教学内容和进度。同时，鼓励学生积极参与课堂讨论和实践操作，通过不断的练习和思考，提升自身的专业技能和综合素质。本书提供配套立体化教材资源，读者可以登录华信教育资源网（http://www.hxedu.com.cn）免费注册后下载。本书提供教材资源文件，读者可以加入教材专属 QQ 群：897346074。

七、结语

人工智能技术的发展离不开数据服务的支持，而数据服务的实现则需要高素质的专业人才。希望通过本书的学习，能够为学生提供一个全面、系统的学习平台，帮助他们掌握人工智能数据服务的相关知识和技能，为未来的职业生涯打下坚实的基础。

最后，感谢所有参与教材编写和审校的专家和老师，他们的辛勤工作为本书的出版提供了宝贵的支持。同时，也感谢广大读者对本书的关注和支持，希望本书能够成为大家学习人工智能数据服务的良师益友。

《人工智能数据服务》教材编写组

目　　录

项目 1　人工智能数据服务基础

项目导入

　　人工智能数据服务作为支持人工智能（Artificial Intelligence，AI）技术发展的关键环节，正在推动社会各个领域的深刻变革。随着大模型技术的迅速发展，AI 算法逐渐从特定任务领域拓展至具备更强通用能力的领域。这一趋势要求数据服务更加多样化和高质量，以确保大模型在训练、验证和优化过程中达到预期效果。因此，人工智能数据服务不仅是推动 AI 技术进步的"燃料"，更是驱动社会数字化转型的引擎。数据服务的质量直接影响着 AI 模型的性能和适应性，从而对智能交互、无人驾驶、医疗健康等领域的成功应用产生深远影响。正如习近平总书记所强调的，创新是推动发展的首要驱动力，而数据则是此驱动力的核心。在人工智能发展的浪潮中，确保数据服务的质量与效率不仅是技术需求，更体现了社会责任的担当。

　　在当前，中国的人工智能数据服务市场正处于快速扩展阶段，需求侧对大模型技术的推动促使企业加大对高质量数据服务的投入，而供给侧在政策、技术、人才等方面提供了坚实保障。这一双向互动的良性循环，既为中国在全球人工智能领域占据有利地位提供了支持，也反映出中国在科技创新和产业升级方面的战略布局。本项目将认识人工智能数据服务的相关概念和应用场景，并了解数据服务的行业发展。通过对人工智能数据服务的学习，不仅要掌握专业知识，更要深刻理解数据在国家科技自立自强中的重要性。我们应以此为契机，培养创新精神和社会责任感，为实现"科技强国"的战略目标贡献力量。

任务列表

任 务 名 称	任 务 内 容
任务 1.1　认识人工智能数据服务	认识人工智能数据服务的定义、组成部分和应用价值，熟悉人工智能数据服务的具体应用场景。 　　了解人工智能数据服务的行业发展，包括行业发展历程、发展现状、未来发展趋势及机遇。 　　掌握人工智能数据服务实验环境安装与配置，包含 Anaconda、Pycharm 的安装，以及在 Pycharm 中配置 Conda 环境

知识&技能图谱

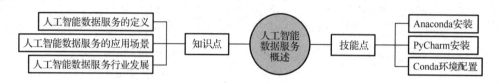

任务 1.1 认识人工智能数据服务

1.1.1 人工智能数据服务概念

1. 人工智能数据服务的定义

人工智能数据服务，简而言之，就是为人工智能（AI）模型的成功提供全方位数据支持的服务。具体而言，人工智能数据服务是指为 AI 算法的训练、验证和优化提供高质量、结构化数据的专业服务。这种服务不仅涵盖了数据的采集和标注，更包括了数据的清洗、信息抽取等多个环节，旨在确保 AI 模型能够从中学习并提高其在特定任务中的表现。当今迅速发展的大模型，以其强大的表征学习能力和泛化性能，正逐渐成为 AI 领域的主流，然而，这些模型的训练和优化，离不开大量、多样、准确的数据支持，人工智能数据服务，正是为了满足这一需求而生。

在人工智能如火如荼的今天，算法、算力和数据是驱动这一技术革命的三驾马车。而当 AI 技术从理论走向实践，从实验室进入市场，数据服务的重要性便愈发凸显。在 AI 的世界中，数据被视为"燃料"，是驱动 AI 算法不断进步的核心要素之一。想象一下，智能交互、人脸识别、无人驾驶等前沿应用，它们是如何从概念变为现实，又是如何逐渐融入我们的日常生活的呢？这背后，除了精湛的算法和强大的算力支撑，更为关键的是那些经过精心处理、准确标注的数据。这些数据，就像是 AI 算法的"燃料"，为其提供了源源不断的动力。在这个过程中，人工智能数据服务扮演了至关重要的角色。它就像是那位默默无闻但不可或缺的助手，为 AI 算法提供了高质量、结构化的数据"教材"。这些数据经过了严格的筛选、清洗和标注，以确保 AI 模型能够从中汲取到最纯净、最有价值的信息。

当我们谈论 AI 模型的精度、适应性和实用性时，实际上是在谈论数据服务的质量。因为正是这些数据，塑造了 AI 模型的"性格"和"能力"。一个好的数据服务，能够确保模型在特定任务中表现出色，甚至超越人类的判断。随着 AI 技术的广泛应用，从安全监控到金融服务，从企业管理到医疗健康，我们都能看到 AI 的身影。而这些应用的成功，都离不开背后庞大的标注数据支持。以计算机视觉为例，每一张图像都需要经过精准地标注，无论是进行目标检测还是语义分割，都要求数据服务团队具备极高的专业素养和技术实力。同样，在语音识别领域，庞大的语音数据库和准确的转写标注也是模型理解和生成自然语言的关键。

人工智能数据服务不仅是 AI 技术商业化的关键环节，更是推动整个人工智能领域不断向前发展的核心力量。它像是一座桥梁，连接了理论与实践，融合了技术与市场，使得 AI 技术能够真正落地生根，造福人类社会。有理由相信，在未来的发展中，随着数据服务质量的不断提升和技术的不断创新，人工智能将在更多领域展现出其惊人的潜力和价值。

2. 人工智能数据服务的组成部分

人工智能数据服务是确保 AI 模型从数据中高效学习并在实际应用中表现优异的关键环节。这个服务体系由多个环节组成，每个环节都在人工智能模型的构建和优化过程中发挥着不可或缺的作用。以下是人工智能数据服务的主要组成部分及其重要性和具体内容。

（1）数据采集

数据采集是人工智能数据服务的起点，也是整个 AI 模型构建过程中最为基础的一步。高质量的数据来源是 AI 模型成功的基石。数据采集的主要任务是从各种渠道获取与特定任务相关的数据，这些渠道可以包括互联网爬虫、传感器、数据库、日志文件、用户反馈信息、API 接口以及人工输入等。数据采集不仅需要考虑数据的数量，还要确保数据的多样性和代表性，以避免模型训练中出现偏差。此外，数据采集的合法性和合规性也至关重要，特别是在涉及个人信息的情况下，需要严格遵守相关法律法规。

（2）数据清洗

在数据采集之后，原始数据往往包含噪声、缺失值、重复值和异常值，这些问题会严重影响模型的性能。数据清洗旨在通过处理和修正这些问题，提升数据质量。常见的数据清洗操作包括去重、填补缺失值、修正异常值、统一数据格式和标准化数据等。数据清洗是一个非常关键的步骤，清洗后的数据更为准确、整洁，能够为后续的数据标注、特征工程和模型训练提供坚实的基础。清洗过程中可能会用到各种统计方法和数据挖掘技术，以确保数据的准确性和可靠性。

（3）数据标注

数据标注是将无标签的原始数据转换为有标签数据的过程，它直接决定了模型的训练效果。对于监督学习模型而言，标注数据是必不可少的。数据标注可以涉及多种形式，如图像中的目标框选、文本中的情感分类、语音中的语义识别等。高质量的数据标注不仅要求标注的准确性，还要求标注的一致性，因此，数据标注通常由经验丰富的标注团队执行，并经过严格的质量控制流程。

（4）特征工程

特征工程是从原始数据中提取出对模型训练有用的信息的过程。特征工程的质量直接影响模型的表现，好的特征可以显著提高模型的准确性和鲁棒性。特征工程包括特征选择、特征转换和特征构造等步骤。特征选择是挑选出最具代表性和最相关的特征，特征转换是将特征数据转换为更适合模型使用的形式（如归一化、标准化等），特征构造是通过组合已有特征或创建新的特征来增强模型的学习能力。

（5）模型训练与优化

模型训练是利用标注数据对 AI 模型进行参数调整，使其能够从数据中学习并执行特定任务的过程。训练过程中的优化步骤，如学习率调整、正则化、梯度下降等，旨在提升模型的收敛速度和准确性。在训练过程中，需要不断调整超参数并迭代训练，以达到模型性能的最优化。随着大模型的出现，训练过程还需考虑模型的计算资源消耗、训练时间和训练稳定性等因素。

（6）模型评估与部署

模型评估是检验模型在实际任务中的表现的关键步骤。通过测试集或交叉验证，评估模型的准确性、召回率、精确率和 F1 值等指标。模型评估不仅关注模型在训练数据上的表现，更重视其在未见数据上的泛化能力。评估通过后，模型进入部署阶段，将其应用于实际业务场景中。部署过程中需考虑模型的响应速度、资源使用情况和扩展性，以确保模型在生产环境中稳定、高效地运行。

（7）数据可视化与解释性

数据可视化是将复杂的数据和模型结果通过图表的形式呈现给用户或决策者，使其能够直观理解数据的分布、模型的表现和预测结果。数据可视化不仅是数据分析的工具，还可以用于解释 AI 模型的决策过程，帮助识别潜在的偏差和问题。随着 AI 模型的复杂性增加，解释性变得尤为重要，它不仅有助于提高用户对模型的信任度，还在一定程度上满足了法律和道德的要求。

（8）数据安全与隐私保护

在人工智能数据服务中，数据安全与隐私保护是不可忽视的重要组成部分。数据安全涉及防止数据泄露、篡改和未经授权的访问，常见措施包括数据加密、访问控制和日志审计等。隐私保护则主要针对涉及个人信息的数据，必须遵循数据保护法规（如 GDPR，通用数据保护条例），并采用诸如数据匿名化、差分隐私等技术，确保在提供数据服务时不侵犯用户隐私。

（9）数据服务持续改进

人工智能数据服务并非一次性的工作，而是一个持续改进的过程。随着 AI 模型的应用和反馈的积累，数据服务团队需要不断优化数据采集和处理流程，更新数据标注标准，改进特征工程方法，并根据实际业务需求调整模型训练和评估策略。同时，持续监控模型在生产环境中的表现，及时发现问题并做出相应调整，以确保模型在不同环境下的稳定性和适用性。

通过人工智能数据服务的这些组成部分协同工作，人工智能数据服务得以全面支持 AI 模型的开发和应用，确保其在各类实际场景中发挥最大潜力。

3. 人工智能数据服务的价值

AI 数据服务在整个 AI 产业链中起着支撑性的作用。无论是基础层的算力、算法，还是技术层的计算机视觉、自然语言处理，抑或是应用层的定制服务，所有这些都离不开高质量的数据支持。AI 模型的性能很大程度上依赖于训练数据的质量和数量，只有在充足且精准的数据支撑下，AI 技术才能更好地解决实际问题，实现商业化落地。从商业化的角度来看，数据服务的价值主要体现在以下几个方面。

（1）提升 AI 模型的精准度

提升 AI 模型的精准度是人工智能数据服务的核心价值之一。高质量的数据不仅是 AI 模型训练的基石，更是决定模型最终性能的关键因素。精确、完整且多样性丰富的数据输入，可以使模型在训练过程中更好地捕捉到复杂的模式和细微的差异，从而提升其预测能力。这种数据的优势在于能够有效降低模型的误差率，提高其在面对现实世界复杂场景时的表现稳定性。此外，优质的数据还能帮助模型在不同应用场景中更快速地适应和优化，增强其泛化能力，即便在未见过的数据或情况面前，也能保持较高的预测准确度和可靠性。因此，人工智能数据服务不仅仅是在为模型提供数据，更是在为模型的智能化水平奠定基础，通过优化数据质量来推动 AI 模型精准度的持续提升，从而实现更高效、更具价值的智能应用。

（2）缩短 AI 模型的开发周期

缩短 AI 模型的开发周期是人工智能数据服务所带来的关键优势之一。通过提供经过精细处理和高质量标注的数据，这些服务显著提升了模型训练的效率，减少了开发者在数据准备阶段的时间投入。传统的 AI 模型开发过程中，数据的收集、清洗、标注往往需要耗费大量的人力和时间，成为项目进展的瓶颈。而高质量的数据服务不仅提供了多样化且精准的数据，还能通过自动化和半自动化的标注工具，确保数据的一致性和准确性。这种数据服务的支持，使得开发团队能够专注于模型架构设计与优化，缩短模型的迭代周期。此外，数据服务的定制化能力，能够根据不同领域的需求提供专门的数据集，从而进一步加速模型的开发和测试过程。这种快速、高效的数据供应链，不仅帮助企业更快地推出创新产品和服务，还能提高市场竞争力，抢占先机。

（3）降低开发成本

降低开发成本是人工智能数据服务的重要价值之一。通过提供优质的数据服务，企业能够大幅减少 AI 模型在开发阶段的反复调试与修改工作。这是因为高质量的数据集能更准确地反映出真实世界的复杂性，使得训练出的模型更具泛化能力和准确性。因此，开发者无须耗费过多时间和精力在模型的微调上，从而显著降低了开发成本。这种成本的降低不仅体现在直接的经济节省上，还包括提高了开发效率，缩短了产品上市时间，为企业赢得了市场竞争的先机。简而言之，优质的数据服务是降低 AI 开发成本、提升项目整体效益的关键所在。

（4）增强市场竞争力

在当今高度竞争的市场环境中，数据已成为企业提升竞争力的核心要素之一。数据不仅是信息的基础，更是 AI 技术差异化与创新力的源泉。拥有丰富、精准数据的企业，能够更深入地洞察市场趋势，更迅速地响应客户需求变化，从而在产品研发、服务优化等方面抢占先机。这种基于数据的竞争优势，不仅提升了企业的市场敏锐度和决策效率，还为其在激烈的市场竞争中构筑了坚实的护城河。因此，高质量的数据服务已成为企业增强市场竞争力不可或缺的利器。

1.1.2　人工智能数据服务的应用场景

人工智能数据服务的应用场景广泛而多样，几乎渗透到了当今社会的每一个角落。以下是一些典型的应用场景。

1. 通用大模型中的应用

通用大模型已成为人工智能技术的新高地，其在语言理解、生成与推理等方面的出色表现，得益于海量的训练数据。这些数据不仅决定了模型推理结果的可靠性，还在很大程度上影响了模型的泛化能力。与传统 AI 模型相比，大模型对数据的要求更为严苛，数据量更大，类型更为多样，且标注的复杂度也大幅提升。

（1）数据的多模态融合

虽然大多数通用大模型侧重于文本输入与输出，但随着技术的发展，多模态数据（如图像、视频、语音等）的重要性日益凸显。多模态数据的应用可以使模型在处理复杂任务时更加高效和准确，尤其是在涉及跨领域信息融合的场景中。为了实现这一点，需要对大量不同类型的数据进行精确地标注和整合，这对数据服务提出了更高的要求。

（2）模型能力的定向优化

通用大模型的性能不仅取决于其架构和算法，还高度依赖于数据的质量和多样性。在构建模型的过程中，数据服务供应商通过提供高质量、具有代表性的数据，帮助模型开发者进行定向优化，使模型能够更好地适应特定场景的需求。无论是行业应用还是特定企业的问题解决，大量垂直领域的数据支持都不可或缺。

（3）模型评测与迭代

大模型的评测同样离不开高质量的数据服务。为了确保模型的性能和可靠性，需要在多个维度上对模型进行严格测试。这些测试不仅涉及功能性和准确性，还包括安全性和对抗性。通过定期的评测和数据更新，模型可以不断迭代优化，提升其在实际应用中的表现。

通用大模型的成功应用离不开背后强大的数据服务支持。这不仅包括大量多模态数据的采集和标注，还涉及到针对性的数据优化与评测服务，确保模型在各类应用场景中都能表现出色。未来，随着技术的进一步发展，数据服务将在大模型的训练和优化中扮演更加重要的角色。

2. 安防行业中的应用

安防行业是人工智能技术落地最早、最广泛的领域之一。在智能安防系统中，AI 技术被广泛应用于图像识别、行为分析、车辆识别、身份验证等场景，而这些应用的背后，都需要大量经过标注的图像和视频数据。

（1）图像识别

在智能监控系统中，AI 通过图像识别技术对实时监控视频进行分析，能够自动识别并追踪目标人物、车辆等。这些系统能够检测异常行为，如入侵、打架、火灾等，并及时发出警报。图像识别的准确性依赖于大量标注数据的支持，如目标人物的边界框、行为动作的标注等。

（2）行为分析

AI 技术还可以通过视频数据分析人群的行为模式，识别出潜在的危险行为。在公共场所，如地铁站、商场等，智能监控系统可以实时分析人群的移动轨迹和行为模式，预防拥挤踩踏等安全事故的发生。

（3）身份验证

人脸识别技术在安防领域得到了广泛应用，如门禁系统、银行的身份验证等。这类应用需要大量的面部图像数据，并对这些数据进行精确地标注，以训练出高精度的 AI 模型，确保识别的准确性和安全性。

3. 金融行业中的应用

人工智能在金融行业中的应用主要体现在智能风控、自动化交易、客户服务等方面。这些应用同样依赖于大量经过处理和标注的数据。

（1）智能风控

在金融风控系统中，AI 可以通过分析大量历史交易数据和用户行为数据，识别潜在的风险客户，预防欺诈行为的发生。智能风控系统需要使用大量的标注数据进行训练，如标注欺诈交易和正常交易之间的差异，识别出风险特征。

（2）自动化交易

AI 技术在股票、期货等金融市场中的自动化交易应用日益广泛。自动化交易系统依赖于大量的历史交易数据，这些数据需要经过严格的标注和分析，以确保 AI 模型能够实时预测市场走势并作出最佳交易决策。

（3）客户服务

AI 技术还可以用于金融机构的客户服务，如智能客服系统。通过自然语言处理技术，AI

可以理解客户的问题并提供相应的解决方案。智能客服系统需要大量的语音和文本数据，且这些数据必须经过精确地标注和处理，以确保系统能够理解不同客户的需求。

4. 医疗行业中的应用

在医疗领域，人工智能技术的应用越来越广泛，包括医学影像分析、疾病诊断、药物研发等。医疗数据的高质量标注在这些应用中扮演了至关重要的角色。

（1）医学影像分析

AI 可以通过分析医学影像数据，如 X 光片、CT 扫描、MRI 图像等，协助医生进行疾病诊断。为了提高 AI 模型的诊断精度，需要对大量的医学影像数据进行标注，例如标注病变区域、分类病灶类型等。

（2）疾病诊断

AI 技术还可以通过分析患者的电子健康记录（EHR）、基因数据等，帮助医生进行疾病诊断和治疗方案的制定。这类应用需要对患者的数据进行全面的标注和分析，如标注症状、病史、治疗效果等。

（3）药物研发

AI 在药物研发中的应用主要体现在药物筛选和药物反应预测上。通过分析大量的化合物数据和临床试验数据，AI 可以加速药物研发的进程。这类应用同样依赖于高质量的标注数据，如标注化合物的结构特征、药物的反应效果等。

5. 交通行业中的应用

在交通行业，AI 技术的应用主要集中在智能交通管理、无人驾驶和物流管理等领域。

（1）智能交通管理

AI 可以通过分析交通数据，优化交通流量，减少拥堵，提高交通效率。智能交通系统依赖于大量的交通数据，如车辆的实时位置、速度、路线等，这些数据需要经过精确地标注，以确保 AI 模型能够准确预测交通流量并做出合理的调度决策。

（2）无人驾驶

无人驾驶汽车的研发和应用依赖于 AI 技术的支持，特别是计算机视觉和传感器融合技术。这些技术需要大量的图像数据和传感器数据，经过严格的标注和处理，以确保无人驾驶系统能够安全、准确地识别道路状况、行人和障碍物。

（3）物流管理

AI 技术在物流管理中的应用主要体现在路线优化、仓储管理、自动化配送等方面。物流系统需要分析大量的物流数据，如订单信息、运输路线、库存状况等，这些数据经过标注后，AI 模型可以为物流企业提供更高效的解决方案。

6. 教育行业中的应用

人工智能在教育领域的应用正逐步深入，包括智能辅导系统、在线教育平台、个性化学习等方面。

（1）智能辅导系统

AI 技术可以用于开发智能辅导系统，通过分析学生的学习数据，提供个性化的学习建议和辅导方案。这类系统需要大量的学生数据，如学习记录、测试成绩、错题分析等，经过标注后，

AI 模型可以更好地理解学生的学习习惯和需求，从而提供更有效的辅导服务。

（2）在线教育平台

在线教育平台借助 AI 技术可以提供智能化的教学服务，如自动作业批改、知识点推荐等。平台需要对大量的教学内容和学生互动数据进行标注，如标注知识点、题目难度、学生回答的正确性等，以提高 AI 模型的精准度。

（3）个性化学习

AI 技术还可以帮助开发个性化学习系统，根据学生的学习风格和进度，制定个性化的学习路径。这类系统需要分析和标注学生的学习数据，如学习进度、知识掌握情况等，以便为每个学生量身定制学习方案。

人工智能数据服务是 AI 技术发展的基石。随着 AI 在各行各业的广泛应用，对高质量数据的需求也在不断增加。通过了解和掌握 AI 数据服务的概念和应用场景，我们能够更好地理解 AI 技术的发展趋势及其对未来社会的深远影响。

1.1.3　人工智能数据服务行业发展历程

人工智能数据服务行业的发展历程可以概括为三个主要阶段：早期阶段（2016 年至 2018 年）、中期阶段（2019 年至 2022 年）和后期阶段（2023 年至今）。这些阶段体现了该行业从萌芽到快速发展的过程，并揭示了随着技术进步和市场需求的变化，行业格局的逐步形成与革新。

1. 早期阶段（2016 年至 2018 年）：行业萌芽与资本热潮

2016 年是人工智能历史上的一个重要里程碑，谷歌的阿尔法围棋（AlphaGo）成功击败了围棋世界冠军李世石，这一事件不仅吸引了全球范围内对人工智能的广泛关注，也激发了资本市场对这一领域的极大兴趣。此时，人工智能技术的迅猛发展开始推动相关产业的兴起，尤其是数据服务行业。数据在人工智能技术中扮演着至关重要的角色，尤其是在深度学习算法中，庞大且高质量的训练数据直接决定了模型的性能。因此，随着 AI 公司在算法研究方面的不断深入，数据的需求量也呈现出爆发式增长。

在这一阶段，数据服务行业主要以数据采集和标注为核心业务。数据采集通常包括图片、文本、音频等各种形式的原始数据的收集，而数据标注则是对这些数据进行分类、标记或注释，以便为机器学习模型提供标准化的训练样本。由于这一时期的人工智能技术主要集中在计算机视觉和自然语言处理领域，图像和文本数据的标注需求尤为强烈。这一阶段的数据服务行业处于萌芽期，企业数量较少，市场竞争相对缓和。同时，资本的涌入为行业的快速发展提供了坚实的基础。2016 年至 2018 年，全球人工智能初创公司融资总额达到了数百亿美元，推动了大量初创企业的成立和发展。这些企业在资本的推动下，快速扩展业务规模，并开始逐步探索数据服务的多元化模式。

2. 中期阶段（2019 年至 2022 年）：技术落地与行业格局形成

2019 年后，人工智能技术逐渐从实验室研究转向实际应用，越来越多的行业开始将 AI 技术引入其业务流程中。汽车、医疗、金融等领域成为人工智能技术落地的重要场景，数据服务行业也随之进入了快速发展的中期阶段。这一阶段，数据服务行业的竞争格局开始初步形成。一方面，市场需求的扩大促使更多企业进入这一领域，行业竞争逐渐加剧；另一方面，随着技术的不断进步，数据服务的种类和形式也变得更加多样化，除了基础的数据采集和标注服务外，行业开始出现更加复杂和定制化的数据解决方案。例如，百度在 2019 年推出了"阿波罗自动驾驶技术"，并成立了"百度数据众包"平台，专门提供自动驾驶相关的数据服务。这标志着数据服务行业与具体应用场景的深度融合，也推动了行业技术的进一步发展。

根据中国 AI 市场的统计数据，截至 2022 年，超过 75% 的 AI 企业集中在 A 轮融资阶段，这表明行业已经逐渐成熟并进入规范化发展时期。与此同时，大型科技企业也开始通过战略投资和并购的方式，布局数据服务产业链，从而加速了行业的整合与集中。

3.　后期阶段（2023 年至今）：技术革新与行业竞争壁垒构建

进入 2023 年后，人工智能数据服务行业开始进入技术革新和竞争壁垒构建的新阶段。随着 AI 技术的进一步成熟，传统的数据标注方式已经无法满足日益增长的数据处理需求。AI 预标注技术应运而生，成为数据服务行业的关键技术。通过机器学习和深度学习算法，预标注技术能够自动完成部分或全部的数据标注工作，从而大幅提高数据处理效率和准确性。这一技术的应用不仅降低了数据服务商的运营成本，还极大地缩短了数据处理的周期，增强了企业的市场竞争力。

此外，行业竞争的加剧促使数据服务商开始寻求差异化竞争优势。通过垂直化服务能力的提升，数据服务商可以针对不同行业提供更加专业和定制化的解决方案。例如，在医疗领域，数据服务商可以提供专门针对医学影像的标注服务，而在自动驾驶领域，则可以提供针对交通场景的数据采集与处理方案。这种深耕垂直领域的策略，有助于企业建立稳固的市场地位，并形成行业壁垒。与此同时，数据服务行业的服务内容也在不断丰富。除了传统的数据采集与标注，越来越多的企业开始提供数据清洗、数据增强、数据隐私保护等增值服务，以满足客户在数据处理过程中的多样化需求。数据服务行业的技术革新和商业模式也在不断演进。例如，大型语言模型（LLMs）和生成式 AI（Generative AI）的应用，进一步推动了数据服务的效率和质量提升。2024 年及以后，数据治理和数据产品化趋势将继续加强，数据服务商将更加注重数据的发现性、可用性和合规性。这些新兴服务的出现，不仅为数据服务商带来了新的收入来源，也推动了整个行业的创新与发展。

1.1.4　人工智能数据服务行业发展现状

1.　人工智能数据服务行业市场规模

随着人工智能技术的飞速发展，其背后的数据服务市场也呈现出蓬勃生机。2023 年，中国 AI 数据服务市场的规模已经达到了惊人的 45 亿元人民币，这一数字不仅代表了当前市场的繁荣，更预示着未来几年的强劲增长势头。根据艾瑞咨询研究院的深入调研和市场分析，预计未来五年，市场复合增长率（CAGR）将高达 30.4%，到 2028 年，市场规模将达到 170 亿元人民币，如图 1-1-1 所示，展现出巨大的潜力和空间。这一增长趋势的背后，是需求侧和供给侧共同推动的结果。

在需求侧，AI 算法的研发正在经历从小模型到大模型的转变。过去，算法模型往往针对特定任务领域进行设计，而现在，随着技术的演进，具备更强通用泛化能力的大模型正逐渐成为主流。这种转变意味着，数据服务需求企业将产生大量高质量、多模态的数据需求，以支撑这些更为复杂、功能更强大的模型。同时，大模型在通用及垂直场景中的应用不断拓展，智能驾驶等 AI 技术也逐步实现规模化商业落地，这些成果带来了良好的商业回报，进一步刺激了需求侧对基础数据的投入。

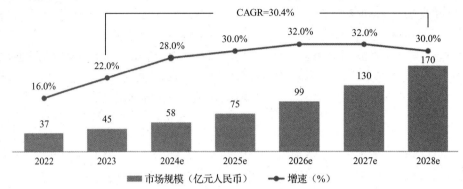

图 1-1-1 2022 年至 2028 年中国 AI 数据服务市场规模（来源于艾瑞咨询研究院）

在供给侧，随着数据要素等相关支持政策的持续深化，服务商们得以更加便捷地获取数据源，并高效地完成数据集的制作。此外，数据工程技术、数据标准规范以及标注方法的日益成熟，也为供给侧提供了强有力的技术支撑。不仅如此，人才生态的不断完善和服务软件平台的自动化、流程化提升，更是极大地增强了供给侧的供应能力和服务质量。

供需双方的积极互动与协同发展，推动了中国 AI 数据服务市场的稳步扩张。基于上述供需两方面的分析，我们对未来几年中国 AI 数据服务市场的前景充满信心。鉴于当前市场的强劲表现，并结合未来技术进步、政策支持和商业应用拓展等多重因素的推动，数据服务市场将迎来更加广阔的发展空间和更加多元化的应用场景。

2. 人工智能数据服务行业产业链

人工智能数据服务行业作为 AI 产业的重要支撑环节，其产业链结构清晰分为上游、中游和下游三个部分，如图 1-1-2 所示，各环节在整个生态系统中相辅相成，共同推动 AI 技术的创新与应用。

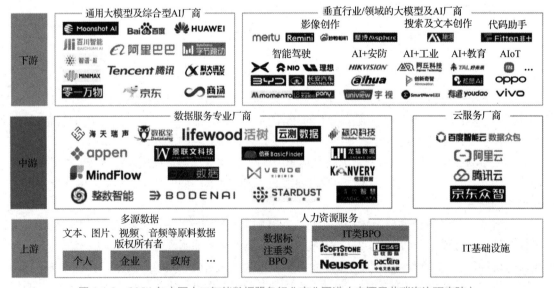

图 1-1-2 2024 年中国人工智能数据服务行业产业图谱（来源于艾瑞咨询研究院）

首先，上游环节主要由数据生产者及产能资源构成。数据作为 AI 技术的"燃料"，其生产者包括各种数据生成源，如互联网平台、物联网设备、社交媒体等，它们通过各种渠道提供大量的原始数据。这些原始数据经过清洗、整理后成为数据标注等服务的原料。此外，产能资源特别是人力资源在上游也扮演着关键角色。数据标注员和审核员是这个环节中的核心，他们的工作质量直接影响 AI 模型训练的效果。这部分人力资源通常由个人自由职业者或专业的人力资源外包公司提供，近年来，云 BPO（Business Process Outsourcing）的模式在业内得到广泛应用，这种模式借助云计算技术，使得远程的数据标注和审核成为可能，从而极大地提高了资源的利用效率。

中游则是 AI 数据服务行业的核心部分，即数据标注及其他数据服务供应商。这些供应商根据下游需求方的要求，对上游提供的数据进行加工、标注，并提供相应的服务，帮助 AI 模型的训练和优化。在这一环节中，专业数据服务公司和云厂商是两大主力。专业数据服务公司专注于数据标注、数据清洗、数据增强等技术服务，拥有丰富的行业经验和技术积累。而云厂商则利用其庞大的计算资源和云平台优势，不仅为自身的 AI 算法研发提供支持，还为其云业务客户提供定制化的数据服务。这一部分是整个产业链中承上启下的关键，它的服务质量和效率直接关系到下游 AI 产品和解决方案的竞争力。

下游是 AI 数据服务的需求发起者，主要包括科技公司、行业企业、AI 公司以及科研单位。随着人工智能技术的迅速发展，越来越多的行业开始应用 AI 技术来提升业务效率和创新能力，尤其是在智能驾驶、大模型训练、智能制造等领域，这些领域对高质量数据的需求日益增加。科技公司和 AI 企业通过这些数据服务，不断优化其 AI 模型，以应对复杂的场景和需求。而行业企业和科研单位则借助 AI 技术，实现技术革新和科研突破。

人工智能数据服务行业的产业链从上游的数据生产和人力资源供给，中游的数据服务供应，到下游的科技公司及科研单位需求方，形成了一个完整的闭环。在这个闭环中，各环节紧密联系，共同推动 AI 产业的繁荣发展。未来，随着人工智能技术的不断进步和应用场景的扩展，这一产业链还将进一步细化和深化，为更广泛的行业提供支持。

3. 人工智能数据服务行业市场结构

数据服务行业供给方划分为三大类：需求方自建团队、品牌数据服务商和中小数据服务商。在当前的人工智能数据服务行业中，市场结构正在发生显著变化，主要由需求方自建团队和品牌数据服务商主导市场，而中小型服务商的市场份额则大幅下滑，如图 1-1-3 所示。

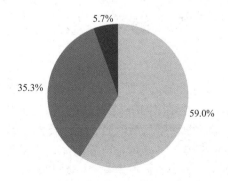

图 1-1-3 2023 年中国 AI 数据服务供给方的市场结构（来源于艾瑞咨询研究院）

首先，需求方自建团队在市场中的地位显著提升。随着 AI 技术的不断进步，大型科技企业和云服务厂商更倾向于通过自建团队来满足其内部数据服务需求，特别是在大模型训练、智能驾驶等高需求的前沿项目上。自建团队不仅能够更好地控制数据的质量与安全，还能更快速地响应内部的算法迭代需求。根据市场数据，需求方自建团队所占市场份额在过去四年内增长了 36%，这反映出这些企业对数据掌控力和自主性要求的提升。

与此同时，品牌数据服务商的市场份额也有所上升，增长了约 5%。这些品牌服务商往往具备更强的技术能力和更丰富的数据资源，能够为 AI 开发企业提供更专业和全面的数据服务。尤其是大型云厂商，由于其集团内部 AI 算法研发需要大量高质量的数据，这些数据服务往往由其云服务业务线、算法研发团队，以及外部的品牌数据服务商来共同完成。这种复杂的供应链关系使得云厂商在行业中占据了独特的位置，也使得品牌数据服务商的市场影响力逐渐增强。

然而，与此同时，中小数据服务商的市场份额却大幅下滑，下降了约 41%。这种下降主要是由于市场竞争的加剧以及大规模数据标注项目对服务能力要求的提升。新兴 AI 领域如大模型和智能驾驶等项目，通常需要更强的综合服务能力，而疫情的冲击更是加速了这一变化，许多中小型服务商无法跟上市场需求的步伐，最终被迫退出市场。

随着品牌数据服务商不断积累更多的数据版权、提升专业能力及完善标注方法，他们有望在市场中扮演更为重要的角色。尽管需求方自建团队仍将在特定领域内保持优势，但品牌数据服务商将凭借其在数据处理和服务平台上的优势，承接更多的数据服务需求，进一步巩固其在市场中的地位。

1.1.5　人工智能数据服务行业未来趋势及机遇

1. 人工智能数据服务需求将向垂直化方向过渡

人工智能技术是当今数据服务行业的核心需求方。随着 AI 技术的不断进步，其发展阶段可以清晰地划分为研发、训练和应用三个阶段，而每个阶段都对数据服务提出了不同的要求，如图 1-1-4 所示。

图 1-1-4　数据服务需求随着 AI 技术发展逐渐向垂直化方向过渡

在研发初期，AI 技术主要关注的是数据采集。这一阶段对数据的量有较大需求，而对数据质量的精细度要求则相对较低。这是因为研发阶段更注重的是模型的构建和初步验证，数据的多样性和广泛性成为关键。进入训练阶段后，AI 的重点转向了提升算法的准确率。此时，对于已标注数据的需求显著增加，因为这些数据是训练算法、提高其精确度的关键。同时，随着训练要求的提升，对数据采集和标注的精确度也有了更高的要求。这一阶段是 AI 技术从理论走向实践的关键步骤。到了应用阶段，AI 技术已经趋于成熟，需要的数据服务也更为专业和细致。在这一阶段，所需的数据需要更加贴近具体的业务场景。因此，数据服务商必须深入理解企业的具体业务，以提供更具针对性的垂直化数据服务。这种垂直化的数据服务不仅能满足企业的实际需求，还能进一步提升 AI 技术的应用效果。

随着 AI 技术从研发到应用阶段的过渡，数据服务的需求也呈现出向垂直化方向发展的趋势。这种趋势不仅反映了 AI 技术发展的内在要求，也体现了数据服务行业对市场需求的敏锐洞察和灵活应对。在未来的发展中，垂直化的数据服务将成为行业的主流。

2. 数据服务需求逐步向自然语言类需求渗透

国内人工智能基础数据服务市场与国外成熟市场在需求侧的差异性非常明显。从 2019 年的数据来看，国内市场对图像类数据的需求占比高达 49.7%，语音类数据需求为 39.1%，而自然语言类数据需求仅占 11.2%，显示出图像类数据需求在国内市场占据主导地位。然而，在 AI 技术发展相对成熟的美国市场，自然语言处理（NLP）需求已成为主导，占比高达 70% 以上，图像类数据需求仅为 22.5%。这种差异反映出两国 AI 市场在发展阶段和应用场景上的不同，美国市场由于其人工智能应用的广泛性和成熟度，自然语言类数据服务需求的崛起代表着其对复杂应用场景的适应，如机器翻译、语义理解、信息检索等领域的深化应用。

展望未来，随着国内人工智能技术的不断进步，AI 基础数据服务需求可能也将逐步向自然语言类需求渗透。首先，国内 AI 市场在过去几年中取得了显著的进展，尤其在自动驾驶、智能家居等图像类服务需求较大的领域。然而，随着这些技术的逐步成熟，市场对基础数据服务的要求将逐步提高，并朝向更为复杂、细致的方向发展。与美国市场类似，自然语言处理在未来的应用场景中可能会占据越来越重要的地位，其涉及的应用广泛而深入，从机器翻译到智能客服，再到文本分析和信息抽取，覆盖了更为广泛的业务需求。因此，结合国外经验和国内市场的发展趋势，国内市场需求有可能逐渐向自然语言类采标需求转型，推动整个行业的进一步发展与革新。

对标国外成熟市场的发展经验，我国人工智能基础数据服务市场需求有望随着技术的迭代和市场应用场景的扩展，逐步从图像类、语音类需求向自然语言类需求渗透。这不仅意味着国内市场将迎来新一轮的技术革新，也表明自然语言处理在未来人工智能发展的核心地位将得到进一步巩固。

3. 人机协作为行业发展趋势

当前我国基础数据服务行业主要依赖人工完成大部分服务流程，但随着人工智能技术的不断进步，人机协作正逐渐成为行业发展的重要趋势。在数据采标服务的流程中，通常包括方案验证、正式采标、数据质检和数据交付四个步骤。由于客户需求的多样性和个性化，方案验证和数据交付环节仍主要依靠人工操作。然而，在正式采标和数据质检环节，AI 技术的引入为人机协作创造了可能性，大幅降低了人工采标的难度，并显著提升了服务效率。

在正式采标阶段，采标员需要对图像数据中的目标元素进行精准标注，如拉框、标点，甚至勾描目标边界，同时在语音标注时则需精准聆听并转写语音内容。这对采标员的耐力和注意力提出了极高要求。通过应用 AI 技术，图像数据可以进行自动的场景分割、物体识别和人脸识别，语音数据则可以借助语音识别和自然语言处理技术进行初步处理，完成自动标注后再由人工进行二次校对，这一流程不仅降低了标注的难度，还提高了整体生产力。

在数据质检环节，人工抽检通常在准确率、成本控制和时效性方面存在不足，而 AI 技术则通过计算机视觉和语音识别，对采集到的数据进行初步识别，能够在短时间内实现高达 90%

以上的校验正确率。相比人工质检，AI 在效率和准确性上具有明显优势，这也意味着未来的人机协作将成为基础数据服务行业发展的主流趋势。

1.1.6　人工智能数据服务实验环境安装与配置

1. 安装 Anaconda

（1）访问 Anaconda 官方网站，定位至免费下载页面，如图 1-1-5 所示。若页面提示邮箱注册，可选择"Skip Registration"快速跳过注册流程。随后，根据您的操作系统选择合适的 Anaconda 版本安装包进行下载。

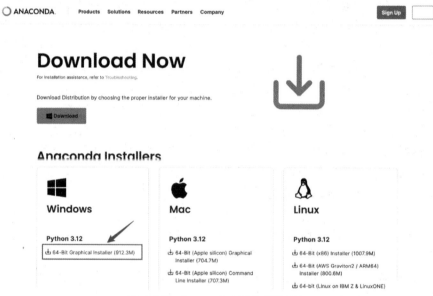

图 1-1-5　Anaconda 官网下载页面

如果下载速度缓慢，推荐使用国内高速镜像源，如清华大学开源软件镜像。如图 1-1-6 所示，在此页面选择合适的版本，如 Anaconda3-2024.06-1-Windows-x86_64.exe。

Anaconda3-2024.02-1-Windows-x86_64.exe	904.4 MiB	2024-02-27 06:01
Anaconda3-2024.06-1-Linux-aarch64.sh	800.6 MiB	2024-06-27 04:48
Anaconda3-2024.06-1-Linux-s390x.sh	425.8 MiB	2024-06-27 04:48
Anaconda3-2024.06-1-Linux-x86_64.sh	1007.9 MiB	2024-06-27 04:48
Anaconda3-2024.06-1-MacOSX-arm64.pkg	704.7 MiB	2024-06-27 04:48
Anaconda3-2024.06-1-MacOSX-arm64.sh	707.3 MiB	2024-06-27 04:48
Anaconda3-2024.06-1-MacOSX-x86_64.pkg	734.7 MiB	2024-06-27 04:49
Anaconda3-2024.06-1-MacOSX-x86_64.sh	737.2 MiB	2024-06-27 04:49
Anaconda3-2024.06-1-Windows-x86_64.exe	912.3 MiB	2024-06-27 04:49
Anaconda3-4.0.0-Linux-x86.sh	336.9 MiB	2017-01-31 01:34
Anaconda3-4.0.0-Linux-x86_64.sh	398.4 MiB	2017-01-31 01:35

图 1-1-6　Anaconda 清华源下载页面

（2）双击下载的 Anaconda 安装包（如 Anaconda3-2024.06-1-Windows-x86_64.exe），运行安装程序，在安装向导首页，单击"Next"按钮继续安装流程，如图 1-1-7 所示。

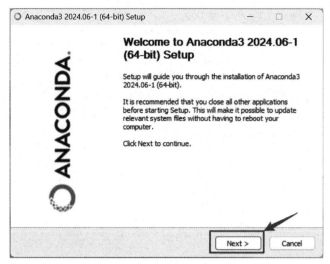

图 1-1-7　Anaconda 安装向导首页

（3）在弹出的 License Agreement 对话框中，单击"I Agree"按钮以继续安装，如图 1-1-8 所示。

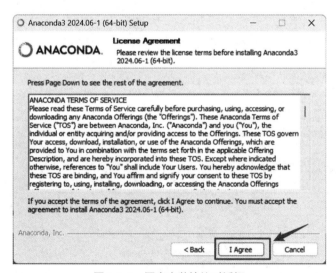

图 1-1-8　同意安装协议对话框

（4）在弹出的 Select Installation Type 对话框中，可默认选择"Just Me"单选按钮，再单击"Next"按钮，如图 1-1-9 所示。

（5）在弹出的 Choose install Location 对话框中，可默认选择安装路径"Destination Folder"（建议使用默认安装路径），确保有足够的安装空间，单击"Next"按钮，如图 1-1-10 所示。

（6）在弹出的 Advanced Installation Options 对话框中，勾选第二个和第三个复选框，设置环境变量及默认的 Python 启动程序，单击"Install"按钮，等待安装成功，如图 1-1-11 所示。

（7）在弹出的对话框中，等待安装过程，安装进度完成后单击"Next"按钮，如图 1-1-12 所示。

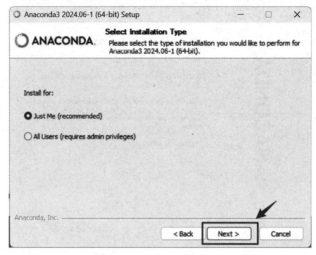

图 1-1-9　选择安装类型对话框

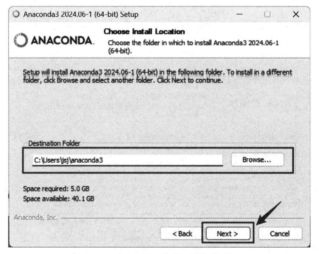

图 1-1-10　选择安装路径对话框

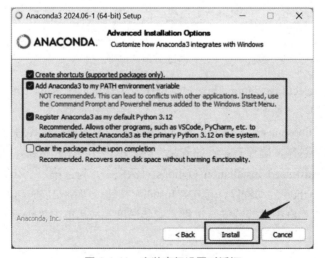

图 1-1-11　安装高级设置对话框

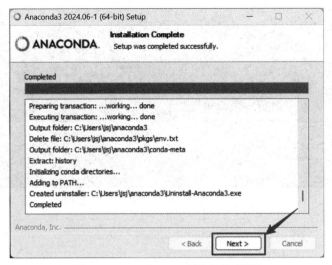

图 1-1-12 Anaconda 安装完成对话框

（8）在弹出的完成设置对话窗口中，取消勾选第一个和第二个复选框，单击"Finish"按钮，结束安装，如图 1-1-13 所示。

（9）安装结束后，在开始菜单中，找到已经安装好的 Anaconda，会有如下几个工具，说明安装成功，如图 1-1-14 所示。

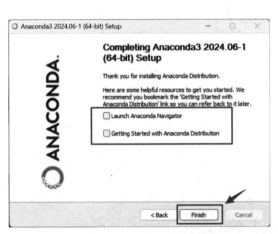

图 1-1-13 结束安装

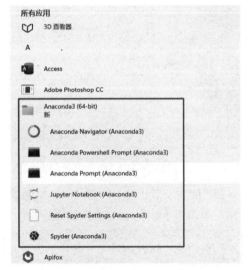

图 1-1-14 Anaconda 开始菜单

2. 安装 PyCharm

（1）访问 JetBrains 公司的官方网站，导航至 PyCharm 的下载页面，滚动页面找到"PyCharm Community Edition"这一社区免费版本，如图 1-1-15 所示，随后单击"Download"按钮进行下载。

（2）下载完成后，安装包如图 1-1-16 所示。

（3）双击安装程序，如果有验证信息选择"是"，弹出如图 1-1-17 的安装向导，单击"下一步（N）"按钮。

图 1-1-15　PyCharm Community Edition 下载页面

图 1-1-16　下载安装包

（4）选择安装位置。可选择默认目录，如图 1-1-18 所示；也可自选安装目录，如图 1-1-19 所示。单击"下一步（N）"按钮继续。

图 1-1-17　安装向导

图 1-1-18　默认安装位置

（5）配置安装选项。勾选"创建桌面快捷方式"和"更新 PATH 变量"复选框，如图 1-1-20 所示，单击"下一步（N）"按钮继续。

图 1-1-19　选择安装位置

图 1-1-20　选择安装位置页面

（6）在选择开始菜单目录对话框直接单击"安装"按钮，如图 1-1-21 所示。安装完成，单击"完成"按钮，退出安装向导，如图 1-1-22 所示。

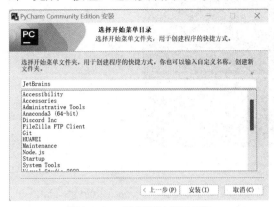

图 1-1-21 选择开始菜单目录

图 1-1-22 安装程序结束页面

3. 在 PyCharm 中配置 Conda 环境

（1）在"开始菜单"中查找并打开"Anaconda Prompt"终端。随后，在终端界面中输入指令"conda create --name DataSer python=3.8"，使用 conda 创建一个名为"DataSer"的新环境，如图 1-1-23 所示。

图 1-1-23 创建 conda 环境

（2）进入安装包确认流程，从键盘上键入"y"并按回车键，表示同意并开始安装环境，如图 1-1-24 所示。

图 1-1-24 安装包确认页面

（3）当终端显示"done"时，表示环境已成功安装，此时，系统会提示激活环境指令，如图 1-1-25 所示。

```
Downloading and Extracting Packages:

Preparing transaction: done
Verifying transaction: done
Executing transaction: done
#
# To activate this environment, use
#
#     $ conda activate DataSer
#
# To deactivate an active environment, use
#
#     $ conda deactivate

(base) C:\Users\    >
```

图 1-1-25　环境安装成功界面

（4）关闭当前终端，并重新打开一个新的终端。然后，输入指令"conda activate DataSer"来激活名为"DataSer"的环境。成功激活后，命令行首部将变为"(DataSer)"，这表示已成功进入"DataSer"环境，如图 1-1-26 所示。

图 1-1-26　激活环境

（5）打开 Pycharm 进行环境配置。单击"New Project"按钮以创建一个新项目，如图 1-1-27 所示。

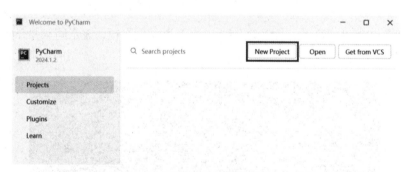

图 1-1-27 新建项目界面

（6）进入项目创建及环境配置页面，首先指定项目名称（如"test"）和项目路径（如"D:\人工智能数据服务"）。然后，将编译器类型设置为"Custom environment"，并从"Select Existing"中选择"Conda"作为环境类型。在环境下拉列表中找到并选中之前创建的"DataSer"环境。最后，单击"Create"按钮以创建新项目，如图 1-1-28 所示。

（7）创建 Python 文件并运行测试代码。将鼠标移动到项目名称上，右击，在出现的菜单中选择"New"→"Python File"命令，如图 1-1-29 所示。随后，为新文件命名（如"test"），具体如图 1-1-30 所示。

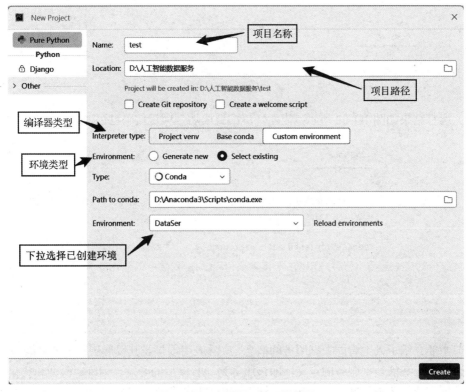

图 1-1-28　新项目环境配置界面

图 1-1-29　在新项目中创建代码测试文件

图 1-1-30　新建 Python 文件

（8）进入"test.py"文件后，输入以下代码：

```python
print("欢迎学习人工智能数据服务课程！")
```

单击" ▷ "按钮运行代码，如图 1-1-31 所示。

图 1-1-31　运行代码

（9）运行结果如图 1-1-32 所示，表明环境配置成功且项目代码已正确运行。

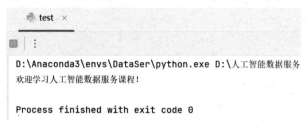

图 1-1-32　代码测试结果

任务小结

　　本节主要介绍了人工智能数据服务的概念、广泛应用场景及其发展历程与未来趋势。首先，深入阐述了人工智能数据服务的定义，即该服务为 AI 模型的开发、训练、验证和优化提供全方位的数据支持，覆盖数据采集、标注、清洗到信息抽取等多个关键环节，是确保 AI 模型在各种任务中表现优异的基础。通过学习其在自动驾驶、智能客服、医疗诊断等应用场景中的实践案例，认识到数据服务在推动 AI 技术落地中的核心价值，为不同领域的 AI 应用提供了强大支持。其次，熟悉人工智能数据服务行业从萌芽、经历资本热潮，到技术落地、行业格局形成，再到持续发展与创新的发展历程。最后，介绍本教材中实验环境的安装与配置，包括 Anaconda 和 Pycharm 的安装方法，以及在 Pycharm 中配置 Conda 环境的步骤，为后续的实训任务做准备。

练习思考

练习题及答案与解析

项目 2　数据采集

项目导入

随着互联网技术的飞速发展，我们生活在一个数据驱动的时代。数据采集作为信息处理的第一步，对于理解世界、指导决策具有至关重要的作用。设想一个城市交通管理中心，需要实时监控和分析交通流量，以优化交通信号灯的控制，减少拥堵，提高道路使用效率。通过在关键路口安装传感器和摄像头，收集车辆流量、速度、事故等数据，管理中心能够实时了解交通状况，并做出相应的调整。在这一过程中，数据采集不仅是一项技术活动，更是城市管理者服务社会、提高公共福祉的体现。同时，在智能交通系统的场景中，数据的准确性和公正性对于交通管理至关重要，这要求我们在数据采集和处理过程中保持诚信，对数据负责，确保信息的真实性和可靠性。

通过本项目的学习，学生不仅能够掌握数据采集的技术知识，还能够在思想上得到提升，学会如何在数据采集的实践中坚持社会主义核心价值观，成长为具有社会责任感和专业素养的新时代青年。通过对实际应用场景的学习和讨论，学生将更加深刻地理解数据采集在社会发展中的作用，以及作为数据采集者应承担的社会责任。

任务列表

任 务 名 称	任 务 内 容
任务 2.1 网络数据采集	学习和掌握网络爬虫技术，并且能够利用该技术爬取不同类型的网络数据
任务 2.2 端侧数据采集	学习和掌握 OpenCV 的摄像头操作技术，并且能够将数据存储为视频文件
任务 2.3 数据存储与加载	熟练和掌握基于 Python 的数据存储方式，并且能够正确、高效地存储和加载采集到的数据

知识&技能图谱

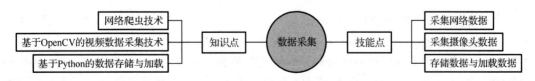

任务 2.1　网络数据采集

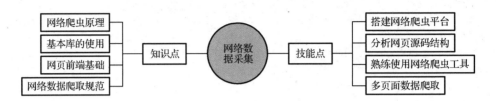

任务导入

在数字化浪潮中，网络数据采集成为企业获取关键信息、优化决策的重要工具。然而，网络信息的复杂性和海量性使得数据采集工作变得异常艰巨。因此，制定高效、精准的网络数据采集方案至关重要。通过采用先进的网络爬虫技术，自动抓取多源数据，并经过清洗、整理和分析，为用户提供结构化、可视化的数据支持。

任务描述

本任务将采用多种网络爬虫技术，爬取房屋租赁网站上 4 个页面的房源信息数据，并将爬取到的数据保存到本地，其中房源信息包括房源封面图片、户型、面积等，如图 2-1-1 所示。

图 2-1-1　房屋租赁网站房源信息示例

知识准备

2.1.1　网络爬虫的基本原理及基本库的使用

1. 网络爬虫的基本原理

网络爬虫，也称网络蜘蛛或网络机器人，是一种自动化程序，能够自动地遍历互联网上的网页，抓取、解析并收集网页中的信息。网络爬虫的基本原理可以概括为以下几个步骤。

（1）发送请求：爬虫程序首先会向目标网站发送 HTTP 请求。这个请求中包含了目标网页的 URL 地址、请求头（包含用户代理、接受的语言、编码类型等信息），以及其他可能的参数。

（2）接收响应：目标网站在接收到请求后，会返回一个 HTTP 响应。这个响应中包含了状态码（如 200 表示成功，404 表示未找到页面等）、响应头（包含内容类型、服务器信息等），以及网页内容（通常为 HTML、JSON 等格式）。

（3）解析网页：爬虫程序接收到响应后，需要对网页内容进行解析，以便提取出所需的信息。解析网页的方法有多种，如使用正则表达式进行模式匹配，或使用 XPath、CSS 选择器等技术来定位和提取特定元素。此外，还有一些专门的库可以帮助我们更便捷地解析网页，如 BeautifulSoup、lxml 等。

（4）存储数据：提取出的信息需要进行适当的处理和存储。常见的存储方式包括将数据写入文件（如 CSV、TXT 等格式）、保存到数据库（如 MySQL、MongoDB 等），或进行实时处理（如使用流处理框架进行处理）。

（5）循环抓取与调度：根据预设的抓取策略，爬虫程序会不断地发送新的请求，抓取新的网页信息。这个过程中需要考虑到网页的更新频率、抓取速度的限制，以及防止被目标网站封禁等问题。此外，还需要设计合理的调度机制，确保爬虫程序能够高效地遍历整个网站或特定的网页集合。

爬虫程序类型多样，每种类型都有其特定的应用场景和优势，下面介绍四种常用网络爬虫程序：通用网络爬虫、聚焦网络爬虫、增量式网络爬虫和深层网络爬虫，如表 2-1-1 所示。

表 2-1-1　爬虫程序类型

爬虫程序类型	具 体 内 容
通用网络爬虫	此类爬虫程序目标是整个互联网，采用深度优先或广度优先等策略遍历网页，构建搜索引擎的索引库，如百度
聚焦网络爬虫	专注于特定主题或领域的爬虫程序，只爬取与特定主题相关的网页，用于提高特定领域搜索的准确性和效率
增量式网络爬虫	定期检查并只爬取新产生或更新的网页，减少重复工作量，节省资源，提供更实时的信息
深层网络爬虫	模拟用户填写表单，获取需要特定输入才能访问的网页数据，用于深入分析和挖掘隐藏数据

2.　基本库的使用

在实际编写爬虫程序时，通常会使用一些基本的库来简化开发过程和提高效率。下面介绍几个常用的 Python 爬虫库或框架，如表 2-1-2 所示。

表 2-1-2　Python 爬虫库或框架

Python 爬虫库或框架	具 体 内 容
requests 库	用于发送 HTTP 请求。requests 库提供了简单易用的 API，支持 GET、POST、PUT、DELETE 等多种请求方法，并且可以方便地设置请求头、请求体等参数
BeautifulSoup 库	用于解析 HTML 或 XML 文档，提取出标签、属性、文本等信息。BeautifulSoup 将复杂的 HTML 文档转换成一个嵌套的 Python 对象，使得信息提取变得简单直观
Scrapy 框架	一个高级的 Python 爬虫框架，提供了完整的爬虫开发流程，包括发送请求、解析网页、存储数据等。Scrapy 还提供了丰富的扩展插件和中间件，支持异步 IO、分布式爬取等功能

requests 库使用示例：

```
import requests
url = 'http://example.com' #可修改为具体的网页
headers = {'User-Agent': 'My-Crawler'} #请求头
response = requests.get(url, headers=headers)
```

```
if response.status_code == 200:
    print(response.text)
```

BeautifulSoup 库使用示例：

```
from bs4 import BeautifulSoup
html_doc = """<html><head><title>Test Page</title></head><body><p>This is a
test paragraph.</p></body></html>""" #网页文本
soup = BeautifulSoup(html_doc, 'html.parser') #解析网页
title = soup.title.string
paragraph = soup.p.string
```

Scrapy 框架使用示例：使用 Scrapy 编写一个爬虫项目需要定义 Spider 类、Item 类及 Pipeline 类等组件。Spider 类负责定义抓取规则，Item 类定义数据结构，Pipeline 类定义数据处理流程。具体的使用方法可以参考 Scrapy 的官方文档和教程。

除了上述提到的库，还有一些其他的库和工具也被常用于网络爬虫程序的开发，如 Selenium 用于模拟浏览器操作、Scrapy-Redis 用于分布式爬取等。在实际应用中，可以根据具体需求选择合适的库和工具进行组合使用。

2.1.2 网页前端基础

1. 网页的主要构成

在数字化时代，网页是信息传递与交互的重要载体。一个完整的网页不仅仅是文字和图片的堆砌，它由多个部分协同工作，共同构建出丰富的用户互动体验。表 2-1-3 列举了网页的主要构成。

表 2-1-3　网页主要构成

构　成	具体内容
内容	网页的核心，包括文字、图片、视频和音频等，旨在传递有价值的信息和服务，决定网页的风格和定位
结构	网页的框架，通过 HTML 标签定义内容的排列和逻辑，如标题、段落等，影响用户获取信息的效率
样式	网页的视觉表现，利用 CSS 调整布局、颜色和字体，提升网页的美观度和吸引力
行为	网页的交互性，通过 JavaScript 实现动态效果，如表单验证和数据加载，增强用户体验
元数据	网页的后台信息，包括标题、描述和关键词，对搜索引擎优化和网页显示至关重要

2. HTML 语言基础

HTML，全称超文本标记语言，是构建网页的基石，通过一系列标签和元素定义网页的结构和内容。其文档基本结构包括文档类型声明、html 根标签、包含元数据的 head 标签和包含可见内容的 body 标签。常用标签如标题（h1～h6）、段落（p）、链接（a）、图片（img）、列表（ul、ol、li）和表格（table、tr、td）等，用于构建网页的不同部分。HTML 标签还支持属性，如 href、src、class 和 id 等，以提供额外信息或定义行为。此外，HTML 语义化强调使用有明确含义的标签，提升网页可读性、可访问性和 SEO 优化。掌握这些基础知识是构建高质量网页结构的关键。

2.1.3　构建网络爬虫

在构建网络爬虫的过程中，我们需要使用各种工具和库来执行 HTTP 请求、解析 HTML 文档，并提取所需信息。下面我们将详细介绍使用 requests 库发送 HTTP 请求、使用 BeautifulSoup 库解析 HTML、使用正则表达式提取信息、使用 lxml 库及 XPath 提取信息，并提供了丰富的示例代码。

1. 使用 requests 库发送 HTTP 请求

requests 库是一个用于发送 HTTP 请求的 Python 库，它简化了 HTTP 请求的发送过程。以下是一些常用方法和参数的介绍。

requests.get(url, params=None, **kwargs)：发送 GET 请求。url 是请求的 URL，params 是一个字典，包含要添加到 URL 中的查询参数。

requests.post(url, data=None, json=None, **kwargs)：发送 POST 请求。data 是一个字典或字节串，包含要发送的表单数据；json 是一个字典，将被序列化为 JSON 格式后发送。

response.status_code：响应的状态码，如 200 表示成功，404 表示未找到页面。

response.text：响应的文本内容，以字符串形式返回。

示例代码：

```
import requests
url = 'https://example.com'
params = {'key': 'value'} # 查询参数
# 发送 GET 请求并带上查询参数
response = requests.get(url, params=params)
# 检查请求是否成功
if response.status_code == 200:
    html_content = response.text
    print("请求成功，获取到 HTML 内容")
else:
    print(f"请求失败，状态码：{response.status_code}")
```

2. 使用 BeautifulSoup 库解析 HTML

BeautifulSoup 是一个 Python 库，用于解析 HTML 和 XML 文档，创建解析树，并提供方便的方法来遍历和搜索这些树。

BeautifulSoup(markup, parser)：创建 BeautifulSoup 对象。markup 是 HTML 或 XML 标记；parser 是解析器，常用的是'html.parser'或'lxml'。

示例代码：

```
from bs4 import BeautifulSoup
# 假设 html_content 是获取到的 HTML 内容
soup = BeautifulSoup(html_content, 'lxml')
# 查找页面标题
title = soup.find('title').string
```

```
print("页面标题:", title)
# 查找所有链接
links = soup.find_all('a')
for link in links:
    print("链接地址:", link.get('href'))
# 使用CSS选择器查找特定元素
div_elements = soup.select('div.class_name')
for div in div_elements:
    print("div内容:", div.text)
```

BeautifulSoup 提供了一种方便的方法来遍历文档树并访问元素和属性，因此非常适合用于网络爬虫和数据抓取程序。在 BeautifulSoup 中，Chrome 开发者助手的 selector 主要指的是其用于选择 HTML 文档中元素的工具，如图 2-1-2 所示。BeautifulSoup 库中的 select()函数是使用 CSS 选择器从 HTML 文档中选择元素的主要方法，其基本语法是：result_set = soup.select(selector)，其中 soup 是 BeautifulSoup 对象，selector 是一个字符串，表示要选择的元素的 CSS 选择器。开发者可以使用索引或迭代遍历结果集来访问单个元素，每个元素都是一个 Tag 对象，可以进一步操作和提取其中的数据。

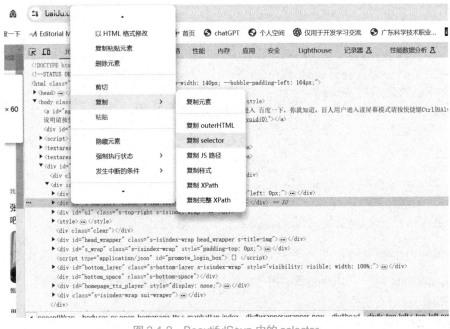

图 2-1-2　BeautifulSoup 中的 selector

3. 使用正则表达式提取信息

正则表达式是一种强大的文本处理工具，通过定义模式来匹配、查找和替换文本中的特定内容。在爬虫程序中，我们可以使用正则表达式来提取 HTML 中的特定信息。

re.match(pattern, string, flags=0)：从字符串的起始位置匹配一个模式，如果是非起始位置匹配成功的话，match()就返回 None。

re.search(pattern, string, flags=0)：扫描整个字符串并返回第一个成功的匹配。

re.findall(pattern, string, flags=0)：在字符串中找到正则表达式所匹配的所有子串，并返回一个包含这些子串的列表。

示例代码：

```
import re
# 假设 html_content 是获取到的 HTML 内容
# 使用正则表达式提取所有链接的 href 属性
links = re.findall(r'<a href="(.*?)">', html_content)
# 打印提取到的链接
for link in links:
    print("链接地址:", link)
```

虽然正则表达式在某些情况下很有用，但它并不适合解析复杂的 HTML 结构。正则表达式很难处理嵌套标签和变化的结构，因此通常推荐使用专门的 HTML 解析库，如 BeautifulSoup。

4. 使用 lxml 及 XPath 提取信息

lxml 是一个用于处理 XML 和 HTML 文档的 Python 库，它结合了 libxml2 和 libxslt 的功能，为开发者提供了强大的解析和搜索能力。lxml 的解析速度非常快，而且内存占用相对较少，是构建网络爬虫时常用的工具之一。lxml 使用 libxml2 作为其底层解析器，确保了高效的解析速度和较低的内存占用。XPath 是一种在 XML 文档中查找信息的语言，lxml 完全支持 XPath 表达式，使得提取信息变得简单而直观。除了 XPath，lxml 还支持 CSS 选择器，这给了开发者更多的选择，可以根据个人习惯或具体需求来选择是使用 XPath 还是 CSS 选择器。lxml 提供了良好的错误处理机制，当解析 HTML 或 XML 文档遇到错误时，它可以优雅地处理并给出错误信息，而不是直接崩溃。lxml 支持自定义解析器，允许开发者根据自己的需求扩展其功能。

XPath 使用路径表达式来选取 XML 文档中的节点或节点集。这些路径表达式和我们在常规的计算机文件系统中看到的表达式非常相似。XPath 通过元素名或属性名来选择节点，如 div 表示选择所有<div>元素。同时，还可以使用 "/" 来选择子节点，如 div/p 表示选择所有<div>元素下的<p>子元素；使用 "//" 来选择后代节点，不论层级，如//a 表示选择文档中的所有<a>元素；使用 "@" 来选择属性，如 a/@href 表示选择所有<a>元素的 href 属性。

使用 lxml 和 XPath 提取信息的示例代码如下：

```
from lxml import etree
# 假设 html_content 是获取到的 HTML 内容
html_parser = etree.HTMLParser()
tree = etree.fromstring(html_content, html_parser)
# 使用 XPath 表达式提取所有链接的 href 属性
links = tree.xpath('//a/@href')
# 打印提取到的链接
for link in links:
    print("链接地址:", link)
# 使用 XPath 提取具有特定 class 的 div 元素的内容
div_content = tree.xpath('//div[@class="my-class"]/text()')
# 打印提取到的 div 内容
```

```
for content in div_content:
    print("div 内容:", content.strip())
```

在这个例子中，首先使用 etree.fromstring 方法将 HTML 内容解析为一个树形结构，然后利用 XPath 表达式提取我们感兴趣的信息。XPath 表达式的强大之处在于其灵活性和可读性，使得开发者能够轻松地定位到 HTML 文档中的特定部分。需要注意的是，XPath 表达式应该根据具体的 HTML 结构来编写，确保能够准确地提取到所需的信息。同时，由于 HTML 的多样性和复杂性，有时可能需要编写相对复杂的 XPath 表达式来处理不同的情况。因此，在使用 XPath 时，需要有一定的 HTML 和 XPath 知识作为基础。

5. 构建完整的爬虫

构建完整的爬虫需要综合使用上述工具和技术，并根据目标网站的结构和需求进行定制。以下是一个简单的爬虫框架示例，它结合了使用 requests 库发送 HTTP 请求、BeautifulSoup 库解析 HTML，以及 lxml 和 XPath 提取信息的方法。

```
import requests
from lxml import etree
url = 'https://example.com'
# 发送 GET 请求获取 HTML 内容
response = requests.get(url)
if response.status_code == 200:
    html_content = response.text
else:
    print(f"请求失败，状态码: {response.status_code}")
    exit()
# 使用 lxml 解析 HTML 内容
tree = etree.HTML(html_content)
# 使用 XPath 提取信息，这里以提取所有链接为例
links = tree.xpath('//a/@href')
# 打印提取到的链接
for link in links:
    print(link)
```

请注意，这只是一个简单的示例，实际的爬虫程序可能需要处理更复杂的 HTML 结构、处理 JavaScript 动态加载的内容、设置请求头以避免被反爬虫机制拦截等。因此，在构建网络爬虫时，需要根据目标网站的具体情况来定制。

2.1.4 爬虫的协议与道德、法律

在利用爬虫技术获取网络数据时，我们必须始终坚守爬虫协议、道德准则及相关法律法规。遵守爬虫协议，意味着尊重网站设定的访问规则，不越界爬取禁止内容；恪守爬虫道德，则要求我们在爬取过程中保护用户隐私，合理使用数据，尊重原创作者的权益；而遵循相关法律法规，则是确保我们的爬虫行为合法合规，不侵犯他人权益，不扰乱网络秩序。只有这样，我们才能在网络世界中和谐共生，共同促进信息的合理流动与利用。

1. 爬虫协议

爬虫协议，也称为 robots.txt 协议，是网站通过 robots.txt 文件向爬虫程序（如搜索引擎爬虫）发出的访问规则。这个文件告诉爬虫程序哪些页面可以访问，哪些页面不能访问。

robots.txt 文件的位置：通常位于网站的根目录下，如 www.example.com/robots.txt。

robots.txt 的内容：该文件使用简单的文本格式，通过 User-agent 和 Disallow 指令来定义规则。User-agent 指定了规则适用的爬虫程序，Disallow 则指定了禁止访问的路径。

遵守 robots.txt 的重要性：遵守 robots.txt 协议是爬虫开发者应遵循的基本道德和法律规定。违反协议可能导致网站采取防御措施，如封禁 IP 地址，甚至可能面临法律责任。

2. 爬虫道德

爬虫道德主要涉及对目标网站的尊重和保护，以及合理使用爬取的数据。

尊重网站权益：爬虫程序应遵守网站的 robots.txt 协议，不爬取禁止访问的页面。同时，避免对网站造成过大的访问压力，影响网站的正常运行。

保护用户隐私：在爬取过程中，避免收集用户的个人信息或敏感数据，尊重用户的隐私权。

合理使用数据：爬取的数据应仅用于合法、合规的目的，不得用于侵犯他人权益或进行非法活动。同时，对于爬取的数据，应注明来源，尊重原作者的版权。

3. 爬虫法律

爬虫活动涉及的法律问题主要包括版权法、反不正当竞争法、计算机信息网络国际联网管理暂行规定等。爬取的数据可能涉及版权问题，如文章、图片等；未经原作者授权，擅自使用或传播这些数据可能构成侵权行为。利用爬虫程序进行恶意竞争，如爬取竞争对手的数据用于不正当竞争行为，可能违反反不正当竞争法。爬虫活动应遵守国家关于计算机信息网络管理的相关规定，不得有非法入侵、破坏网络安全等行为。

总之，爬虫开发者在开发和使用爬虫程序时，应严格遵守 robots.txt 协议，遵循爬虫道德和相关法律法规规定，确保爬虫活动的合法性和合规性。

任务实施

网络数据采集的任务工单如表 2-1-4 所示。

表 2-1-4　任务工单

班级：		组别：		姓名：		掌握程度：	
任务名称	房屋租赁网站房源信息爬取						
任务目标	将网站上的房源信息爬取下来，并打印出来						
爬取数据	房源封面图片、户型、面积等						
工具清单	Python、requests、BeautifulSoup、lxml						
操作步骤	步骤一：网络数据采集环境搭建。利用 Anconda3 配置 Python 的版本、安装相关的数据爬取模块 步骤二：构建住房信息爬虫。利用配置好的数据采集环境，构建网络爬虫代码 步骤三：将爬取到的住房信息数据打印或显示出来						

考核标准	1. 实现与性能：协议支持，网页抓取能力
	2. 稳定性和可靠性：长时间稳定运行
	3. 数据质量：数据准确性、数据完整性、数据一致性
	4. 合规性与道德标准：遵守 robots.txt 协议，保护用户隐私，尊重版权

2.1.5　网络数据采集实战

步骤一　网络数据采集环境搭建

（1）在 Widnows 的"开始"菜单中找到 Anaconda3 下的 Anaconda Prompt，如图 2-1-3 所示，单击打开 Anaconda Prompt 终端。

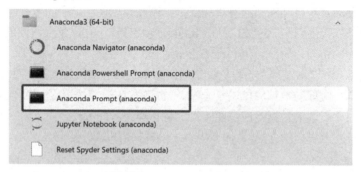

图 2-1-3　Anaconda Prompt

（2）在 Anaconda Prompt 终端输入以下命令创建虚拟环境：

```
conda create --name Web_crawler python=3.8
```

进行到如图 2-1-4 所示界面时，输入：y。

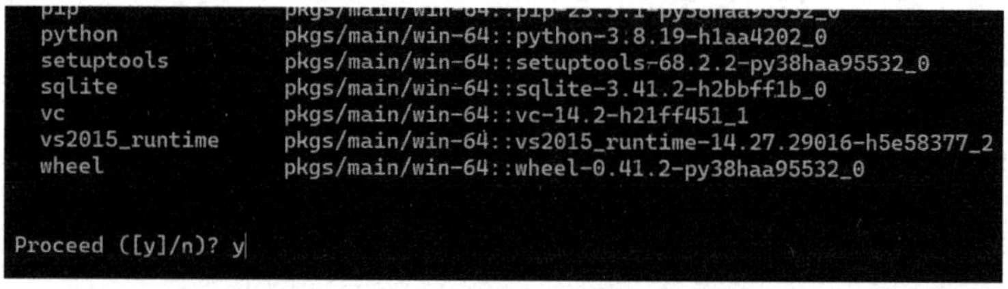

图 2-1-4　创建虚拟环境中途确认命令

当出现如图 2-1-5 所示显示结果，则正确创建了一个 Python 版本为 3.8 的虚拟环境。

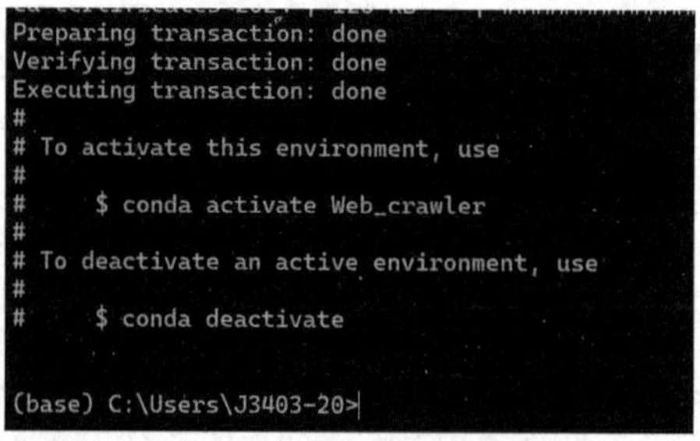

图 2-1-5　虚拟环境创建成功示意图

（3）配置网络数据爬取所需模块。

激活虚拟环境：conda activate Web_crawler。如图 2-1-6 所示，图中最左边的状态由（base）转变为（Web_crawler）。

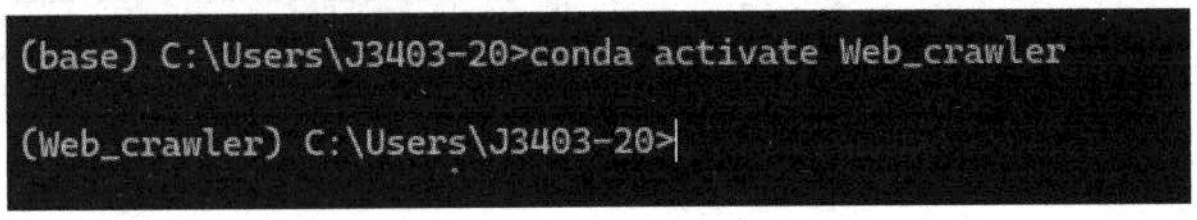

```
(base) C:\Users\J3403-20>conda activate Web_crawler
(Web_crawler) C:\Users\J3403-20>
```

图 2-1-6　激活虚拟环境

安装 requests 模块：

```
pip install requests -i https://pypi.tuna.tsinghua.edu.cn/simple
```

如图 2-1-7 所示为成功安装 requests 模块后的终端显示。

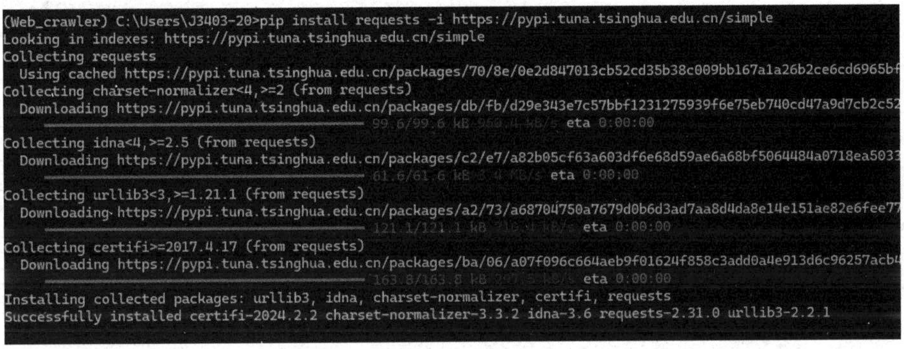

图 2-1-7　成功安装 requests 模块

安装 bs4 模块：

```
pip install bs4 -i https://pypi.tuna.tsinghua.edu.cn/simple
```

成功安装 bs4 之后的终端显示如图 2-1-8 所示。

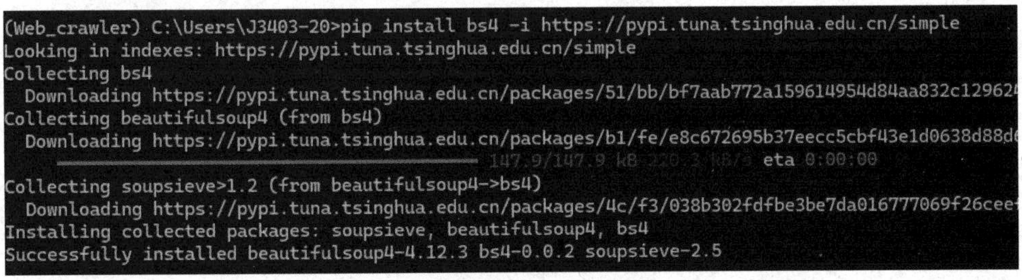

图 2-1-8　成功安装 bs4 模块

安装 lxml 模块：

```
pip install lxml -i https://pypi.tuna.tsinghua.edu.cn/simple
```

成功安装 lxml 模块之后的终端显示如图 2-1-9 所示。

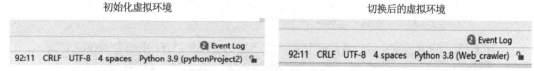

图 2-1-9　成功安装 lxml 模块

步骤二　网络爬虫构建

1．打开 Pycharm，切换虚拟环境

打开 Pycharm 之后需要确认当前 Python 解析器是否为上面创建的虚拟环境 Web_crawler 中的解析器，如果不是则需要进行切换，如图 2-1-10 所示。

初始化虚拟环境　　　　　　　　　　　　切换后的虚拟环境

	Event Log
92:11　CRLF　UTF-8　4 spaces　Python 3.9 (pythonProject2) 🔒	

	Event Log
92:11　CRLF　UTF-8　4 spaces　Python 3.8 (Web_crawler) 🔒	

图 2-1-10　切换 Pycharm 虚拟环境

2．爬虫代码构建

（1）利用 requests 和 BeautifulSoup 编写爬虫代码，网页筛选代码如下（完整代码请参考本书配套资源中的"人工智能数据服务/工程代码/任务 2-1/ 2-1_request_bs4.py"）

```
def get_links(url): #接收参数：每个房源列表页的 url
    i=0
    wb_data=requests.get(url,headers=headers)
    soup=BeautifulSoup(wb_data.text,'lxml')
    links=soup.select('div.list-main-header.clearfix > a') #获取每个房源详情页的 a
标记，得到 a 标记列表，可以找到详情页的 url
    for link in links:
        href=link.get('href') #tag 的 get()函数，获取 a 标记 href 的属性值，即可获取详情
页的 url
        href='https://guangzhou.qfang.com'+href
        time.sleep(2)
        get_info(href)  #调用 get_info()函数，参数为详情页的 url
```

以上代码的目标是利用 BeautifulSoup 爬取房屋租赁网站的房源信息，并将房源的名称、户型、价格、面积、经纪人电话和封面图片保存到一个字典中，结果如图 2-1-11 和图 2-1-12 所示。

request_bs4 ×
{'房源'：'金碧新城花园 3室1厅104m²满五年'，'户型'：'3室1厅'，'价格'：'370'，'面积'：'104m²'，'经纪人电话'：'4000002652'，'封面图片'：'https://
{'房源'：'东圃新村 3室2厅1房2卫 110.0m² 精致装修'，'户型'：'3室2厅'，'价格'：'160'，'面积'：'110m²'，'经纪人电话'：'4000002652'，'封面图片'：'
{'房源'：'汇侨新城北区 2室2厅79.68m²满五年'，'户型'：'2室2厅'，'价格'：'230'，'面积'：'79.68m²'，'经纪人电话'：'4000002652'，'封面图片'：'http
{'房源'：'省治建 华农六一区一房一厅 中楼层 近附小 急售'，'户型'：'1室1厅'，'价格'：'188'，'面积'：'32.45m²'，'经纪人电话'：'4000002652'，'封面图
{'房源'：'百信领寓 1室0厅43m²满五年'，'户型'：'1室0厅'，'价格'：'165'，'面积'：'43m²'，'经纪人电话'：'4000002652'，'封面图片'：'https://saas-
{'房源'：'茶山小区 3室2厅85.9m²普通装修'，'户型'：'3室2厅'，'价格'：'665'，'面积'：'85.9m²'，'经纪人电话'：'4000002652'，'封面图片'：'https:/

图 2-1-11　基于 bs4 爬取的房源文本信息

| e5853b90-799 5-4360-aa15-6 619fa11384b.jp g | b15dcfc2-41fd- 4a12-8e95-2ad 10e05b5d5.jpg | 0a60e21b-a4e0 -4b06-b2c2-9b a5d9d576db.jp g | 106fe6f6-13a6- 4d9c-97b2-dd 0132c8675d.jp g | 5ba6c9b5-732 7-4dba-b0b7-8 f8fa4401125.jp g | 3584fe64-f8d1- 42b0-a758-9ea 509b7c7b5.jpg | edde2da7-ee52 -458d-b800-0b d0f74d3bed.jp g |

| 92b094f8-7d1f -425c-a632-7df 397eb84ff.jpg | 8553e9d5-297 6-4dc6-886b-2 83c0bf91aca.jp | 7b2963d2-62d b-4451-9784-3 597317b1b3c.j | 6d21d577-395 5-4e69-8d4a-e 068f510e679.jp | b7a45b6d-718 b-42a8-8604-c b706304170d.j | b448677b-d83f -4939-81a6-4b 7b0908aea0.jp | 429dcedf-afb6- 4d6d-868f-14a 7b506e225.jpg |

图 2-1-12　基于 bs4 爬取的房源封面图片

具体流程如下：

① 导入需要使用的模块：requests、BeautifulSoup 和 time。

② 设置请求头信息，模拟浏览器进行网页访问。

③ 定义了一个函数 get_links(url)用于获取每个房源列表页的详细链接地址，然后调用 get_info(url)函数，获取每个房源的详细信息。

④ 定义了一个函数 get_info(url)用于获取房源的详细信息，包括房源名称、户型、价格、面积、经纪人电话和封面图片。同时将封面图片保存到本地。

⑤ 在__main__部分，构造了要爬取的房源列表页的 url，并依次调用 get_info(herf)函数来获取房源详细信息。

总体来说，该代码使用 requests 库发起 HTTP 请求，使用 BeautifulSoup 库解析 HTML 页面，从而实现了简单的网页信息抓取和数据提取。

（2）利用 requests 和正则表达式编写爬虫代码，以下是利用正则表达式获取房源列表页的详细链接地址部分的代码（完整代码请参考本书配套资源中的"人工智能数据服务/工程代码/任务 2-1/ 2-1_request_re.py"）

```
#定义函数，用于获取房源列表页的详细链接地址
def get_links(url):
    linklist=[]  # 存储房源链接地址列表
    res=requests.get(url,headers=headers)  # 发送网络请求，获取页面内容
    # print(res)
    ptn='<a class="" href="(.*?)"'  # 匹配房源链接地址的正则表达式
    links=re.findall(ptn,res.text,re.S)  # 使用正则表达式提取房源链接地址
    print(links)
    for link in links:
        if (link!='<%=url%>'):
            linklist.append(link)  # 将有效链接地址添加到列表中
    for link in linklist:
        get_info(link)
```

该代码通过正则表达式爬取房屋中介网站上二手房的房源信息，爬虫结果如图 2-1-13 和图 2-1-14 所示。

request_re

{'房源': '此历万 竹力正面花园楼 双阳行 衍间好木无戸 利用平墙', '户型': '3室1厅', '面积': '146.41平米', '总价': '238万', '单价': '16951', '朝向': '南 北',
{'房源': '挑北夏湾电梯3房2厅2卫, 仅售100多万', '户型': '3室2厅', '面积': '87.94平米', '总价': '173万', '单价': '19673', '朝向': '北', '楼层': '低楼层/
{'房源': '新装修大四房 独立平台 钰海上峰', '户型': '4室2厅', '面积': '166.38平米', '总价': '428万', '单价': '25725', '朝向': '南', '楼层': '高楼层/共38
{'房源': '《河景3房》红树湾三期 红树湾三期 客厅横厅设计 看园林', '户型': '3室2厅', '面积': '151.33平米', '总价': '520万', '单价': '34362', '朝向': '东北', '楼层
{'房源': '翠湖香山高尔夫别苑 5.1米高地下室 国合室式大花园', '户型': '3室2厅', '面积': '111.19平米', '总价': '488万', '单价': '43889', '朝向': '南 北', '楼
{'房源': '华发峰景湾 精装 3房2厅2卫 对澳门跃濠江 安静 舒适', '户型': '3室2厅', '面积': '99.97平米', '总价': '250万', '单价': '25008', '朝向': '东南', '楼层
{'房源': '海怡湾畔三期 小区中间刚需两房保养好', '户型': '2室2厅', '面积': '73.42平米', '总价': '120万', '单价': '16345', '朝向': '东南', '楼层': '中楼层
{'房源': '中间楼层,看园林, 装修很棒, 保养佳', '户型': '4室2厅', '面积': '114.8平米', '总价': '282万', '单价': '24565', '朝向': '东南 南', '楼层': '中楼层
{'房源': '业主急售 131平大面积三房两卫', '户型': '3室2厅', '面积': '131.31平米', '总价': '115万', '单价': '8758', '朝向': '东南 南', '楼层': '中楼层/共

图 2-1-13　基于正则表达式爬取的房源文本信息

格力广场高层看山景三房, 通风采光好.jpg　业主急售 金湾红旗中珠上郡 精装3房 中间楼层.jpg　电梯南向大三房, 双阳台面积实用, 有钥匙随时看房, .jpg　吉大莲花山新装修未住三房一卫, 九州中, 低楼层低总价.jpg　南北通双阳台 中高楼层 未住过可做婚房 景观好无遮挡.jpg　高层可看胜利河景, 采光好, 装修品质高, 保养得好.jpg　此房中间楼层, 采光通风, 入住率高, 绿化高。户型方正.jpg

单边位正规东南四房, 通风好, 有钥匙高层看海.jpg　小区中间大3房东南向看园林看泳池无遮挡位置安静.jpg　南北通双阳台, 户型方正, 中高楼层视野升阔, 静谧舒适.jpg　二期, 小区中庭看山, 新装修未入住, 三房二卫, 有钥匙.jpg　交通便利。南向三房, 保养好, 房子安静舒适.　文园 潮联 近体育人民健身2012年小区.jpg　小高层洋房叠墅加持70平负一楼随时看房.jpg

图 2-1-14　基于正则表达式爬取的房源封面图片

完整代码的具体流程如下：

① 导入需要使用的模块：re（正则表达式模块）、requests（网络请求模块）和 time（时间模块）。

② 设置请求头信息 headers，模拟浏览器进行网页访问。

③ 定义函数 get_links(url)，用于获取房源列表页的详细链接地址：

● 发送网络请求，获取页面内容；

● 使用正则表达式匹配房源链接地址；

● 将有效链接地址添加到列表 linklist 中；

● 遍历链接列表，调用 get_info(link)函数。

④ 定义函数 get_info(url)，用于获取房源的详细信息：

● 发送网络请求，获取房源详细页面内容；

● 使用正则表达式提取房源信息，如名称、户型、面积、总价、单价、朝向、楼层等；

● 下载房源封面图片并保存到本地；

● 打印房源信息数据。

⑤ 在主程序中，构造要爬取的多个页面的 URL 列表。

⑥ 遍历 URL 列表，依次调用 get_links(url)函数，并在每次请求后暂停 5 秒（time.sleep(5)），以避免请求过于频繁被网站封锁。

总体来说，该代码是一个简单的网络爬虫脚本，通过正则表达式从房屋中介网站上爬取二手房的相关信息，下载每个房源的封面图片保存到本地，并将信息打印输出。

（3）利用 requests 和 lxml 编写爬虫代码，以下是利用 lxml 获取详情页超链接的地址部分的代码（完整代码请参考本书配套资源中的"人工智能数据服务/工程代码/任务 2-1/2-1_request_lxml.py"）

```python
'''获取详情页超链接的地址'''
def get_links(url): #接收参数：每个房源列表页的 url
    i=0
    wb_data=requests.get(url,headers=headers)
    selector=etree.HTML(wb_data.text)
    links=selector.xpath('//*[@id="cycleListings"]/ul/li/div[2]/div[1]/a')  #获取每个房源详情页的 a 标记，得到 a 标记列表，可以找到详情页的 url//*[@id="cycleListings"]/ul/li[2]/div[2]/div[1]/a
    for link in links:
        href=link.get('href') #tag 的 get()函数，获取 a 标记 href 的属性值，即可获取详情页的 url
        href='https://guangzhou.qfang.com'+href
        time.sleep(2)
        get_info(href)  #调用 get_info()函数，参数为详情页的 href
```

该代码是一个简单的 Python 网络爬虫脚本，用于从二手房网站上爬取二手房的房源信息，爬虫结果如图 2-1-15 和图 2-1-16 所示。

D:\Software\python_related\anaconda\envs\Web_crawler\python.exe C:/Users/J3403-20/Desktop/人工智能数据服务/代码/任务1/request_lxml.py
{'房源'：'金碧新城新花园 3室1厅104m²满五年'，'户型'：'3室1厅1厨2卫'，'价格'：'370'，'面积'：'104m²'，'封面图片'：'https://saas-qw.qfangimg.com/pro/9a02cd00-9
{'房源'：'花梗华华3期 2室2厅72.47m²精装修'，'户型'：'2室2厅1厨1卫'，'价格'：'210'，'面积'：'72.47m²'，'封面图片'：'https://saas-qw.qfangimg.com/pro/3648a2e
{'房源'：'金碧新城新花园 中高层 南向带主套大三房 采光格局好 装修保养好'，'户型'：'3室2厅1厨2卫'，'价格'：'365'，'面积'：'107m²'，'封面图片'：'https://saas-qw.qfang
{'房源'：'省冶建 华农六一区一房一厅 中楼层 近附小 急售'，'户型'：'1室1厅1厨1卫'，'价格'：'188'，'面积'：'32.45m²'，'封面图片'：'https://saas-qw.qfangimg.com/p
{'房源'：'金碧新城新花园 2室1厅65m²满五年'，'户型'：'2室1厅1厨1卫'，'价格'：'196'，'面积'：'65m²'，'封面图片'：'https://saas-qw.qfangimg.com/pro/31bf7195-637
{'房源'：'翠怡轩 顶楼复式 户型少有 看房方便'，'户型'：'3室2厅1厨3卫'，'价格'：'220'，'面积'：'131.5m²'，'封面图片'：'https://saas-qw.qfangimg.com/pro/85db5e1
{'房源'：'汇侨新城东区 3室1厅80m²满五年'，'户型'：'3室1厅1厨1卫'，'价格'：'192'，'面积'：'80m²'，'封面图片'：'https://saas-qw.qfangimg.com/pro/b2f4fd79-e1b

图 2-1-15　基于 lxml 爬取的房源文本信息

0ac83214-ce15-42fb-b499-33d0b4df13fa.jpg　5df5e50e-6d5e-4f23-aa93-866fe01eba80.jpg　5e391c9a-f719-4567-b6b1-7a39c2de4edb.jpg　6dda22d5-05b1-4382-b853-7ff4b47ddeb2.jpg　7e2d5603-16fb-4e05-bf22-67d6d1e05b72.jpg　8f8cab58-3fb7-42a5-b0de-3bfa9cbfe7c2.jpg　9a02cd00-9daa-4b3e-adce-c2691ffae9e2.jpg

31bf7195-6378-40c4-89a9-627776afde63.jpg　85db5e1e-13fb-4b25-a236-40452b127d9e.jpg　85df1941-5793-4412-b635-dc8bad946c75.jpg　92bb346e-5c9d-4008-9485-ce0f2c132077.jpg　97f41000-4c95-4ae8-a255-b4cb881a78c2.jpg　0284f74c-e0c7-4b60-9c22-8fee08319c38.jpg　524ddbc8-7bce-4cfd-b99e-3b65754edafe.jpg

588ce3a1-7b5b-4402-9934-9b5f7f93c552.jpg　966fece3-e1b9-4bd6-b787-1ba9e7963fff.jpg　3648a2ce-4513-4f01-91f6-651e7243523a.jpg　4208ad7e-c8ab-404f-9a7a-81c0d617abea.jpg　48322fc0-a431-4aaa-8ce7-eaec9f50da34.jpg　34730618-8e40-49db-b62a-a87fe34dd3f9.jpg　a3c803ed-9996-4e3b-9416-a8a46f6e6763.jpg

图 2-1-16　基于 lxml 爬取的房子封面图片

该代码主要使用了 requests 库发送网络请求，使用 lxml 库解析 HTML 页面，以及使用 re 模块进行正则表达式匹配。

① 定义了一个函数 get_links()，用于获取每个房源列表页中房源详情页的超链接地址。通过发送网络请求，获取页面内容，然后使用 XPath 定位到每个房源详情页的超链接，并调用 get_info()函数获取详细信息。

② 定义了一个函数 get_info()，用于获取房源的详细信息。通过发送网络请求，获取房源详细页面内容，然后使用 XPath 提取房源信息，包括房源名称、户型、价格、面积等。同时，还通过正则表达式匹配获取房源封面图片的链接，并将图片保存到本地。

③ 在主程序中，构造了要爬取的多个页面的 URL 列表，遍历这些 URL，逐个调用 get_links() 函数。

总体来说，该代码是一个简单的网络爬虫示例，用于爬取二手房网站上的二手房信息，下载每个房源的封面图片保存到本地，并将信息打印输出。

任务小结

本任务详细介绍了网络爬虫的构建与实施，从基本原理到实际代码实现，学习了爬虫程序的工作流程，包括发送请求、接收响应、解析网页、存储数据等，并了解了不同种类的爬虫及其应用场景。通过 Python 的库如 requests、BeautifulSoup 和 Scrapy，我们掌握了如何发送网络请求和解析 HTML 文档。

在任务实施中，通过 Anaconda3 配置了 Python 环境，并安装了必要的模块。示例代码展示了使用 requests 结合 BeautifulSoup、正则表达式和 lxml 来爬取和解析数据。同时，提醒开发者在数据采集中遵循相应的协议、道德和法律法规。

练习思考

练习题及答案与解析

实训任务

（1）使用 Anaconda3 创建一个名为"RealEstateCrawler"的 Python 虚拟环境，并激活它。要求：记录创建环境的命令，展示激活环境后的提示符变化。（难度系数*）

（2）编写 Python 脚本，使用 requests 库向指定 URL 发送 GET 请求，并打印响应状态码及网页的前 200 个字符。要求：展示脚本代码。（难度系数**）

（3）使用 BeautifulSoup 库解析上题中获取的 HTML 内容，提取页面的<title>标签文本和所有<a>标签的 href 属性。要求：提供代码实现，解释如何使用 BeautifulSoup 选择器提取信息。（难度系数**）

（4）使用 lxml 库和 XPath 表达式，从给定的 HTML 文档中提取所有房源链接，并尝试访问这些链接获取房源详情信息。要求：展示 XPath 表达式和相应的 Python 代码，讨论 XPath 的

优越性和局限性。(难度系数**)

(5)利用正则表达式从网页文本中提取房源的关键信息,如价格、面积、户型等,并清洗数据(去除无用字符、转换数据类型等)。要求:给出正则表达式示例,展示数据清洗过程的代码,讨论正则表达式在数据提取中的作用。(难度系数***)

拓展提高

(1)开发一个完整的网络爬虫程序,用于爬取指定租赁网站上的房源信息。要求实现以下功能:

①分页爬取房源列表,并能处理分页链接的变化。②提取每条房源的详细信息,包括但不限于标题、价格、面积、户型、图片链接。(难度系数****)

(2)分析目标网站可能存在的反爬虫机制(如请求频率限制、IP 封锁等),并实现相应的应对策略(如使用代理、设置请求头等)。(难度系数*****)

任务 2.2 端侧数据采集

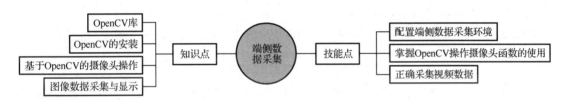

任务导入

在探究端侧数据采集的奥秘之前,我们先将视线聚焦于摄像头数据采集这一科技。设想,通过细致部署的摄像设备,我们有能力对城市街区、校园乃至自然保护地带等目标区域施行实时的视频监视,记录下每一处微妙的动态与变迁。这些图像数据,就如同时光的微粒,被持续采集并储存,等待着后续的加工与解析。

然而,端侧数据采集的价值远非于此。它不仅是技术流程的一环,更是我们洞悉世界、贡献社会的关键途径。在此过程中,学生不仅能掌握数据采集的技术知识,更能深切洞察数据所映射出的社会现象,从而激发其社会责任感和服务社会的热忱。借助此种方式,我们不仅培养了学生的专业素养,更指引他们深思如何将科技服务于社会,怎样在数据的海洋中探寻推动社会前行的启明之钥。

任务描述

本任务旨在实现对指定区域的实时视频监控和数据采集,通过摄像头设备采集目标区域的视频数据。同时,将采集到的视频数据进行分帧处理,并将分帧的结果保存到以视频名命名的文件夹当中。如图 2-2-1 所示为通过摄像头采集到的学生考试监控中的单帧图像。

图 2-2-1　学生考试监控单帧图像

知识准备

2.2.1　了解 OpenCV 库

随着计算机技术的飞速发展，计算机视觉作为人工智能领域的一个重要分支，已经深入到我们日常生活的方方面面。无论是人脸识别、图像识别，还是自动驾驶、安防监控，计算机视觉都扮演着举足轻重的角色。OpenCV（Open Source Computer Vision Library），作为开源计算机视觉库，为开发者提供了大量强大的工具和函数，极大地简化了计算机视觉应用的开发过程。

1. OpenCV 库的基本概念和功能

（1）OpenCV 库的基本概念。OpenCV 是一个开源的计算机视觉和机器学习软件库。OpenCV 是用 C++编写的，但它也提供了 Python、Java 和 MATLAB 等语言的接口，使得开发者能够选择自己熟悉的语言进行开发。OpenCV 的设计目标是提供一种通用的计算机视觉框架，使得研究人员和开发者能够方便地进行计算机视觉应用的开发。它包含了超过 2500 个优化的算法，提供了大量的图像处理和计算机视觉功能，包括但不限于图像滤波、特征检测、目标跟踪和 3D 重建等。

OpenCV 的版本号通常由主版本号、次版本号和修订版本号组成，如 4.5.3。主版本号的改变通常意味着重大的架构或功能更新，可能包括全新的算法、接口或性能优化。次版本号的改变则通常表示在保持主要功能不变的前提下，增加了一些新的特性或修复了一些问题。修订版本号的变化一般表示进行了一些小的修复和优化。随着版本的更新，OpenCV 不断引入新的计算机视觉算法和机器学习技术，这些新功能可能包括新的目标检测算法、图像分割技术、人脸识别算法、深度学习集成等，使得 OpenCV 能够应对更复杂的任务，提供更准确的结果。新版本的算法执行速度更快，内存占用更低。这些优化通常是通过改进算法实现、利用硬件加速（如 GPU 加速）或优化代码结构来实现的。OpenCV 拥有一个庞大的开发者社区，为我们提供了丰富的资源和支持。

（2）OpenCV 库的功能。OpenCV 库的功能极为丰富，以下列举了一些主要的功能模块。

① 核心模块：包含基本的数据结构、数组操作、绘图函数等。这是 OpenCV 的基础，为其他模块提供了底层支持。

② 图像处理模块：提供了各种图像处理的功能，如图像滤波、色彩空间转换、直方图计算等。这些功能对于图像的预处理和后处理都非常重要。

③ 特征检测与描述模块：包括各种特征检测器，如 SIFT、SURF、ORB 等。这些工具能够提取图像中的关键点和特征描述，为图像匹配、目标识别等任务提供基础支持。

④ 目标检测与跟踪模块：提供了多种目标检测和跟踪算法，如 Haar 级联分类器、背景/前景分割、光流法等。这些功能使得 OpenCV 能够被应用于视频监控、人机交互等领域。

⑤ 3D 重建模块：包含从多个图像中重建三维场景的算法，如立体视觉、运动恢复结构等。这为三维计算机视觉应用提供了支持。

⑥ 机器学习模块：提供了多种机器学习算法，如 K-近邻、支持向量机、决策树等。这使得 OpenCV 不仅限于图像处理，还能够被应用于更广泛的机器学习任务。此外，OpenCV 还提供了其他高级功能，如视频处理、人脸识别、手势识别等，可以满足不同领域和场景的需求。

2. OpenCV-Python 的安装和基本调用方法

（1）OpenCV-Python 简介。OpenCV-Python 是 OpenCV 库与 Python 语言结合的一种实现方式，使得 Python 开发者能够方便地使用 OpenCV 的强大功能。Python 作为一种简洁易读、功能强大的编程语言，与 OpenCV 的结合为计算机视觉领域的研究与应用提供了强大的工具。

① OpenCV-Python 的特点如表 2-2-1 所示。

表 2-2-1　OpenCV-Python 的特点

特　点	详　解
易用性	Python 的语法简洁明了，易于上手，使得 OpenCV 的功能能够更快速地被开发者所掌握和使用
丰富的接口	OpenCV-Python 提供了大量的 API 接口，涵盖了图像处理、特征提取、目标检测、机器学习等多个方面，满足了开发者在计算机视觉领域的各种需求
跨平台性	OpenCV-Python 可以在多种操作系统上运行，包括 Windows、Linux 和 macOS 等，使得开发者可以在不同的环境下进行开发和部署

② OpenCV-Python 的主要功能如表 2-2-2 所示。

表 2-2-2　OpenCV-Python 的主要功能

主 要 功 能	详　解
图像处理	包括图像读取、保存、转换、滤波、直方图均衡化等基本操作，帮助开发者对图像进行预处理和增强
特征提取与匹配	支持多种特征提取算法，如 SIFT、SURF、ORB 等，以及特征匹配技术，用于图像识别、目标跟踪等任务
目标检测与识别	通过级联分类器、HOG+SVM、深度学习等方法实现人脸、物体等目标的检测与识别
视频处理与分析	支持视频文件的读取、播放、录制，以及实时视频流的处理，用于视频监控、运动分析等领域
机器学习	集成了多种机器学习算法，如 KNN、SVM、决策树等，使得开发者能够利用机器学习技术对图像数据进行分类、聚类等操作

③ OpenCV-Python 的应用场景如表 2-2-3 所示。

表 2-2-3　OpenCV-Python 的应用场景

应 用 场 景	详　解
自动驾驶	通过图像处理技术识别道路标志、行人、车辆等目标，实现自动驾驶的导航与决策
人脸识别与身份验证	利用特征提取与匹配技术实现人脸的识别与身份验证，应用于安防、门禁等领域
医学影像分析	对医学影像进行预处理、分割、特征提取等操作，辅助医生进行疾病诊断

续表

应 用 场 景	详　　解
智能安防	通过视频处理与分析技术实现异常事件的检测与报警，提高安防系统的智能化水平
机器人视觉	为机器人提供视觉感知能力，实现目标跟踪、导航、避障等功能

（2）OpenCV 的安装。OpenCV 的安装方式因操作系统和编程语言的不同而有所差异。下面以 Python 环境为例，介绍在 Windows 系统下安装 OpenCV 的基本步骤。

在 Windows 系统下，通常使用 pip 命令进行 OpenCV 的安装。首先，确保已经安装了 Python 和 pip。然后，在命令行中输入以下命令：

```
pip install opencv-python
```

这将从 Python 包索引（PyPI）中下载并安装 OpenCV 库。安装完成后，就可以在 Python 脚本中导入 OpenCV 库进行使用了。

（3）OpenCV 的基本调用方法。安装好 OpenCV 后，就可以在 Python 脚本中导入并使用它了。下面是一个简单的示例，演示了如何读取一张图片并显示出来。

```
import cv2
# 读取图片
img = cv2.imread('example.jpg')
# 显示图片
cv2.imshow('image', img)
# 等待按键按下，然后关闭窗口
cv2.waitKey(0)
cv2.destroyAllWindows()
```

在这个示例中，首先导入了 OpenCV 库；然后，使用 cv2.imread 函数读取一张图片，该函数返回一个表示图像的 NumPy 数组；接着，使用 cv2.imshow()函数显示图像，其中第一个参数是窗口的名称，第二个参数是要显示的图像；cv2.waitKey(0)函数会暂停程序执行，直到用户按下任意按键；最后，使用 cv2.destroyAllWindows 函数关闭所有 OpenCV 创建的窗口。

2.2.2　摄像头操作

在使用 OpenCV 和 Python 进行摄像头操作时，会涉及多个关键函数和类，这些函数和类帮助我们捕获摄像头的视频流、获取摄像头的属性，以及处理视频帧。

1. OpenCV 中与摄像头相关的函数和类

cv2.VideoCapture 类：用于捕获视频流，从摄像头或视频文件中读取帧。在该类当中包含了操作摄像头的函数，具体介绍如下。

（1）cv2.VideoCapture(index, apiPreference=0)：创建一个 VideoCapture 对象，用于捕获视频流。index 是摄像头的 ID，通常为 0（表示第一个摄像头）；apiPreference 是一个可选参数，用于指定使用哪种后端 API。

（2）cap.read()：从 VideoCapture 对象中读取一帧。返回两个值：一个布尔值（True/False，表示是否成功读取帧）和一个数组（表示帧的图像）。

（3）cap.isOpened()：检查 VideoCapture 对象是否成功打开。

（4）cap.release()：释放 VideoCapture 对象，关闭摄像头或视频文件。

（5）cap.set(propId, value)：设置摄像头属性。propId 是属性标识符（如 cv2.CAP_PROP_FRAME_WIDTH 表示帧宽度），value 是要设置的值。

（6）cap.get(propId)：获取摄像头属性。propId 是属性标识符，函数返回属性的当前值。

同时，OpenCV 提供了 cv2.CAP_PROP_*系列的常量，用于指定要获取的摄像头属性。以下是一些常用的属性：

- cv2.CAP_PROP_FRAME_WIDTH：帧宽度；
- cv2.CAP_PROP_FRAME_HEIGHT：帧高度；
- cv2.CAP_PROP_FPS：帧速率（每秒帧数）；
- cv2.CAP_PROP_FOURCC：编码格式；
- cv2.CAP_PROP_FRAME_COUNT：视频中的总帧数（仅适用于视频文件）。

可以使用 cap.get(propId)函数来获取这些属性的当前值。例如，要获取摄像头的帧宽度，可以参考以下代码：

```
frame_width = cap.get(cv2.CAP_PROP_FRAME_WIDTH)
```

2. 摄像头的初始化和操作

下面是一个完整的例子，展示了如何初始化摄像头、获取其属性。

```python
import cv2
# 初始化摄像头
cap = cv2.VideoCapture(0)
# 检查是否成功打开摄像头
if not cap.isOpened():
    print("无法打开摄像头")
    exit()
# 获取摄像头属性
frame_width = int(cap.get(cv2.CAP_PROP_FRAME_WIDTH))
frame_height = int(cap.get(cv2.CAP_PROP_FRAME_HEIGHT))
fps = cap.get(cv2.CAP_PROP_FPS)
print(f"摄像头属性: 宽度={frame_width}, 高度={frame_height}, FPS={fps}")
  # 释放摄像头资源
cap.release()
```

在上面的代码中，首先初始化摄像头并检查是否成功打开；然后，使用 cap.get()函数获取摄像头的属性，并打印出来；最后，释放摄像头资源。在实际应用中，可能还需要处理其他情况，如摄像头未连接或无法访问的情况，以及可能出现的异常。此外，还可以根据需要对视频帧进行各种处理，如图像转换、滤波、特征检测等。

2.2.3　图像采集与显示

假设我们正在使用默认的摄像头（通常是内置摄像头或连接的第一个外部摄像头）：

```
# 创建一个VideoCapture对象，参数0表示默认摄像头
cap = cv2.VideoCapture(0)
# 检查摄像头是否成功打开
if not cap.isOpened():
    print("Error: Could not open video device.")
    exit()
```

如果摄像头正常打开，则可以通过循环不断地从摄像头中捕获帧：

```
while True:
    # 读取一帧图像
    ret, frame = cap.read()
    # 检查是否成功读取帧
    if not ret:
        print("Error: Could not receive frame from video device.")
        break
```

在上面的循环中，可以使用 OpenCV 中的 imwrite()函数将捕获的帧保存为本地文件。例如，保存每一帧为 jpg 格式的图像文件：

```
frame_count = 0
while True:
    # ...（读取帧的代码）
    # 保存每一帧为 jpg 格式的本地文件
    cv2.imwrite(f"frame_{frame_count}.jpg", frame)
    frame_count += 1
```

这将会在当前工作目录下创建名为 frame_0.jpg、frame_1.jpg…的文件序列。同时，也可以使用 OpenCV 的 imshow()函数来显示采集到的视频帧：

```
while True:
    # ...（读取帧的代码）
    # 显示帧
    cv2.imshow('Camera Feed', frame)
    # 等待按键输入，如果按下'q'键，则退出循环
    if cv2.waitKey(1) & 0xFF == ord('q'):
        break
```

imshow()函数创建了一个名为"Camera Feed"的窗口来显示帧。waitKey()函数用于等待用户按键输入，参数 1 表示等待时间为 1 毫秒。如果按下'q'键，则退出循环。

最后，在退出循环后释放 VideoCapture 对象并关闭所有 OpenCV 窗口：

```
# 释放摄像头资源
cap.release()
# 关闭所有 OpenCV 窗口
cv2.destroyAllWindows()
```

任务实施

端侧数据采集的任务工单如表 2-2-4 所示。

表 2-2-4　任务工单

班级：		组别：		姓名：		掌握程度：
任务名称	基于摄像头的端侧数据采集					
任务目标	利用 USB 摄像头结合 Python-OpenCV 采集端侧的视频数据，并将视频数据分帧处理，保存到与视频同名的文件夹中					
采集数据	视频数据					
工具清单	Python、USB 摄像头、OpenCV					
操作步骤	步骤一：配置视频数据采集虚拟环境，安装相关的 Python 模块 步骤二：基于配置好的虚拟环境，结合 USB 摄像头采集视频数据 步骤三：将采集到的视频进行视频分帧，存储到对应的文件夹中					
考核标准	1．实现与性能：能否正常读取摄像头数据 2．稳定性和可靠性：长时间稳定运行，异常处理能力 3．数据质量：采集的视频帧的清晰程度、分辨率的大小					

2.2.4　端侧数据采集实战

步骤一　端侧数据采集环境搭建

（1）打开 anaconda 终端。

（2）配置端侧数据采集所需模块。

激活任务 2.1 配置的虚拟环境：conda activate Web_crawler，如图 2-2-2 所示，图中最左边的状态由（base）转变为（Web_crawler）。

```
(base) C:\Users\J3403-20>conda activate Web_crawler
(Web_crawler) C:\Users\J3403-20>
```

图 2-2-2　激活虚拟环境

安装调用摄像头捕获数据 OpenCV 模块，结果如图 2-2-3 所示。

```
pip install opencv-contrib-python -i https://pypi.tuna.tsinghua.edu.cn/simple
```

```
(Web_crawler) C:\Users\J3403-20>pip install opencv-contrib-python -i https://pypi.tuna.tsinghua.edu.cn/simple
Looking in indexes: https://pypi.tuna.tsinghua.edu.cn/simple
Collecting opencv-contrib-python
  Downloading https://pypi.tuna.tsinghua.edu.cn/packages/a7/9e/7110d2c5d543ab03b9581dbb1f8e2429863e44e0c9b4960b766f23
ntrib_python-4.10.0.84-cp37-abi3-win_amd64.whl (45.5 MB)
                         0.8/45.5 MB                eta 0:00:43
```

图 2-2-3　安装 OpenCV 模块

步骤二　数据采集环境和摄像头功能测试

为了检测数据采集环境和摄像头是否可用，构建测试代码：

```
import cv2
cap = cv2.VideoCapture(0)
while(cap.isOpened()):#判断是否打开摄像头
    ret,img = cap.read()#获取数据
    if ret:
        cv2.imshow('test',img)#显示视频帧
        if cv2.waitKey(25)&0xFF==ord('q'):#判断是否停止
            break
    else:
        break
cap.release()#释放摄像头
cv2.destroyAllWindows()#关闭窗口
```

如图 2-2-4 为摄像头测试结果，其为摄像头显示的视频数据中的一帧图像。

图 2-2-4　摄像头测试结果

步骤三　采集视频数据

下面是视频保存的部分代码（完整代码请参考本书配套资源中的"人工智能数据服务/工程代码/任务 2-2/ 2-2_采集视频数据并保存视频参数.py"）。

```
# 创建 VideoWriter 对象，用于保存视频
output_file = 'output.mp4'
out = cv2.VideoWriter(output_file, video_codec, frame_rate, (capture_width,
capture_height))
# 将视频设置参数存储到 JSON 文件中
video_settings = {
    'capture_width': capture_width,
    'capture_height': capture_height,
    'frame_rate': frame_rate,
```

```
    'video_codec': 'mp4v'
}
with open('video_settings.json', 'w') as settings_file:
    json.dump(video_settings, settings_file)
```

在本步骤中，首先设置了视频捕获的分辨率和帧率，然后使用 OpenCV 的 VideoCapture 类来从默认摄像头捕获视频。捕获的每一帧都被写入一个通过 VideoWriter 类创建的视频文件中，同时，将视频的设置参数保存到一个 JSON 文件中，以便后续使用。

步骤四   视频分帧

视频分帧部分代码如下所示（完整代码请参考本书配套资源中的"人工智能数据服务/工程代码/任务 2-2/2-2_视频分帧.py"）。

```
if not os.path.exists(output_dir):
    os.makedirs(output_dir)
    # 初始化帧计数器
frame_count = 0
while True:
    ret, frame = cap.read()
    if not ret:
        # 如果无法读取帧，说明已经到达视频的结尾
        break
        # 构造输出文件的路径
    output_file = os.path.join(output_dir, f'frame_{frame_count:04d}.jpg')
    # 保存帧为图像文件
    cv2.imwrite(output_file, frame)
```

在本步骤中，extract_frames()函数接收视频文件的路径和输出目录作为参数。它使用 OpenCV 的 VideoCapture 类来读取视频，并在一个循环中逐帧处理视频，将每一帧都保存为 jpg 格式的图像文件，文件名格式为 frame_XXXX.jpg，其中 XXXX 是帧的序号。将所有帧都保存到指定的输出目录中，该目录以视频文件的名称命名，如图 2-2-5 所示为视频分帧结果。

图 2-2-5   视频分帧结果

任务小结

　　端侧数据采集是一项结合理论与实践的综合技术。本任务旨在培养学生在计算机视觉领域的实际操作技能,通过使用 Python 和 OpenCV 库,学生们学习了如何通过 USB 摄像头实时采集视频数据,并进行分帧处理,最终将数据保存至指定文件夹。在这一过程中,学生们不仅掌握了 OpenCV 库的应用,还提升了编程与问题解决能力。任务的实施包括环境搭建、摄像头功能测试、视频数据采集与分帧,每个步骤都锻炼了学生的技术应用与创新思维。

练习思考

练习题及答案与解析

实训任务

　　(1)环境搭建:使用 Anaconda 在 Windows 系统中创建一个名为 data_collection 的 Python 3.8 虚拟环境,并激活该环境。(难度系数*)

　　(2)OpenCV 安装:在创建好的虚拟环境中,使用清华大学 TUNA 镜像源安装 OpenCV-contrib-python 库。(难度系数*)

　　(3)摄像头测试:编写 Python 脚本,使用 OpenCV 库测试并显示计算机默认摄像头的实时视频流。如果按下'q'键,脚本应该停止视频流并关闭窗口。(难度系数**)

　　(4)视频捕获设置:修改摄像头的属性,比如设置视频捕获的帧宽度和帧高度,并打印出修改后的摄像头属性。(难度系数**)

　　(5)视频数据采集:编写脚本实现从摄像头采集视频数据,并保存到本地文件系统。确保视频文件包含正确的编解码器和帧率设置。(难度系数***)

　　(6)视频分帧存储:将采集的视频数据进行分帧处理,并将每一帧保存为 jpg 格式的图像文件,存放在以视频文件名命名的文件夹中。(难度系数***)

拓展提高

　　(1)异常处理增强:在视频数据采集脚本中增加异常处理机制,确保在摄像头断开或视频捕获过程中出现错误时,程序能够优雅地处理异常并给出用户友好的错误信息。(难度系数****)

　　(2)视频流实时处理:在实时视频流显示的同时,实现一个简单的图像处理功能,如边缘检测或颜色转换,并展示处理后的视频流。要求处理过程不影响视频流的实时显示。(难度系数*****)

任务 2.3　数据存储与加载

任务导入

在人工智能的浩瀚征途中，数据不仅是驱动模型智能进化的燃料，更是整个人工智能生态系统蓬勃发展的灵魂。一个精心设计的数据存储与加载机制，犹如人工智能系统的血脉，不仅保障了数据流通的畅通无阻，还深刻影响着系统的安全性、灵活扩展能力及长远维护的便捷性。通过本任务的学习与实践，我们不仅能够深刻领悟数据存储与加载的精髓，掌握其背后的科学原理与前沿技术，更能将这些知识转化为构建高效、稳健人工智能数据服务的实际行动。本任务还将引导我们深入理解数据在人工智能项目中的核心战略地位，激励我们不断探索如何通过技术创新优化数据存储与加载流程，进而提升人工智能系统的整体性能与运行效率。

任务描述

本任务旨在对采集后的数据进行有效的存储及加载，以方便后续的任务。根据采集到的数据特点，采用不同的数据存储方式，包括 txt 格式、CSV 格式、Excel 格式及 MongoDB 数据库数据存储。同时，将存储后的数据重新加载，并进行数据展示。

知识准备

2.3.1　基于 Python 的 txt 格式数据存储

在 Python 中，将数据存储到 txt 文件（文本文件）是一个常见的操作。以下是一些基本的示例，说明如何使用 Python 将数据写入 txt 文件并读取。

1. 写入 txt 文件

使用 open()函数以写入模式（'w'或'a'，其中'w'表示写入，会覆盖已有文件内容；'a'表示追加，会在文件末尾添加内容）打开一个文件，并使用 write()方法将数据写入文件。

```
# 写入数据到 txt 文件
data = "Hello, World!\n" # \n 表示换行符
with open('myfile.txt', 'w', encoding='utf-8') as f:
    f.write(data)
```

如果希望写入多行数据，可以多次调用 write()方法，或者使用循环来写入一个列表或元组中的数据。

```
# 写入多行数据到 txt 文件
data_list = ["Line 1", "Line 2", "Line 3"]
with open('myfile.txt', 'w', encoding='utf-8') as f:
    for line in data_list:
        f.write(line + '\n')
```

2. 读取 txt 文件

使用 open()函数以读取模式（'r'）打开一个文件，并使用 read()方法读取文件内容。

```
# 读取 txt 文件内容
with open('myfile.txt', 'r', encoding='utf-8') as f:
    content = f.read()
print(content)
```

如果只想读取文件的某一行或某几行，可以使用 readline()或 readlines()方法。

```
# 读取 txt 文件的第一行
with open('myfile.txt', 'r', encoding='utf-8') as f:
    first_line = f.readline()
print(first_line)
 # 读取 txt 文件的所有行并作为列表返回
with open('myfile.txt', 'r', encoding='utf-8') as f:
    lines = f.readlines()
print(lines)
```

注意：在使用 open()函数时，使用 with 语句可以确保文件在操作完成后被正确关闭，这是一种推荐的做法。

2.3.2 基于 Python 的 CSV 格式数据存储

在 Python 中，CSV（Comma Separated Values，逗号分隔值）格式的数据存储和读取是非常常见的。CSV 文件是一个简单的文本文件，其中包含由逗号或其他分隔符分隔的表格数据。Python 的内置 CSV 模块提供了方便的函数来读取和写入 CSV 文件。

1. 写入 CSV 文件

使用 csv.writer()函数来创建一个写入器对象，该对象能够将数据写入 CSV 文件。

```
import csv
# 定义要写入的数据
data = [
    ['Name', 'Age', 'Country'],
    ['Alice', '25', 'USA'],
    ['Bob', '30', 'Canada'],
    ['Charlie', '35', 'UK']
]
# 写入 CSV 文件
```

```
with open('mydata.csv', 'w', newline='', encoding='utf-8') as file:
    writer = csv.writer(file)
    for row in data:
        writer.writerow(row)
```

注意：在打开文件时，使用 newline='' 参数可以避免在 Windows 系统中出现额外的空行。

2. 读取 CVS 文件

使用 csv.reader()函数来创建一个读取器对象，该对象能够读取 CSV 文件中的数据。

```
import csv
# 读取 CSV 文件
with open('mydata.csv', 'r', encoding='utf-8') as file:
    reader = csv.reader(file)
    for row in reader:
        print(row)  # 每行数据将被打印为一个列表
```

3. 使用 DictWriter 和 DictReader 类

CSV 模块还提供了 DictWriter 和 DictReader 类，它们允许以字典的形式处理 CSV 数据。
（1）写入 CSV 文件（使用 DictWriter 类）。

```
import csv
# 定义要写入的数据（字典列表）
data = [
    {'Name': 'Alice', 'Age': '25', 'Country': 'USA'},
    {'Name': 'Bob', 'Age': '30', 'Country': 'Canada'},
    {'Name': 'Charlie', 'Age': '35', 'Country': 'UK'}
]
# 定义字段名
fieldnames = ['Name', 'Age', 'Country']
# 写入 CSV 文件
with open('mydata_dict.csv', 'w', newline='', encoding='utf-8') as file:
    writer = csv.DictWriter(file, fieldnames=fieldnames)
    # 写入字段名
    writer.writeheader()
    # 写入数据行
    for row in data:
        writer.writerow(row)
```

（2）读取 CSV 文件（使用 DictReader 类）。

```
import csv
# 读取 CSV 文件
with open('mydata_dict.csv', 'r', encoding='utf-8') as file:
    reader = csv.DictReader(file)
```

```
for row in reader:
    print(row)  # 每行数据将被打印为一个字典
```

使用 DictWriter 和 DictReader 类可以更方便地处理具有标题行的 CSV 文件，并且可以以字典的形式访问每一行的数据。

2.3.3 基于 Python 的 Excel 格式数据存储

在 Python 中，Excel 格式的数据存储通常使用第三方库，如 openpyxl（用于处理.xlsx 文件）或 xlwt 和 xlrd（用于处理较旧的.xls 文件，但 xlrd 从 2.0.0 版本开始不再支持.xlsx 文件）。由于.xlsx 是更现代的 Excel 文件格式，下面将展示如何使用 openpyxl 来读取和写入 Excel 文件。

1. 安装 openpyxl 库

可以使用 pip 来安装 openpyxl 库。

```
pip install openpyxl
```

2. 写入 Excel 文件

使用 openpyxl 库创建一个新的 Excel 文件并写入数据。

```python
from openpyxl import Workbook
from openpyxl.utils import get_column_letter
# 创建一个新的工作簿
wb = Workbook()
# 选择活动工作表
ws = wb.active
# 写入标题行
ws.append(["Name", "Age", "Country"])
# 写入数据行
data = [
    ["Alice", 25, "USA"],
    ["Bob", 30, "Canada"],
    ["Charlie", 35, "UK"]
]
for row in data:
    ws.append(row)
# 保存工作簿
wb.save("mydata.xlsx")
```

3. 读取 Excel 文件

使用 openpyxl 库读取 Excel 文件中的数据。

```python
from openpyxl import load_workbook
# 加载工作簿
wb = load_workbook(filename="mydata.xlsx")
```

```
# 选择活动工作表，或者通过名称选择工作表
ws = wb.active  # 或者 wb["Sheet1"]
# 遍历并打印所有行
for row in ws.iter_rows(values_only=True):
    print(row)
# 如果你知道要读取的数据的位置，也可以直接访问单元格
cell_value = ws['A1'].value  # 获取第一行第一列的值
print(cell_value)
```

请注意，iter_rows()方法默认按行遍历工作表中的所有单元格，并返回一个生成器，其中每个元素都是一个元组，包含该行的所有单元格值。通过设置 values_only=True，可以只获取单元格的值，而不是单元格对象。此外，还可以使用 ws.cell(row=1, column=1).value 或 ws['A1'].value 这样的语法来直接访问特定单元格的值。行和列的索引都是从 1 开始的（不是从 0 开始）。

2.3.4　基于 Python 的 MongoDB 数据库存储

1. MongoDB 数据库介绍

MongoDB 是一个强大而灵活的文档型 NoSQL 数据库，它以其独特的存储机制、高性能、可扩展性和易用性而广受欢迎。MongoDB 采用 BSON（Binary JSON）作为数据存储格式，这使得它能够存储复杂且多变的数据结构，非常适合用于非结构化或半结构化数据的存储和管理。

与传统的关系型数据库不同，MongoDB 无须预定义数据模式或结构。这意味着用户可以根据需要动态地添加、修改或删除字段，而无需进行烦琐的数据库结构变更。这种灵活性使得 MongoDB 能够快速适应业务变化和数据多样性的需求。

在查询方面，MongoDB 提供了丰富的查询语法和索引支持，可以快速检索和分析数据。其查询语言类似于 JavaScript，易于学习和使用。同时，MongoDB 还支持全文搜索、地理位置查询等高级查询功能，可以满足各种复杂的数据分析需求。

在性能和扩展性方面，MongoDB 也具有出色的表现。它支持水平扩展，可以轻松地添加更多的服务器和存储空间来应对不断增长的数据需求。MongoDB 的分布式架构和分片机制能够确保数据在多个节点之间均匀分布，从而提高查询性能和并发处理能力。此外，MongoDB 还提供了自动故障恢复和数据备份功能，确保数据的安全性和可靠性。

除了基本的存储和查询功能，MongoDB 还提供了许多高级功能，如聚合、MapReduce 等。这些功能可以帮助用户更深入地分析数据，发现隐藏在数据中的模式和趋势。此外，MongoDB 还支持多种编程语言的驱动程序和 API，使得用户可以在多种应用场景中轻松地使用它。

2. MongoDB 数据库安装和使用

要使用 Python 将数据存储到 MongoDB 数据库中，需要安装 pymongo 库，这是 MongoDB 的官方 Python 驱动程序。安装完成相关库后，可创建、连接数据库，然后可以进行数据的插入、查询、更新和删除。

（1）安装 MongoDB 和 pymongo 库。

① 安装 MongoDB。在官网下载 MongoDB 社区版（7.0.9），双击应用程序进入安装页面，如图 2-3-1 所示。

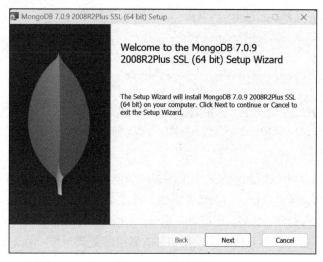

图 2-3-1　MongoDB 安装页面

注意，在安装的中间过程中取消勾选"Install MongoDB Compass"复选框，如图 2-3-2 所示。

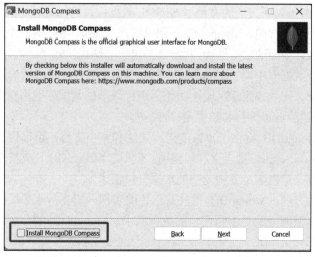

图 2-3-2　MongoDB 安装中间过程

MongoDB 默认会将创建的数据库文件存储在 db 目录下，然而该目录不会被自动创建，需要用户在 MongoDB 安装完成后手动创建。在 MongoDB 的安装目录下（这里默认为"C:\Program Files\MongoDB\Server\7.0\data\"）创建一个文件夹 db，然后，打开命令提示符窗口，使用 cd 命令切换到 MongoDB.exe 所在目录下（默认为 C:\Program File\MongoDB\Server\7.0\bin），输入如下命令，指定 MongoDB 数据存储的位置为刚刚新建的 db 目录：

```
mongod --dbpath "C:\Program File\MongoDB\Server\7.0\data\db"
```

为了避免以后重复切换至 MongoDB.exe 的安装目录，将 C:\Program File\MongoDB\Server\7.0\bin 路径添加到环境变量中。最后，将 http://localhost:27017 复制网页到浏览器当中，查看是否正确安装 MongoDB。

② 安装 pymongo 库。可以使用 pip 来安装 pymongo 库，具体代码如下：

```
pip install pymongo
```

也可以使用指定国内下载源加速安装：

```
pip install pymongo -i https://pypi.tuna.tsinghua.edu.cn/simple
```

（2）连接 MongoDB 数据库。在 Python 中，需要创建一个 MongoClient 实例来连接 MongoDB 服务器。

```
from pymongo import MongoClient
# 创建一个 MongoDB 客户端实例
client = MongoClient('mongodb://localhost:27017/')
# 选择或创建数据库（如果数据库不存在，MongoDB 会在首次插入数据时创建它）
db = client['mydatabase']
# 选择或创建集合（类似于 SQL 中的表）
collection = db['mycollection']
```

在上面的代码中，首先连接到运行在本地的 MongoDB 服务器（默认端口是 27017），然后，选择了名为 mydatabase 的数据库和名为 mycollection 的集合。

（3）插入数据。连接到数据库后，可以使用 insert_one()或 insert_many()方法向数据库中插入采集到的数据。

```
# 插入单个文档
document = {
    "name": "Alice",
    "age": 30,
    "city": "New York"
}
result = collection.insert_one(document)
# 插入多个文档
documents = [
    {"name": "Bob", "age": 25, "city": "Los Angeles"},
    {"name": "Charlie", "age": 35, "city": "Chicago"}
]
result = collection.insert_many(documents)
# 插入操作后，可以获取插入文档的 ID
print(result.inserted_id)      # 对于 insert_one()
print(result.inserted_ids)     # 对于 insert_many()，这是一个包含所有插入文档 ID 的列表
```

（4）查询数据。插入数据之后，可以使用 find_one()或 find()方法来查询插入到数据库中的数据。

```
# 查询单个文档
result = collection.find_one({"name": "Alice"})
print(result)
# 查询多个文档
results = collection.find({"age": {"$gt": 25}})   # 查询所有文档中年龄大于 25 的数据
```

```
for result in results:
    print(result)
```

注意，find()方法返回一个游标对象，可以迭代这个对象来获取所有的结果。

（5）更新和删除数据。还可以使用 update_one()、update_many()、delete_one()和 delete_many()方法来更新和删除文档。

```
# 更新单个文档
result = collection.update_one({"name": "Alice"}, {"$set": {"age": 31}})
# 更新多个文档
result = collection.update_many({"age": {"$gt": 25}}, {"$set": {"city": "San Francisco"}})
# 删除单个文档
result = collection.delete_one({"name": "Bob"})
# 删除多个文档
result = collection.delete_many({"age": {"$lt": 30}})
```

任务实施

数据存储的任务工单如表 2-3-1 所示。

表 2-3-1 任务工单

班级：		组别：		姓名：		掌握程度：	
任务名称	采集数据的存储						
任务目标	根据数据的特点，将采集到的数据按照一定的格式进行存储，并且能够将数据进行导入和展示						
存储数据	文本						
工具清单	Python、openpyxl、pymongo、xml、MongoDB						
操作步骤	步骤一：爬取数据存储环境配置：创建虚拟环境，安装涉及数据存储的相关 Python 模块						
	步骤二：编写数据采集爬虫代码，编写数据存储代码						
	步骤三：进行脚本测试，存储数据及进行数据加载测试						
考核标准	1. 实现与性能：能否正常存储和读入数据						
	2. 稳定性和可靠性：长时间稳定运行，异常处理能力						
	3. 数据质量：数据的完备性、多样性						

2.3.5 数据存储与加载实战

步骤一 数据存储环境搭建

（1）打开 anaconda 终端。

（2）配置数据采集存储所需模块。

激活任务 2.1 配置的虚拟环境：conda activate Web_crawler,如图 2-3-3 所示，图中最左边的状态由（base）转变为（Web_crawler）。

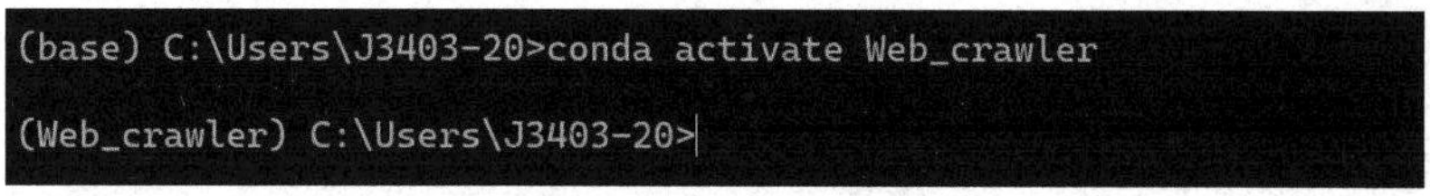

图 2-3-3　激活虚拟环境

安装 openpyxl 和 pymongo 模块，结果如图 2-3-4 和图 2-3-5 所示。

```
pip install openpyxl -i https://pypi.tuna.tsinghua.edu.cn/simple
```

图 2-3-4　安装 openpyxl 模块

```
pip install pymongo -i https://pypi.tuna.tsinghua.edu.cn/simple
```

图 2-3-5　安装 pymongo 模块

安装数据采集模块 requests 和 lxml：

```
pip install requests -i https://pypi.tuna.tsinghua.edu.cn/simple
pip install lxml -i https://pypi.tuna.tsinghua.edu.cn/simple
```

以管理员身份运行系统命令提示符，并输入 net start MongoDB 启动服务器，如图 2-3-6 所示。

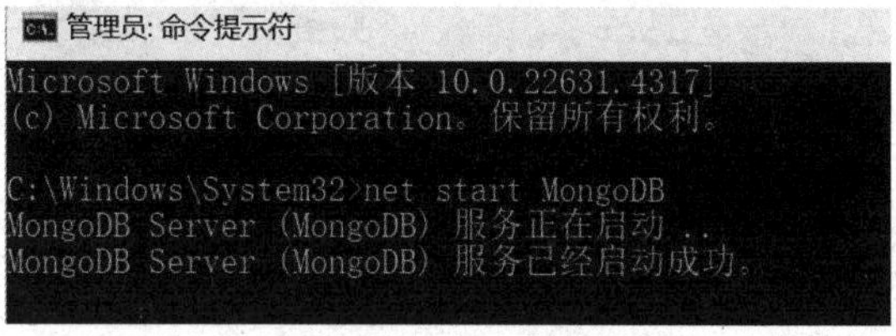

图 2-3-6　启动 MongoDB 服务器

步骤二　文本数据采集及 txt 格式存储

以下是数据存储文件创建和数据保存部分代码（完整代码请参考本书配套资源中的"人工智能数据服务/工程代码/任务 2-3/ 2-3_txt 数据存储与导入.py"）：

```
# 检查文件是否成功创建
if os.path.exists('data.txt'):
    print("数据已保存到 data.txt 文件中。")
    # 读取 txt 文件并显示数据
    with open('data.txt', 'r', encoding='utf-8') as file:
        print("txt 文件中的数据：")
        print(file.read())
else:
```

```
        print("保存文件失败。")
    else:
        print("请求网页失败，状态码: ", response.status_code)
```

以上代码构建了在百度百料中爬取数据"*安阳殷墟是我国第一个有文献可考、被考古发掘所证实的都城遗址。公元前 1300 年左右，商王盘庚将都城迁到这里，直到前 1046 年商朝灭亡，这里一直是商朝的都城。*"的脚本。该脚本将爬取的数据保存在 txt 文件当中，然后导入保存的文本数据进行展示，结果如图 2-3-7 所示。

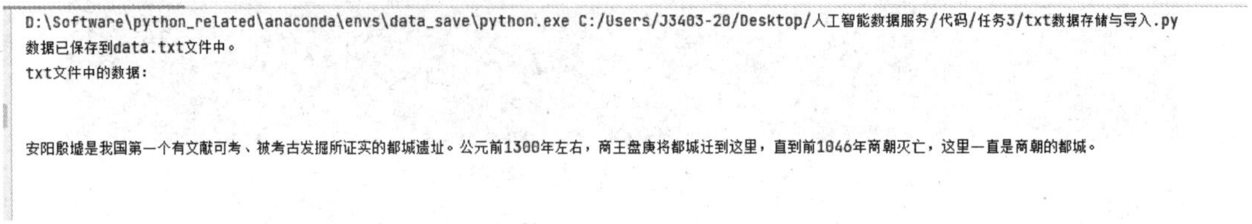

D:\Software\python_related\anaconda\envs\data_save\python.exe C:/Users/J3403-20/Desktop/人工智能数据服务/代码/任务3/txt数据存储与导入.py
数据已保存到data.txt文件中。
txt文件中的数据:

安阳殷墟是我国第一个有文献可考、被考古发掘所证实的都城遗址。公元前1300年左右，商王盘庚将都城迁到这里，直到前1046年商朝灭亡，这里一直是商朝的都城。

图 2-3-7　txt 格式文本数据存储结果

步骤三　电影数据采集及 CSV 格式存储

以下是数据存储文件创建和数据保存部分代码（完整代码请参考本书配套资源中的"人工智能数据服务/工程代码/任务 2-3/ 2-3 采集电影数据保存到 CSV 中.py"）：

```python
# 打开 CSV 文件进行写入
with open('movies.csv', 'w', newline='', encoding='utf-8') as file:
    writer = csv.writer(file)
    writer.writerow(['影片名称','导演','评分'])
    for link in movies[:10]:
        href = link.get('href')
        data_list = get_info(href)   # 调用函数获取数据
        name = data_list[0].strip()
        director = data_list[1].strip()
        score = data_list[2].strip()
        writer.writerow([name, director,score])
```

以上 Python 代码的目的是从一个电影数据网站（这里使用的是豆瓣电影 Top250 的页面）采集影片名称、导演和评分信息，并将这些信息保存到 CSV 文件中，结果如图 2-3-8 所示。

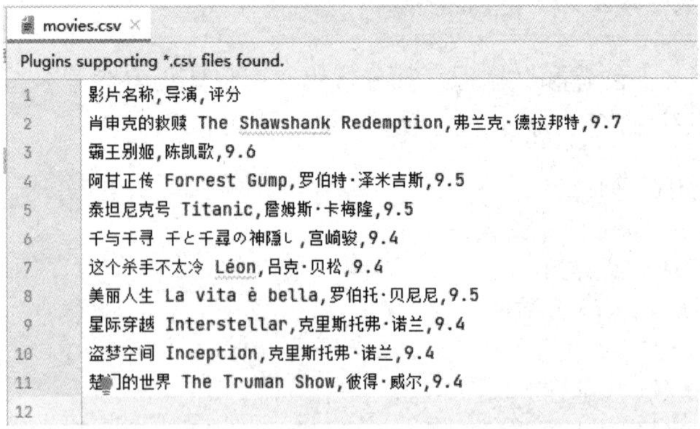

movies.csv

Plugins supporting *.csv files found.

1	影片名称,导演,评分
2	肖申克的救赎 The Shawshank Redemption,弗兰克·德拉邦特,9.7
3	霸王别姬,陈凯歌,9.6
4	阿甘正传 Forrest Gump,罗伯特·泽米吉斯,9.5
5	泰坦尼克号 Titanic,詹姆斯·卡梅隆,9.5
6	千与千寻 千と千尋の神隠し,宫崎骏,9.4
7	这个杀手不太冷 Léon,吕克·贝松,9.4
8	美丽人生 La vita è bella,罗伯托·贝尼尼,9.5
9	星际穿越 Interstellar,克里斯托弗·诺兰,9.4
10	盗梦空间 Inception,克里斯托弗·诺兰,9.4
11	楚门的世界 The Truman Show,彼得·威尔,9.4
12	

图 2-3-8　CSV 格式数据存储结果

步骤四　Excel 表格的数据存储

部分代码如下（完整代码请参考本书配套资源中的"人工智能数据服务/工程代码/任务 2-3/2-3_存储数据到 Excel 当中.py"）：

```
# 电影数据存储列表
movies_data = []
# 写入 Excel 表头
ws.append(['影片名称', '导演', '评分', '评价人数'])
# 提取电影信息，XPath 需要根据实际页面结构进行调整
movie_items = tree.xpath('//*[@id="content"]/div/div[1]/ol/li/div/div[2]')
#//*[@id="content"]/div/div[1]/ol/li[2]/div/div[2]
```

在本步骤中，从电影数据网站（豆瓣电影 Top250 页面）采集影片名称、导演、评分和评价人数，然后将这些信息的前十条保存到 Excel 文件中，如图 2-3-9 所示为存储结果。

▲	A	B	C	D	E
1	影片名称	导演	评分	评价人数	
2	肖申克的救赎	导演: 弗兰克·德拉邦	9.7	3022483人评价	
3	霸王别姬	导演: 陈凯歌 Kaige	9.6	2234148人评价	
4	阿甘正传	导演: 罗伯特·泽米吉	9.5	2252017人评价	
5	泰坦尼克号	导演: 詹姆斯·卡梅隆	9.5	2290983人评价	
6	千与千寻	导演: 宫崎骏 Hayao	9.4	2339900人评价	
7	这个杀手不太冷	导演: 吕克·贝松 Lu	9.4	2379801人评价	
8	美丽人生	导演: 罗伯托·贝尼	9.5	1378523人评价	
9	星际穿越	导演: 克里斯托弗·诺	9.4	1955512人评价	
10	盗梦空间	导演: 克里斯托弗·诺	9.4	2155158人评价	
11	楚门的世界	导演: 彼得·威尔 Pe	9.4	1810104人评价	
12					

图 2-3-9　Excel 数据存储结果

步骤五　MongoDB 数据库数据存储

部分代码如下（完整代码请参考本书配套资源中的"人工智能数据服务/工程代码/任务 2-3/2-3_存储数据到 MongDB 当中.py"）：

```
# 创建一个字典，包含电影信息
movie_data = {
    'title': title.strip(),
    'director': director.strip(),
    'rating': rating.strip(),
    'rating_people': ratings_count.strip()
}
    collection.insert_one(movie_data)    # 将电影信息插入 MongoDB 集合中
client.close()# # 关闭 MongoDB 客户端连接
print('豆瓣电影数据采集完成，并保存到 MongoDB 数据库。')
```

以上步骤从豆瓣电影网站抓取 Top 250 电影的数据，并将其保存到本地 MongoDB 数据库中。以下是从存储的数据库中查找特定数据的代码（请参考本书配套资源中的"人工智能数

服务/工程代码/任务 2-3/ 2-3_MongoDB 数据查询.py"），结果如图 2-3-10 所示。

```python
from pymongo import MongoClient
# 创建 MongoDB 客户端
client = MongoClient('localhost', 27017)  # 连接本地 MongoDB，默认端口 27017
# 选择数据库和集合
db = client['douban_movies']  # 使用'douban_movies'数据库
collection = db['movies']  # 使用'movies'集合
result = collection.find({'title':'肖申克的救赎'})#查找数据
for data in result:
    print(data)
# # 关闭 MongoDB 客户端连接
client.close()
```

```
  MongoDB数据查询.py  ×
1    from pymongo import MongoClient
2    # 创建MongoDB客户端
3    client = MongoClient('localhost', 27017)  # 连接本地MongoDB，默认端口27017
4    # 选择数据库和集合
5    db = client['douban_movies']  # 使用'douban_movies'数据库
6    collection = db['movies']  # 使用'movies'集合
7    result = collection.find({'title':'肖申克的救赎'})#查找数据
8    for data in result:
9        print(data)
10   # # 关闭MongoDB客户端连接
11   client.close()
```

```
  MongoDB数据查询  ×
D:\Software\python_related\anaconda\envs\data_save\python.exe C:/Users/J3403-20/Desktop/人工智能数据服务/代码/任务3/MongoDB数
{'_id': ObjectId('664c17f7ec3be4905b587812'), 'title': '肖申克的救赎', 'director': '导演: 弗兰克·德拉邦特 Frank Darabont\xa0\

Process finished with exit code 0
```

图 2-3-10 MongoDB 数据库特定数据查询结果

任务小结

在本次任务中，我们学习了数据存储的基本知识，包括 txt 文本存储、CSV 格式数据存储、Excel 格式数据存储，以及基于 MongoDB 数据库的数据存储，并且结合网络数据采集的方式进行了数据存储的实战，加深了对数据存储和网络数据采集之间关系的理解。这为我们今后在数据处理和分析领域的工作打下了坚实的基础。

练习思考

练习题及答案与解析

实训任务

（1）编写 Python 脚本，实现将字符串"Hello, AI World!"写入当前目录下名为 greeting.txt 的文件中，并从该文件中读取内容，打印到控制台。（难度系数*）

（2）创建一个包含名字、年龄和国籍的 CSV 文件，写入至少三行数据，然后读取该 CSV 文件，并打印所有数据。（难度系数*）

（3）使用 openpyxl 库创建一个 Excel 文件，包含标题行"电影名称""导演""评分"，并添加至少两行电影数据，然后读取并打印这些数据。（难度系数**）

（4）设置一个 MongoDB 环境，创建一个数据库和集合，向其中插入至少两个文档，每个文档包含书名、作者和出版年份，然后查询并打印所有文档。（难度系数***）

（5）编写一个爬虫脚本，爬取指定网页的内容，并将其存储到文本文件中，然后从该文本文件中读取内容并打印。（难度系数***）

拓展提高

（1）在上述文本文件读写、CSV 文件操作、Excel 文件创建与读取、MongoDB 数据插入与查询的脚本中增加异常处理机制，确保在文件操作或数据库连接出现问题时，能够给出清晰的错误信息，并且程序不会异常退出。（难度系数****）

（2）对于大数据量的存储和查询操作，考虑性能优化。编写 Python 脚本，实现对 10000 条记录的存储和查询，并对比不同存储方式（文本文件、CSV 文件、Excel 文件、MongoDB 数据库）的性能差异，记录并分析结果。（难度系数*****）

项目 3 数据处理

在数字化洪流的推动下，数据处理成为解锁信息宝藏、驱动智能决策的关键环节。本项目专注于数据处理的核心技术与实践，旨在通过一系列精心设计的任务，深化学生对数据预处理、清洗、分析及可视化等关键流程的理解，同时培育其在复杂数据环境下的问题解决能力和创新思维。我们不仅仅停留在理论探讨层面，而是将学生带入到诸如金融风控、医疗健康数据分析、智慧城市运营、电子商务推荐系统及环境监测等前沿应用领域，让学生亲身体验数据处理技术如何在这些领域发挥着不可替代的作用，以及它们是如何紧密关联国家发展战略与社会服务需求的。

通过这些实践任务，学生们将在实际操作中掌握数据清洗的有效方法，学会利用统计学和机器学习工具来挖掘数据背后的模式与洞察，进而运用可视化技术清晰地传达数据故事。在这一过程中，我们尤为注重培养学生的数据质量意识，强调准确性和完整性对于数据分析结果的重要性。这不仅是技术精准性的要求，也是对专业严谨性和责任感的锤炼。

通过本项目的学习，学生不仅能够掌握数据处理的先进技术和实用工具，还将形成以伦理为先、创新为驱动力、团队协作为支撑的数据处理理念，为他们成为具备高度责任感、创新精神和社会价值的复合型人才铺平道路，更好地服务于国家信息化建设和数字经济发展大局。

任务列表

任 务 名 称	任 务 内 容
任务 3.1 图像数据处理	了解常用图像数据处理的方法，掌握 Python、opencv 图像处理的方法
任务 3.2 文本数据处理	了解常用文本数据处理的方法，掌握 Python、jieba 文本处理的方法
任务 3.3 数据清洗	了解常用数据清洗的方法，掌握 Python、numpy、pandas 进行数据清洗的过程
任务 3.4 数据增广	了解常用数据增广的方法，掌握 Python、opencv、jieba 进行图像文本数据增广的过程
任务 3.5 特征工程	了解常用特征工程的方法，掌握 Python、numpy、pandas 进行数据特征提取的过程

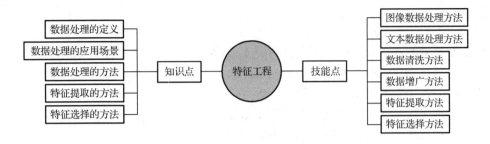

任务 3.1　图像数据处理

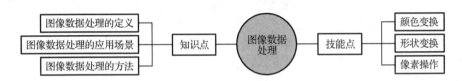

任务导入

　　图像是信息传递的重要载体。无论是社交媒体上的照片、监控摄像头捕捉的画面，还是医学诊断中的影像资料，图像都承载着丰富的信息。然而，计算机算法并不能像人类一样直接理解这些图像，需要我们先将图像数据转化为算法能够理解的格式与配置，这就要用到图像数据处理技术。

任务描述

　　本任务提供 4 张实验图像，利用 Python 的 OpenCV 模块，完成图像数据的颜色变换、形状变换和像素操作等处理。实验图像如图 3-1-1 所示，图像的大小、相对位置、颜色和格式均有不同。

图 3-1-1　实验图像

知识准备

3.1.1　图像数据处理的定义

　　图像数据处理一般指数字图像处理，是利用计算机对数字图像进行各种操作和处理的技术，通过调整图像的亮度、对照度、清晰度等特征，实现图像增强、图像复原、图像分割、图像压缩等目的。

3.1.2　图像数据处理的应用场景

图像数据处理在医学影像、遥感图像、工业检测、安防监控、图像识别等领域都有广泛的应用。通过图像数据处理，可以提高图像质量、提取图像特征、实现自动化的目标检测和识别，为各个领域带来更多的便利和效益。

（1）医学影像：图像数据处理在医学影像领域中起到了重要的作用，它可以帮助医生对病人进行诊断和治疗，如 CT 扫描、MRI、X 光等。

（2）遥感图像：图像数据处理在遥感图像领域中主要用于地理信息系统、农业、林业、环境保护等方面，它可以提取地表特征、监测环境变化，进行资源调查等。

（3）工业检测：图像数据处理在工业检测领域中主要用于产品质量控制、缺陷检测、表面检测等，它可以提高生产效率和产品质量，减少人力成本和错误率。

（4）安防监控：图像数据处理在安防监控领域中主要用于视频分析、人脸识别、行为检测等，它可以提供更加智能和高效的安防解决方案。

（5）图像识别：图像数据处理在图像识别领域中领域用于人脸识别、车牌识别、物体识别等，它可以实现自动化的目标检测和识别。

3.1.3　图像数据处理的方法

图像数据在计算机中通常以数组的形式表示，这是因为图像本身可以看作一个由像素点组成的二维矩阵，每个像素点都有其对应的颜色或灰度值。当我们将图像数据导入计算机中时，这些像素值会被存储在一个多维数组中。

在 RGB 色彩模式下，图像中的每个像素点都由红、绿、蓝三个颜色通道组成，这三个通道的值分别代表了该像素点在红、绿、蓝三种颜色上的强度，通常取值范围在 0 到 255 之间。因此，在多维数组中，每个像素点对应三个元素，分别代表这三个通道的值。

图像数据处理的方法可分为颜色变换、形状变换、像素操作，根据应用领域和场景的不同，需要选择合适的图像数据处理方法，为机器学习模型提供训练数据，帮助机器更好地理解和解释图像内容。OpenCV 是一个开源的计算机视觉库，提供了丰富的图像数据处理方法和工具，被广泛应用于图像获取、预处理、特征提取、对象检测与识别、图像分割、图像增强、图像压缩等方面。这个库支持多种编程语言，如 C++、Python、Java 等，使得开发者可以方便地在不同平台上进行图像数据处理的开发和应用。

1．颜色变换

颜色空间是用来表示和描述图像中颜色信息的数学模型。在数字图像处理和计算机视觉中，常用的颜色空间包括 RGB、CMYK、HSV、YUV 等。每种颜色空间都有其特定的表示方式和用途，以适应不同的图像处理需求。

（1）RGB（Red，Green，Blue）颜色空间：RGB 颜色空间是最常见的颜色表示方式，它通过红、绿、蓝三原色的组合来表示各种颜色。每个像素由一个红色分量、一个绿色分量和一个蓝色分量组成，可以表示出广泛的颜色范围。RGB 在计算机显示器和摄像头中应用广泛，但不适合人类感知颜色的特性。

（2）CMYK（Cyan，Magenta，Yellow，Key/Black）颜色空间：CMYK 颜色空间主要用于印刷领域，通过青色、洋红、黄色和黑色的组合来描述颜色。由于印刷过程中使用的墨水是透明的，CMYK 颜色空间可以更好地模拟印刷颜色的混合效果。

（3）HSV（Hue，Saturation，Value）颜色空间：HSV 颜色空间将颜色信息分解为色调（Hue）、饱和度（Saturation）和亮度（Value）三个分量。色调表示颜色的基本属性，饱和度表示颜色的纯度，亮度表示颜色的明暗程度。HSV 颜色空间更符合人类对颜色的感知，常用于图像处理中调整颜色的效果。

（4）YUV 颜色空间：YUV 颜色空间将颜色信息分为亮度（Y）和色度（U、V）两个分量，用于视频压缩和传输。亮度分量（Y）表示图像的明暗程度，色度分量（U、V）表示颜色的差异和变化。

除了上述几种常见的颜色空间，还有其他一些特定颜色空间，如 Lab 颜色空间、YCbCr 颜色空间等，它们各自适用于不同的场景和应用需求。选择合适的颜色空间可以更好地表示和处理图像中的颜色信息，从而实现更准确和有效的图像处理效果。

OpenCV 支持多种颜色空间，包括 RGB、CMYK、HSV、YUV、GRAY 等。在 Python 中，调用 OpenCV 包中的 cvtColor()函数就可以实现常见的颜色变换。

2. 形状变换

在计算机视觉和机器学习领域，形状变换通常指的是对图像进行几何变换，如平移、缩放、旋转、翻转等。这些变换可以通过一系列 OpenCV 函数来实现，使得图像能够适应不同的需求或纠正由于拍摄条件导致的图像失真。

（1）平移（Translation）：平移是一种简单的形状变换，指沿着水平和垂直方向将对象移动到新的位置。通过平移操作，可以调整对象的位置，使其在图像中的不同位置显示。在 OpenCV 中，平移可以通过在仿射变换矩阵中添加平移向量来实现。通常，需要先创建一个单位矩阵，然后将平移向量添加到矩阵的最后一列，再使用 cv2.warpAffine()函数应用这个变换矩阵。

（2）缩放（Scaling）：缩放是指改变对象的大小，可以将对象按比例放大或缩小，使对象适应不同尺寸的显示或分析需求。在 OpenCV 中，可以使用 cv2.resize()函数来实现图像的缩放。这个函数需要指定原始图像、目标大小及插值方法（用于处理缩放过程中可能出现的像素值问题）。

（3）旋转（Rotation）：旋转是将对象围绕某个中心点按特定角度进行旋转的操作，通过旋转操作，可以改变对象的朝向或角度，实现图像中对象的旋转效果。在 OpenCV 中，可以通过计算旋转矩阵并使用 cv2.warpAffine()函数来实现旋转。旋转矩阵可以通过 cv2.getRotationMatrix2D()函数来获取，该函数需要指定旋转中心、旋转角度和缩放因子。

（4）翻转（Flip）：翻转是指将对象沿水平或垂直方向进行镜像翻转的操作，通过翻转操作，可以改变对象的方向或镜像对称，产生镜像效果。在 OpenCV 中，实现图像的翻转操作通常不需要复杂的矩阵计算。对于水平翻转，可以通过对图像矩阵进行列反转来实现；对于垂直翻转，可以通过对图像矩阵进行行反转来实现。OpenCV 提供了方便的函数来直接进行这些操作，如 cv2.flip()函数，它接收一个图像和一个翻转代码作为参数，翻转代码可以是 0（垂直翻转）、1（水平翻转）或-1（水平和垂直翻转）。

3. 像素操作

像素操作是指直接在图像的像素级别上进行的操作，如读取、修改像素值或执行像素运算。这些操作可以是对单个像素的孤立操作，也可以是对一组像素（如邻域操作）的集体操作。像素操作的类型包括以下几种。

（1）读取像素值：通过指定图像的坐标（行 row 和列 col），可以获取该位置像素的颜色值。在彩色图像中，这通常是一个包含三个通道（如 RGB 或 BGR）的数值。在 OpenCV 中，可以使用 NumPy 数组索引的方式来读取图像的像素值。

（2）修改像素值：与读取像素值相反，修改像素值是将新的颜色值赋给图像的特定位置。这可以用于各种目的，如图像修复、色彩校正或创建特殊效果。在 OpenCV 中，修改像素值与读取像素值类似，只需将新的颜色值赋给指定位置（行 row，列 col）的像素即可。

（3）像素运算：在像素级别上执行数学运算，如加减乘除等，这些运算可以用于图像融合、对比度调整、亮度调整等任务。在 OpenCV 中，像素运算对图像的每个像素执行数学运算。OpenCV 提供了一些函数来执行这些运算，如 cv2.add()用于加法运算。

（4）阈值操作：设置像素值的阈值，将像素值转换为二值图像（黑白图像），常用于图像分割和边缘检测。阈值操作常用于二值化图像，将像素值根据某个阈值转换为 0 或 255。在 OpenCV 中，使用 cv2.threshold()函数实现阈值操作。

任务实施

图像数据处理的任务工单如表 3-1-1 所示。

表 3-1-1　任务工单

班级：		组别：		姓名：		掌握程度：	
任务名称	基于 OpenCV 的图像处理						
任务目标	完成图像的颜色变换、形状变换、像素操作						
工具清单	Anaconda、Python、PyCharm、OpenCV						
操作步骤	步骤一、任务环境配置：配置 Anaconda 环境						
	步骤二、颜色变换：使用 OpenCV 图像处理库进行颜色空间转换						
	步骤三、形状变换：准确执行形状变换，并验证变换结果的正确性						
	步骤四、像素操作：使用 OpenCV 图像处理库进行像素级别的修改和运算						
考核标准	正确生成变换要求的图片						

3.1.4　图像数据处理实战

步骤一　任务环境配置

（1）在 Widnows 的"开始"菜单中找到 Anaconda3 下的 Anaconda Prompt，单击打开 Anaconda Prompt 终端，可参照任务 2.1 中的图 2-1-3。

（2）在 Anaconda Prompt 终端输入以下命令创建虚拟环境：

conda create --name dataProcessing python=3.10

（3）配置所需模块

激活虚拟环境：conda activate dataProcessing

安装 opencv 模块：pip install opencv-python -i https://pypi.tuna.tsinghua.edu.cn/simple

注意使用 Pycharm 时切换为 dataProcessing 环境，操作方法可参照任务 2.1 中的图 2-1-10。

步骤二　颜色变换

1. RGB 色彩空间

如图 3-1-2 所示，左边是原图，右侧是以 RGB 格式加载的图片，即在 RGB 色彩空间中，将图像的每个像素用一个三元组表示，三元组中的 3 个值依次表示红色、绿色和蓝色，对应 R、G、B 通道。需要注意的是，OpenCV 中默认使用 BGR 色彩空间，它按照 B、G、R 通道顺序表示图像。

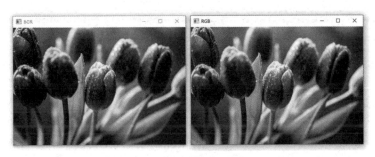

图 3-1-2　原图（BGR）与 RGB 图片

以下是操作步骤：

（1）将要处理的图片文件放置在程序文件的同级目录下，如图 3-1-3 所示。

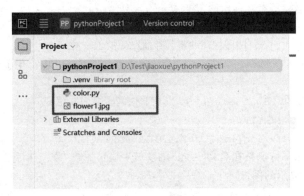

图 3-1-3　RGB 色彩处理文件目录

（2）打开 PyCharm，在代码文件空白位置右击并选择"Run"命令来运行该 Python 文件，或者单击右上角的运行按钮，也可以按快捷键 Ctrl+Shift+F10 运行，如图 3-1-4 所示。

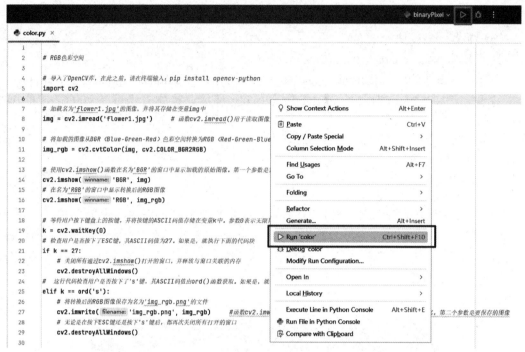

图 3-1-4　运行 Python 文件

（3）执行代码。这段代码使用了 OpenCV 库来显示图像并处理用户输入，显示两个窗口，一个窗口显示 BGR 格式的图像，另一个窗口显示 RGB 格式的图像，如图 3-1-5 所示。用户可以按 Esc 键来关闭窗口，或按 s 键保存 RGB 图像为图片文件并关闭所有窗口。代码如下所示：（完整代码请参考本书配套资源中的"人工智能数据服务/工程代码/任务 3-1/color.py"）

```
# RGB 色彩空间
# 导入了 OpenCV 库，在此之前，请在终端输入：pip install opencv-python
import cv2
# 加载名为'flower1.jpg'的图像，并将其存储在变量 img 中
img = cv2.imread('flower1.jpg')    # 函数 cv2.imread()用于读取图像文件，其参数
是图像文件的路径
# 将加载的图像从 BGR（Blue-Green-Red）色彩空间转换为 RGB（Red-Green-Blue）色彩空间。
OpenCV 默认将图像加载为 BGR 格式
img_rgb = cv2.cvtColor(img, cv2.COLOR_BGR2RGB)
# 使用 cv2.imshow()函数在名为'BGR'的窗口中显示加载的原始图像。第一个参数是窗口的
名称，第二个参数是要显示的图像
cv2.imshow('BGR', img)
# 在名为'RGB'的窗口中显示转换后的 RGB 图像
cv2.imshow('RGB', img_rgb)
# 等待用户按下键盘上的按键，并将按键的 ASCII 码值存储在变量 k 中。参数 0 表示无限期等待用
户输入，直到按下键盘上的某个按键为止
k = cv2.waitKey(0)
```

```
# 检查用户是否按下了 Esc 键，其 ASCII 码值为 27。如果是，就执行下面的代码块
if k == 27:
    # 关闭所有通过 cv2.imshow()打开的窗口，并释放与窗口关联的内存
    cv2.destroyAllWindows()
# 这行代码检查用户是否按下了 s 键，其 ASCII 码值由 ord()函数获取。如果是，就执行下面的
代码块
elif k == ord('s'):
    # 将转换后的 RGB 图像保存为名为'img_rgb.png'的文件
    cv2.imwrite('img_rgb.png', img_rgb)        #函数 cv2.imwrite()用于将图像保存
为文件，第一个参数是要保存的文件名，第二个参数是要保存的图像
    # 无论是在按下 Esc 键还是按下 s 键后，都再次关闭所有打开的窗口
    cv2.destroyAllWindows()
```

图 3-1-5　BGR 和 RGB 图片

2. GRAY 色彩空间

如图 3-1-6 所示，左边是原图，右边是以 GRAY 格式加载的图片。

图 3-1-6　原图（BGR）与 GRAY 图片

从 RGB 色彩空间转换为 GRAY 色彩空间的计算公式为：Gray=0.299R+0.587G+0.114B，其中，R、G、B 为 RGB 色彩空间中 R、G、B 通道分量值。

代码实现如下所示。

这段代码显示两个窗口，一个窗口显示 BGR 格式的图像，另一个窗口显示 GRAY 格式的图像。用户可以按 Esc 键来关闭窗口，或按下 s 键来保存 RGAY 图像为图片文件并关闭所有窗口。代码如下所示：（完整代码请参考本书配套资源中的"人工智能数据服务/工程代码/任务 3-1/ color.py"）

```
# GRAY 色彩空间
import cv2
# 加载名为'flower1.jpg'的彩色图像，并将其存储在变量 img 中
img = cv2.imread('flower1.jpg')
# 将加载的彩色图像从 BGR 色彩空间转换为灰度图像
img_gray = cv2.cvtColor(img, cv2.COLOR_BGR2GRAY)
# 将原始的彩色图像在名为'BGR'的窗口中显示
cv2.imshow('BGR', img)
# 将转换后的灰度图像在名为'GRAY'的窗口中显示
cv2.imshow('GRAY', img_gray)
# 等待用户按下键盘上的按键，并将按键的 ASCII 码值存储在变量 k 中。与之前不同的是，这里没
有指定参数，相当于默认等待无限期
k = cv2.waitKey()
if k == 27:                      # 检查用户是否按下了 Esc 键
    cv2.destroyAllWindows()      # 关闭所有打开的窗口，并释放与窗口关联的内存
elif k == ord('s'):             # 检查用户是否按下了 s 键
    # 将转换后的灰度图像保存为名为'img_gray.png'的文件
    cv2.imwrite('img_gray.png', img_gray)
    cv2.destroyAllWindows()      # 再次关闭所有打开的窗口
```

3. YCrCb 色彩空间

YCrCb 色彩空间用亮度 Y、红色 Cr、蓝色 Cb 表示图像，如图 3-1-7 所示。从 BGR 色彩空间转换为 YCrCb 色彩空间的计算公式为：

$$Y = 0.299R + 0.587G + 0.114B$$
$$Cr = 0.713(R - Y) + delta$$
$$Cb = 0.564(B - Y) + delta$$

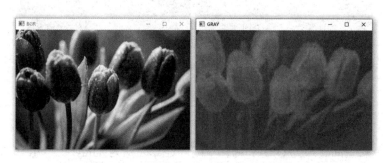

图 3-1-7　原图（BGR）与 YCrCb 图片

其中，delta = 128（8 位图像），delta = 32767（16 位图像），delta = 0.5（单精度图像）代码实现如下所示：

```
# YCrCb 色彩空间
import cv2
img = cv2.imread('flower1.jpg')
```

```
# 将加载的彩色图像从 BGR 色彩空间转换为 YCrCb 色彩空间
img_YCrCb = cv2.cvtColor(img, cv2.COLOR_BGR2YCrCb)
# YCrCb 色彩空间包含了亮度（Y）和色度（Cr 和 Cb）信息，通常用于图像处理和压缩
# 在窗口中打开 BGR 原图和 YCrCb 色彩空间图片
cv2.imshow('BGR', img)
cv2.imshow('YCrCb', img_YCrCb)
k = cv2.waitKey()
if k == 27:                    # 检查用户是否按下了 Esc 键
    cv2.destroyAllWindows()
elif k == ord('s'):           # 检查用户是否按下了 s 键
    cv2.imwrite('img_YCrCb.png', img_YCrCb)
    cv2.destroyAllWindows()
```

这段代码加载名为'flower1.jpg'的彩色图像，并将其转换为 YCrCb 色彩空间的图像，然后在两个窗口中分别显示原始的 BGR 图像和转换后的 YCrCb 图像。用户可以按下 Esc 键来关闭所有窗口，或按 s 键来保存 YCrCb 图像为图片文件并关闭所有窗口。（完整代码请参考本书配套资源中的"人工智能数据服务/工程代码/任务 3-1/ color.py"）

4. HSV 色彩空间

HSV 色彩空间使用色调（Hue，也称色相）、饱和度（Saturation）、亮（Value）度表示图像，如图 3-1-8 所示。色调 H 表示颜色，用角度表示，取值范围为[0°,360°]，从红光开始逆时针方向计算。饱和度 S 表示颜色接近光谱色的程度，或表示光谱色中混入白光的比例。光谱色中白光的比例越低，饱和度越高，颜色越深、越艳。当光谱色中白光的比例为 0 时，饱和度达到最高。饱和度的取值范围为[0,1]。亮度 V 表示颜色的明亮程度，是人眼可感受到的明暗程度，其取值范围为[0,1]。

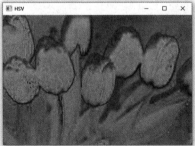

图 3-1-8   原图（BGR）与 HSV 图片

代码实现如下所示：

```
# HSV 色彩空间
# 导入了 OpenCV 库，在此之前，请在终端输入：pip install opencv-python
import cv2
img = cv2.imread('flower1.jpg')
# 将加载的彩色图像从 BGR 色彩空间转换为 HSV 色彩空间
```

```
img_HSV = cv2.cvtColor(img, cv2.COLOR_BGR2HSV)
cv2.imshow('BGR', img)
cv2.imshow('HSV', img_HSV)
k = cv2.waitKey()
# #  检查用户是否按下了 Esc 键, 是则退出
if k == 27:
    cv2.destroyAllWindows()
```

这段代码主要显示两个窗口，一个窗口显示 BGR 格式的图像，另一个窗口显示 HSV 格式的图像。用户可以按 Esc 键来关闭窗口，或按 s 键来保存 RHSV 图像为图片文件并关闭所有窗口。（完整代码请参考本书配套资源中的"人工智能数据服务/工程代码/任务 3-1/color.py"）

步骤三　形状变换

（1）在文件目录中右击项目名"pythonProject1"，在弹出的快捷菜单中选择"New"→"Python File"命令，新建 Python 文件，如图 3-1-9 所示。

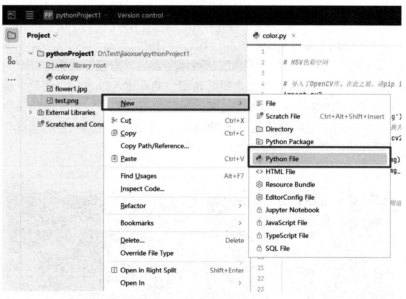

图 3-1-9　新建 Python 文件

（2）将 Python 文件命名为 shape，按 Enter 键完成新建，如图 3-1-10 所示。

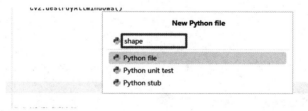

图 3-1-10　Python 文件命名

1. 缩放变换

缩放变换是指通过改变图像的大小来改变图像的形状。在 OpenCV 中，可以使用 cv2.resize() 函数实现缩放变换。代码示例如下所示，运行结果如图 3-1-11 所示。

```
# 缩放变换
import cv2
# 加载 test.png 图像
img = cv2.imread('test.png')
# 将原始图像的宽度和高度各缩小一半，生成缩放后的图像，并将其存储在 resized_img 变量中
resized_img = cv2.resize(img, None, fx=0.5, fy=0.5, interpolation=
cv2.INTER_LINEAR)
"""
        第二个参数指定缩放后的目标尺寸。由于设置为 None，缩放操作会根据 fx 和 fy 参数计算目
标尺寸
        fx、fy 两个参数指定缩放的比例因子。fx=0.5 意味着将宽度缩小为原来的 50%，fy=0.5 意
味着将高度缩小为原来的 50%
        缩放过程中使用的是插值方法。在这种情况下，使用的是线性插值，适用于缩小或放大图像
"""
# 显示原图和缩放后的图像
cv2.imshow('Image', img)
cv2.imshow('Resized Image', resized_img)
# 等待用户按下键盘上的按键，并将按键的 ASCII 码值存储在变量 k 中。参数 0 表示无限期等待用
户输入，直到按下键盘上的某个按键为止
cv2.waitKey(0)
cv2.destroyAllWindows()
```

图 3-1-11 缩放变换效果图

2. 平移变换

平移变换是指通过改变图像的位置来改变图像的形状。在 OpenCV 中，可以使用

cv2.warpAffine()函数实现平移变换。代码示例如下所示，运行结果如图 3-1-12 所示。

```
#平移变换
# 导入 cv2
import cv2
# 导入 numpy 并重命名为 np。在此之前，请在终端输入：pip install numpy
import numpy as np
# 加载图像
img = cv2.imread('test.png')
# 定义平移矩阵 M，其中第一行表示在 x 方向上平移 100 个像素，第二行表示在 y 方向上平移 50
个像素
M = np.float32([[1, 0, 100], [0, 1, 50]])
"""
        变换矩阵 M 是一个 2x3 的矩阵，用来定义仿射变换的规则和方式。在这个矩阵中：
        第一行 [1, 0, 100] 表示水平方向的变换。其中，1 表示不进行水平缩放，0 表示不进行水
平旋转，100 表示在水平方向上平移了 100 个像素
        第二行 [0, 1, 50] 表示垂直方向的变换。其中，0 表示不进行垂直旋转，1 表示不进行垂直
缩放，50 表示在垂直方向上平移了 50 个像素
"""
# 平移图像
# 根据给定的变换矩阵 M 对原始图像进行仿射变换，并将变换后的图像存储在变量
translated_img
translated_img = cv2.warpAffine(img, M, (img.shape[1], img.shape[0]))
# 显示平移后的图像
cv2.imshow('Image', img)
cv2.imshow('Translated Image', translated_img)
# 等待用户按下键盘上的按键，并将按键的 ASCII 码值存储在变量 k 中。参数 0 表示无限期等待用
户输入，直到按下键盘上的某个按键为止
cv2.waitKey(0)
# 关闭所有打开的窗口
cv2.destroyAllWindows()
```

图 3-1-12　平移变换效果图

3. 旋转变换

旋转变换是指通过改变图像的方向来改变图像的形状。在 OpenCV 中，可以使用 cv2.getRotationMatrix2D()和 cv2.warpAffine()函数实现旋转变换。cv2.getRotationMatrix2D() 函数用于计算旋转矩阵，cv2.warpAffine()函数用于对图像进行旋转变换。代码示例如下所示，运行结果如图 3-1-13 所示。

```
# 旋转变换
# 导入 cv2
import cv2
# 加载图像
img = cv2.imread('test.png')
# 计算旋转矩阵
# 旋转的中心点坐标，通常是图像的中心。在这里，center 被设置为图像宽度和高度的一半，即图像的中心点
center = (img.shape[1] / 2, img.shape[0] / 2)
# 旋转的角度，这里设置为 45 度
angle = 45
# 旋转后的缩放比例，这里设置为 1，表示保持原始图像的大小
scale = 1
# M 用于计算旋转矩阵，它将返回一个 2×3 的旋转矩阵 M
M = cv2.getRotationMatrix2D(center, angle, scale)
# 旋转图像
# cv2.warpAffine()函数使用这个旋转矩阵来执行图像的仿射变换，从而实现图像的旋转
rotated_img = cv2.warpAffine(img, M, (img.shape[1], img.shape[0]))

# 显示原图和旋转后的图像
cv2.imshow('Image', img)
cv2.imshow('Rotated Image', rotated_img)
cv2.waitKey(0)
cv2.destroyAllWindows()
```

图 3-1-13　旋转效果图

4. 翻转变换

在计算机视觉和图像处理中，图像的翻转是一种常见的数据增强技术。通过翻转图像，可以增加数据集的多样性，从而提高模型的泛化能力。

cv2.flip()是 OpenCV 库中的一个函数，用于将图像水平或垂直翻转。该函数需要两个参数，一个是需要翻转的图像，另一个是翻转的方式。代码示例如下所示。运行结果如图 3-1-14 所示。（完整代码请参考本书配套资源中的"人工智能数据服务/工程代码/任务 3-1/shape.py"）

```python
# 翻转变换
# 导入cv2
import cv2
img = cv2.imread("test.png")
# 图片的翻转
"""
    使用cv2.flip()函数进行图片翻转。其中：
    cv2.flip(img, 0)表示沿着水平轴（垂直翻转）翻转图片；
    cv2.flip(img, 1)表示沿着垂直轴（水平翻转）翻转图片；
    cv2.flip(img, -1)表示同时沿着水平轴和垂直轴翻转图片
"""
flipped_img1 = cv2.flip(img, 0)
flipped_img2 = cv2.flip(img, 1)
flipped_img3 = cv2.flip(img, -1)
# 显示原始图片和翻转后的图片
cv2.imshow("Image", img)
cv2.imshow("Flipped Image1", flipped_img1)
cv2.imshow("Flipped Image2", flipped_img2)
cv2.imshow("Flipped Image3", flipped_img3)
# 使用cv2.waitKey(0)等待按键事件，然后调用cv2.destroyAllWindows()关闭所有的窗口
cv2.waitKey(0)
cv2.destroyAllWindows()
```

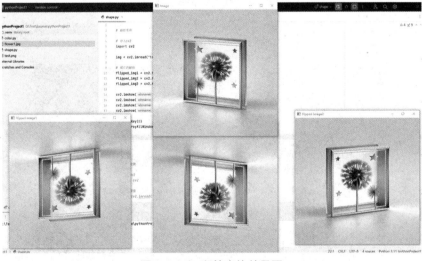

图 3-1-14　翻转变换效果图

步骤四　像素操作

1. 读取像素值

首先，确保要处理的图片和程序文件处在同一目录下，展示图片如图 3-1-15 所示。然后，指定一个特定的像素坐标(x, y)，通过 image[y, x]获取图像中指定位置(x, y)处的像素值。由于 OpenCV 读取的图像是以 BGR 格式存储的，所以这里需要注意通道顺序，将获取到的 B、G、R 三个通道的像素值分别赋给变量 b、g、r。从运行结果可以看到，(50,50)位置的 BGR 像素值为(27, 53, 22)，代码如下所示。（完整代码请参考本书配套资源中的"人工智能数据服务/工程代码/任务 3-1/ readPixel.py"）

```
import cv2
# 读取图片
image = cv2.imread('dog.jpg')
# 指定坐标 (x, y)
x, y = 50, 50
# 读取像素值
# 注意：OpenCV 读取的图像是 BGR 格式
# 通过 image[y, x]来读取该位置像素的 BGR 值，并将这些值分别赋给变量 b、g、r
b, g, r = image[y, x]
# 输出像素值
print(f'像素值 (x={x}, y={y}) -> BGR: ({b}, {g}, {r})')
```

图 3-1-15　dog.jpg 文件展示图

2. 修改像素值

新建名为是 modifyPixel 的 Python 文件，与 dog.jpg 放在同一目录下。默认以 BGR 格式读取图片的。要将指定位置(x, y)处的像素值修改为新的像素值(0, 255, 0)，即绿色。设定 (x, y)为坐标点(50, 50)，这意味着将对图片中第 50 行、第 50 列的像素进行操作，代码如下所示。参考这段代码，可以将图片中特定位置的像素颜色更改为任意色值，这在进行图像处理、标注特定区域等任务时非常有用。

运行代码后生成的结果图如图 3-1-16 和图 3-1-17 所示。（完整代码请参考本书配套资源中的"人工智能数据服务/工程代码/任务 3-1/ modifyPixel.py"）

```
import cv2
# 读取图片
image = cv2.imread('dog.jpg')
```

```
# 指定坐标 (x, y)
x, y = 50, 50
# 设置新像素值 (B, G, R)
new_bgr = (0, 255, 0)  # 绿色
# 修改像素值
image[y, x] = new_bgr
# 使用 cv2.imwrite('image_modified.png', image)将修改后的图像保存为"image_
modified.png"文件。
cv2.imwrite('image_modified.png', image)
```

图 3-1-16 dog 修改像素后的效果图

图 3-1-17   dog 修改像素后的效果图（放大版）

3. 像素运算

像素运算在图像处理中有很多应用，一些常见的像素运算应用如下：

（1）图像融合：将两张图片进行融合，生成一张新的图片。例如，在计算机视觉中，图像融合常用于将虚拟对象添加到真实场景中。

（2）增强图像对比度：通过加法运算可以增强图像的对比度，或者通过将图像的亮度增加到一定程度可以使图像更加清晰。

（3）图像混合：将两张图片按照一定的权重进行混合，可以实现图像的特效效果，如模糊、透明度调整等。

（4）图像修复：可以使用加法运算来合并多张图像的信息，从而修复图像中的缺损部分。

在本案例中，首先将背景图片、dog 图片与像素运算的程序文件放在同一目录下。背景图片如图 3-1-18 所示。然后，新建名为 addPixel 的 Python 文件并与 dog 图片、background 图片放在一起。图片像素运算代码如下所示。生成的图片如图 3-1-19 所示。（完整代码请参考本书配套资源中的"人工智能数据服务/工程代码/任务 3-1/ addPixel.py"）

```
import cv2
# 读取两张图片
image1 = cv2.imread('background.jpg')
image2 = cv2.imread('dog.jpg')
# # 像素相加（加法运算）
# 将两张图片按像素值相加
added_image = cv2.add(image1, image2)
# 保存相加后的图片
```

```
# 使用 cv2.imwrite()函数将相加后的图像保存为'added_image.png'
cv2.imwrite('added_image.png', added_image)
```

图 3-1-18　背景（background）图片　　　　图 3-1-19　dog 图片像素运算效果图

此外，在运行过程中可能会出现以下报错，如图 3-1-20 所示。

图 3-1-20　图片像素运算代码报错

具体报错为：

```
cv2.error: OpenCV(4.9.0) D:\a\opencv-python\opencv-python\opencv\modules\
core\src\arithm.cpp:650: error: (-209:Sizes of input arguments do not match) The
operation is neither 'array op array' (where arrays have the same size and the
same number of channels), nor 'array op scalar', nor 'scalar op array' in function
'cv::arithm_op'
```

这个错误通常是由于输入图像的尺寸或通道数不匹配引起的。cv2.add()函数要求输入的两个图像具有相同的尺寸和通道数，检查一下 image1 和 image2 的尺寸和通道数是否一致，如果不一致，则需先调整再运行代码。

在 OpenCV 中，cv2.add()函数只执行简单的像素加法操作，不支持设置权重。如果想要进行加权相加，可以先将两张图片按照设定的权重进行加权处理，再使用 cv2.addWeighted()

函数对加权后的两张图片进行加法操作，代码如下所示和运行结果如图 3-1-21 所示。（完整代码请参考本书配套资源中的"人工智能数据服务/工程代码/任务 3-1/ addPixel.py"）

```python
import cv2
# 读取两张图片
image1 = cv2.imread('background.jpg')
image2 = cv2.imread('dog.jpg')
# 设置权重
alpha = 0.4   # 图像 1 的权重
beta = 0.6    # 图像 2 的权重
gamma = 0     # 亮度值，通常为 0
# 加权相加
# 使用 cv2.imwrite()函数将相加后的图像保存为'added_image.png'
weighted_sum = cv2.addWeighted(image1, alpha, image2, beta, gamma)
cv2.imwrite('added_image.png', weighted_sum)
```

图 3-1-21　运算后效果图

4. 阈值操作

新建名为 binaryPixel 的 Python 文件来进行阈值操作，与 dog.jpg 存放在同一目录下。使用 OpenCV 库对一张灰度图片进行二值化处理的示例代码如下所示。

首先，通过 cv2.imread()函数加载名为 binary_image.png 的灰度图像，将其转换为灰度模式，然后，使用 cv2.threshold()函数对灰度图像 image 进行二值化处理，将灰度值大于 128 的像素设置为 255，小于等于 128 的像素设置为 0。最后，通过 cv2.imwrite()函数将处理后的二值化图像保存为 png 文件。运行结果如图 3-1-22 所示。（完整代码请参考本书配套资源中的"人工智能数据服务/工程代码/任务 3-1/ binaryPixel.py"）

这种二值化处理常用于图像分割、边缘检测等任务中。

```python
import cv2
# 读取灰度图片
image = cv2.imread('dog.jpg', cv2.IMREAD_GRAYSCALE)
"""
使用 cv2.imread()函数读取名为'image.png'的灰度图像。
第二个参数 cv2.IMREAD_GRAYSCALE 指定将图像以灰度模式加载，即将彩色图像转换为灰度图像
"""
```

```
# 应用二值化阈值
# 设定阈值为 128，超过阈值的像素设为 255，否则为 0
_, binary_image = cv2.threshold(image, 128, 255, cv2.THRESH_BINARY)
"""
```

使用 cv2.threshold() 函数对灰度图像进行二值化处理。该函数的参数解释如下：

第一个参数 image 是要处理的图像；

第二个参数 128 是设定的阈值，超过这个阈值的像素将被设为第四个参数的值；

第三个参数 255 是超过阈值时设置的像素值；

第四个参数 cv2.THRESH_BINARY 指定了阈值化操作的类型，这里是二值化操作，即将大于阈值的像素设为第三个参数的值（255），小于阈值的像素设为 0

```
"""
# 保存阈值操作后的图片为 binary_image.png 文件
cv2.imwrite('binary_image.png', binary_image)
```

图 3-1-22　dog 图片阈值操作后效果图

任务小结

本任务学习了使用 OpenCV 库进行图像的颜色变换、形状变换和像素级操作，从而实现图像处理、分析等任务。通过系统地学习和应用这些技能，可以为各行业提供更加精准和高效的图像处理和分析手段，满足不同领域的需求。

练习思考

练习题及答案与解析

实训任务

（1）请简要解释什么是图像数据预处理，并说明它在计算机视觉任务中的重要性。（难度系数*）

（2）从人脸识别、医学图像分析、智能安防和虚拟现实技术中，选择一个你感兴趣的应用场景，并说明该场景中图像数据预处理的具体应用。（难度系数**）

（3）拍摄 10 张照片，将其转化成灰度图。（难度系数**）

（4）拍摄 10 张照片，将黑色的像素改为白色。（难度系数***）

拓展提高

在本书配套资源相应任务中的"拓展提高"文件夹中，提供了 3 张图片，要求使用 Python 设置阈值将彩色图变成黑白图。

任务 3.2　文本数据处理

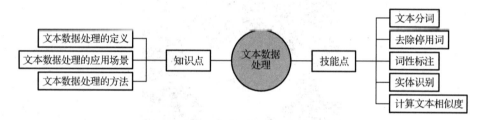

任务导入

文本数据是信息传递的核心方式。无论是电子邮件中的文字、网页上的文章，还是学术研究中的文献资料，文本数据都蕴含着大量的信息。然而，计算机算法并不能像人类一样直接解读这些文本，它们需要我们将文本数据转化为算法能够理解的格式和结构，这就需要用到文本数据处理技术。

任务描述

本任务将提供 60 段文本，利用 Python 的 jieba 模块，完成给定文本的分词和命名实体抽取。部分文本数据集如图 3-2-1 所示，文本包含多方面内容。

对所有数据进行探索性分析，选取用户类型这一属性进行统计，绘制饼图如图1所示，发现IOS用户所占比例为6.9%，Android用户所占比例为18.2%，缺失值占比例为74.9%，在非缺失的数据当中，Android用户比例要高于IOS用户，占比约为2：1。

对是否有流量作弊这一列标签列进行统计，发现共有857051条记录没有流量作弊，847103条记录存在流量作弊行为，所占比例分别为50.3%和49.7%，绘制饼图如图2所示，流量作弊与非流量作弊比例比较接近，大致为1:1。

4. 指标构建

根据不同的作弊行为产生的不同数据特征的虚假流量，分别构建pos1、pos2、pos3、pos4指标，指标特征如表3所示。

对数据新增pos1~4四列变量，将timestamps变量进行排序并切分为三个时间段，一个时间段约为一个小时，统一选取前两个时间段，统计四种特征指标的出现频次。

该广告检测中的流量作弊识别数据，数据中包含了1704154条记录，22个属性变量。首先，对数据进行去重操作，发现没有重复数据，查看其缺失值情况，发现共有11个属性变量存在缺失，缺失值情况如表1所示。从中可以看到，变量的缺失情况比较严重，缺失比例大多集中在80~90%之间。

接着，对数据中22个属性变量的数据类型进行查看，发现属于字符型的变量有14个，数值型的有8个，如表2所示。从中可以发现，存在缺失的属性变量都属于字符型变量，无法对其进行补充，因此暂时不对其进行填充，后续将会删去这几列变量。

3.2 数据规约

由于idfa、imei、android、openudid这四个属性可用于识别IOS和Android用户，因此考虑将四个属性进行合并，构建一个user变量，并删除这四列属性变量。idfa变量与openudid变量都可以用于识别IOS用户，用数字1表示，imei变量与android变量都可以用于识别Android用户，用数字2表示，缺失值则用数字0来表示。合并后对user变量进行统计，发现属于IOS用户的有310795个用户，属于Android用户的有117152个用户，缺失值有1276207个。

3.3 数据探索

对所有数据进行探索性分析，选取用户类型这一属性进行统计，绘制饼图如图1所示，发现IOS用户所占比例为6.9%，Android用户所占比例为18.2%，缺失值占比例为74.9%，在非缺失的数据当中，Android用户比例要高于IOS用户，占比约为2：1。

对是否有流量作弊这一列标签列进行统计，发现共有857051条记录没有流量作弊，847103条记录存在流量作弊行为，所占比例分别为50.3%和49.7%，绘制饼图如图2所示，流量作弊与非流量作弊比例比较接近，大致为1:1。

4. 指标构建

根据不同的作弊行为产生的不同数据特征的虚假流量，分别构建pos1、pos2、pos3、pos4指标，指标特征如表3所示。

图 3-2-1　部分文本数据集

3.2.1　文本数据处理的定义

　　文本数据处理是利用计算机对文本数据进行各种操作和分析的技术。它通过提取文本中的关键词、主题、情感等特征，实现文本分类、情感分析、主题建模、信息抽取等目的。文本数据处理涵盖了从文本清洗、分词、词性标注到文本表示、特征提取等多个环节，旨在将原始的文本数据转化为计算机能够理解和分析的结构化信息。通过文本数据处理，我们可以从大量的文本数据中提取有价值的信息和知识，为决策支持、信息检索、自然语言理解等应用提供基础。随着自然语言处理技术的不断发展，文本数据处理将在各个领域发挥越来越重要的作用。

3.2.2　文本数据处理的应用场景

　　文本数据处理在很多领域都有着广泛的应用，包括自然语言理解、舆情分析、智能客服、信息检索、文献综述、文本挖掘等。通过文本数据处理，我们可以提高文本信息的利用率，提取关键特征，实现自动化的文本分类、情感分析、主题提取等任务，为各个领域带来更多的便利和效益。

　　在自然语言理解领域，文本数据处理技术可以帮助机器更好地理解和解析人类语言，实现人机对话、智能问答等功能。在舆情分析方面，文本数据处理可以帮助企业和政府监测社会舆论，及时发现并应对潜在的风险。智能客服是文本数据处理技术的又一重要应用。通过对用户提问的文本进行分析和理解，智能客服系统可以自动回答用户的问题，提供个性化的服务。这大大提高了客户服务的效率和质量，降低了企业运营成本。在信息检索领域，文本数据处理技术可以帮助搜索引擎更准确地理解用户的查询意图，返回更相关的搜索结果。同时，文本数据处理还可以用于构建知识图谱，实现知识的关联和推理。在文献综述和文本挖掘方面，文本数据处理技术可以帮助研究人员快速梳理和分析大量的文献资料，提取研究主题和趋势，为科研工作提供有力支持。在工业界中，文本数据处理也发挥着重要作用，比如在电商领域，文本数据处理技术可以帮助商家分析用户评价，优化产品和服务；在金融领域，文本数据处理技术可以用于分析财经新闻、报告等文本数据，辅助投资决策。随着技术的进步和应用场景的拓展，文本数据处理将在更多领域发挥重要作用。

3.2.3　文本数据处理的方法

　　文本数据是指不能参与算术运算的字符，也称为字符型数据，通常包括英文字母、汉字、不作为数值使用的数字（以单引号开头）和其他可输入的字符。文本数据具有自己的特点，如半结构化、高数据量、语义性等。半结构化意味着文本数据既不是完全无结构的，也不是完全结构化的，既可能包含结构字段，如标题、作者等，也可能包含大量的非结构化的数据，如摘要和内容。高数据量指的是文本库中通常存在大量的文本样本，处理这些数据的工作量非常庞大。语义性则涉及文本数据中的复杂情况，如同一词汇在不同上下文中的不同含义。

文本数据处理的方法多种多样，包括但不限于分词处理、停用词过滤、词性标注、实体识别、文本相似度计算等。这些方法在文本分析、自然语言理解、信息检索、推荐系统等领域有广泛的应用。综合运用这些方法，能够更全面、深入地理解和利用文本数据，为各种自然语言处理任务和应用场景提供有力支持，促进人工智能技术在语言领域的发展和应用。

1. 分词处理

在自然语言处理（NLP）中，分词处理是一项基础且重要的任务。中文等语言由于其词语间没有明显的分隔符，因此需要通过分词处理将连续的字符序列切分为有意义的词语。分词处理对于后续的文本分析、信息抽取、机器翻译等任务具有重要的支撑作用。

分词处理的主要目标是将输入的字符序列按照语言的语法和语义规则切分为词语序列。通过分词处理，我们可以将连续的字符序列转化为具有明确边界的词语，从而便于后续的词性标注、命名实体识别等任务。

分词处理的方法主要有三种。

（1）基于规则的分词方法。基于规则的分词方法主要依赖于词典和预定义的切分规则，其中，正向最大匹配、反向最大匹配和双向最大匹配是常用的基于词典的分词方法。这些方法通过设定一个最大词长，在词典中查找与待切分字符序列相匹配的词语。基于规则的分词方法简单、速度快，但对于词典未收录的新词和歧义切分问题处理效果不佳。

（2）基于统计的分词方法。基于统计的分词方法利用机器学习或深度学习模型，通过训练大量语料库来学习分词规律。隐马尔可夫模型（HMM）、条件随机场（CRF）和神经网络等模型在分词处理中得到了广泛应用。这类方法能够自动学习词语的边界信息，对新词和未收录词的识别能力较强，但训练模型需要大量的语料库，计算复杂度较高。

（3）混合方法。混合方法结合了基于规则和基于统计的分词方法，既利用了词典和规则的优势，又利用了统计模型对新词的识别能力。通过结合两者的优点，混合方法可以在保证分词准确性的同时，提高处理速度和鲁棒性。

2. 停用词过滤

在自然语言处理任务中，文本数据往往包含大量对分析没有实际贡献的词汇，这些词汇通常被称为停用词（Stop Words）。停用词过滤是自然语言预处理的一个关键步骤，旨在去除文本中的那些无意义或冗余的词汇，以提高后续处理任务的效率和准确性。

（1）停用词的定义。停用词通常指的是在文本中出现频率极高，但对文本含义贡献较小的词汇。这些词汇主要包括一些常见的功能词，如"的""是""在"等，以及一些对文本内容没有实质性影响的词汇，如"了""啊""嗯"等。停用词的特点是它们在文本中的出现频率非常高，但通常不携带重要的语义信息。

（2）停用词过滤的目的。停用词过滤的主要目的是减少文本数据的稀疏性，提高后续处理任务的效率。通过去除那些无意义的词汇，我们可以减少文本中不必要的噪声，使文本更加简洁、清晰。此外，停用词过滤还可以降低后续处理任务的计算复杂度，提高处理速度。在实际应用中，停用词过滤对于许多 NLP 任务都具有重要意义。例如，在信息检索中，通过过滤停用词，可以提高搜索结果的准确性和相关性；在文本分类中，去除停用词可以减少特征空间的维度，提高分类器的性能；在机器学习中，停用词过滤有助于减少模型的过拟合现象，提高模型的泛化能力。

（3）停用词过滤的方法。停用词过滤的方法通常包括基于词典的方法和基于统计的方法。

① 基于词典的停用词过滤方法是通过预先构建一个停用词词典，将文本中的词汇与词典中的停用词进行匹配，从而去除文本中的停用词。这种方法简单、快速，但需要维护一个完整的停用词词典，且对于词典未收录的停用词无法处理。

② 基于统计的停用词过滤方法是通过分析文本中词汇的统计特性来识别停用词。例如，可以计算词汇在文本中的出现频率、文档频率等统计指标，然后根据这些指标设定一个阈值，将低于阈值的词汇视为停用词进行过滤。这种方法可以自动发现一些词典未收录的停用词，但需要处理大量的文本数据，计算复杂度较高。

（4）停用词过滤的注意事项。在进行停用词过滤时，需要注意以下几点。

① 选择合适的停用词词典：停用词词典的选择对过滤效果至关重要。应根据具体的任务和数据特点选择合适的词典，并定期更新词典以适应新的语言现象。

② 避免过度过滤：在过滤停用词时，应避免过度过滤导致文本中重要信息的丢失。应根据实际情况调整过滤阈值，确保过滤后的文本仍然保留足够的语义信息。

③ 考虑领域特异性：不同领域的文本数据具有不同的语言特点，因此在进行停用词过滤时应考虑领域特异性，可以针对特定领域构建专门的停用词词典，以提高过滤效果。

3.　词性标注

词性标注（Part-Of-Speech Tagging，POS Tagging）是自然语言处理中的一个基础任务，它旨在为文本中的每个词分配一个合适的词性标签。词性标注在句法分析、信息抽取、机器翻译等众多 NLP 任务中扮演着重要角色，它有助于计算机理解文本中的词汇功能，进而实现更高级的语言处理任务。

（1）词性标注的定义。词性标注是指通过一定的算法或规则，自动确定文本中每个词的词性，并将词性信息以标签的形式标注出来。例如，在英文中，“run”可以是动词（v.）或名词（n.），而在“I am running”这句话中，“run”的词性应为动词（v.）。在中文中，词性标注同样重要，如“学习”可以是动词或名词，根据上下文的不同，其词性也会有所变化。词性标注的意义在于为后续的 NLP 任务提供丰富的语法信息。通过词性标注，我们可以更好地理解文本的结构和语义，提高信息抽取的准确性，优化机器翻译的效果，以及改善句法分析的性能。

（2）词性标注的方法。词性标注的方法主要分为基于规则的方法和基于统计的方法两类。

① 基于规则的方法主要依赖于手工编写的语言学规则和词典信息。它通过分析词汇的形态、上下文及语法结构等信息，结合预定义的规则进行词性标注。这种方法简单直观，但对规则的编写和词典的完整性要求较高，且难以处理复杂的语言现象。

② 基于统计的方法利用机器学习或深度学习模型，通过训练大量标注语料库来学习词性标注的规律。常用的模型包括隐马尔可夫模型、条件随机场和神经网络等。这些方法能够自动学习词汇的上下文信息和词性分布规律，对未收录词和复杂语言现象的处理能力较强，但训练模型需要大量的标注语料库，且计算复杂度较高。

近年来，随着深度学习技术的发展，基于神经网络的词性标注方法取得了显著进展。这些方法通过构建复杂的神经网络结构，如循环神经网络（RNN）、卷积神经网络（CNN）或 Transformer 等，来捕捉文本中的长距离依赖和上下文信息，从而提高词性标注的准确性。

4. 实体识别

实体识别（Entity Recognition），又称命名实体识别（Named Entity Recognition，NER），是自然语言处理（NLP）中的一个核心任务。它的主要目的是从文本中识别出具有特定意义的实体，如人名、地名、组织名、日期、时间等，并将这些实体进行分类。实体识别在信息抽取、问答系统、机器翻译等众多 NLP 应用中发挥着关键作用。

（1）实体识别的定义。实体识别是指从文本中自动发现具有特定含义的实体，并为这些实体打上标签的过程。根据实体的类型，实体识别通常可以分为以下几类。

- 人名（Person）：识别文本中出现的人物名称。
- 地名（Location）：识别文本中提及的地点，如城市、国家等。
- 组织名（Organization）：识别公司、机构、团体等组织实体的名称。
- 日期（Date）：识别文本中的日期信息。
- 时间（Time）：识别文本中的具体时间点或时间段。

此外，根据任务需求，还可以定义其他类型的实体，如产品名、事件名等。

（2）实体识别的方法。实体识别的方法主要可以分为基于规则的方法、基于统计的方法和深度学习方法。

① 基于规则的方法依赖于手工编写的规则模板和词典资源。这些规则通常基于语言学知识、词法句法信息及领域知识等。通过匹配规则模板和词典资源，可以识别出文本中的实体。然而，这种方法需要大量的规则编写工作，且难以覆盖所有的实体类型和语言现象。

② 基于统计的方法利用机器学习算法，通过训练标注语料库来学习实体的识别规律。常用的机器学习算法包括隐马尔可夫模型、条件随机场等。这些方法能够自动学习文本中的实体分布规律，但通常需要大量的标注数据来训练模型。

③ 深度学习方法利用神经网络模型，自动学习文本的表示和实体的识别规律。通过构建复杂的神经网络结构，深度学习方法能够捕捉文本中的长距离依赖和上下文信息，从而提高实体识别的准确性。

5. 文本相似度计算

文本相似度计算是自然语言处理中的一个重要任务，旨在衡量两个或多个文本之间的相似程度。在信息检索、问答系统、文本聚类、抄袭检测等领域，文本相似度计算都发挥着至关重要的作用。通过比较文本间的语义和句法结构，我们可以判断它们是否表达相同或相似的意思，从而进行相关的应用。

（1）文本相似度的定义。文本相似度是指两个或多个文本在内容、主题、语义等方面的接近程度。根据具体应用场景和需求，文本相似度可以有不同的定义和计算方式。

（2）文本相似度计算的方法。常见的文本相似度计算方法包括基于词袋模型的方法、基于语义模型的方法和基于深度学习的方法等。

① 基于词袋模型的相似度计算。词袋模型是一种简单直观的文本表示方法，它将文本视为一个词的集合，不考虑词的顺序和语法结构。此方法通常使用 TF-IDF（词频-逆文档

频率）等权重分配策略来表示文本，并通过余弦相似度、欧氏距离等度量方式计算文本之间的相似度。

② 基于语义向量的相似度计算。近年来，随着深度学习技术的发展，基于语义向量的相似度计算方法受到了广泛关注。这种方法通过训练神经网络模型，将文本映射到高维的语义空间中，得到文本的向量表示，然后，可以使用余弦相似度、点积等方式计算这些向量之间的相似度。常见的语义向量模型包括 Word2Vec、GloVe、BERT 等。

在进行文本相似度计算时，需要注意以下几点。

① 预处理，对文本进行适当的预处理是相似度计算的关键步骤。预处理包括分词、去除停用词、词干提取或词形还原等操作，以消除文本中的冗余和噪声信息。

② 文本长度，文本长度对相似度计算的结果有很大影响。长文本可能包含更多的信息，但也增加了计算的复杂性。因此，在计算相似度时，需要考虑文本长度的因素，并选择合适的度量方式。

③ 域适应性，相似度计算方法的性能往往受到文本领域的限制。不同的领域具有不同的词汇和语义特点，因此需要针对特定领域进行模型训练和调整，以提高相似度计算的准确性。

任务实施

文本数据处理的任务工单如表 3-2-1 所示。

表 3-2-1　任务工单

班级：		组别：		姓名：		掌握程度：	
任务名称	基于 jieba 的文本处理						
任务目标	文本分词、去除停用词、词性标注、实体识别、文本相似度计算						
工具清单	Anaconda、Python、PyCharm、jieba、gensim						
操作步骤	步骤一：任务环境配置：配置 Anaconda 环境 步骤二：文本分词：使用 jieba 库进行文本分词 步骤三：去除停用词：使用 jieba 库去除停用词 步骤四：词性标注：使用 jieba 库进行词性标注 步骤五：实体识别：使用 jieba 库进行实体识别 步骤六：计算文本相似度：使用 gensim 库计算文本相似度						
考核标准	正确生成要求的文本						

3.2.4　文本数据处理实战

步骤一　任务环境配置

（1）在 Widnows 的"开始"菜单中找到 Anaconda3 下的 Anaconda Prompt，如图 2-1-3 所示，单击打开 Anaconda Prompt 终端。

（2）配置所需模块。

激活虚拟环境：conda activate dataProcessing。

安装 jieba 模块：

pip install jieba -i https://pypi.tuna.tsinghua.edu.cn/simple

安装 gensim 模块：

pip install gensim -i https://pypi.tuna.tsinghua.edu.cn/simple

注意使用 Pycharm 时切换环境为 dataProcessing 环境，操作方法如图 2-1-10 所示

步骤二　分词处理

（1）新建项目。打开 PyCharm，单击左上角"File"→"New Project"菜单命令，新建项目，如图 3-2-2 所示。

（2）在打开的"New Project"窗口中定义项目名称和目录，目录里不需要包含项目名称，选择计算机中安装的对应的 Python 版本，最后，单击右下角的"Create"按钮完成新 Python 项目的创建，如图 3-2-3 所示。

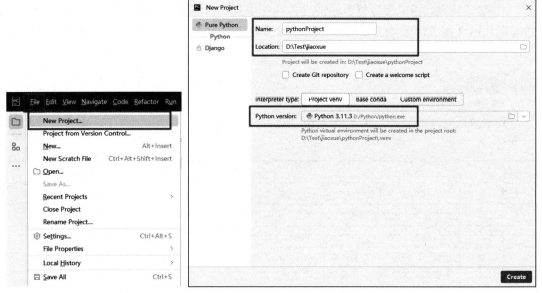

图 3-2-2　新建项目　　　　　　　　　　图 3-2-3　"New Project"窗口

Python 的 jieba 库是一个中文分词工具，它可以将一段中文文本分割成一个一个的词语，方便后续的自然语言处理任务，如文本分类、情感分析等。jieba 库使用了基于前缀词典的分词方法，能够处理中文的各种复杂情况，如歧义词、新词等。它还提供了多种分词模式，如精确模式、全模式、搜索引擎模式等，以适应不同场景的需求。此外，jieba 库还支持用户自定义词典，使得分词结果更加准确。

分词处理代码示例如下所示。运行结果如图 3-2-4 所示。（完整代码请参考本书配套资源中的"人工智能数据服务/工程代码/任务 3-2/ tokenization.py"）

```
# 引入 jieba
import jieba
text = """Python 是一种跨平台的计算机程序设计语言。是一种面向对象的动态类型语言，最初
被设计用于编写自动化脚本(shell),
Python 是一种解释型脚本语言，可以应用于以下领域: Web 和 Internet 开发、科学计算和统
```

计、人工智能、软件开发、后端开发、网络爬虫等。"""

```
    # 1、精确模式(默认)
    # 试图将句子最精确地切开，适合文本分析
    seg_list1 = jieba.cut(text)
    # 2、全模式
    # 把句子中所有可能成词的词语都扫描出来，速度很快，但是不能解决歧义
    seg_list2 = jieba.cut(text, cut_all=True)
    # 3、搜索引擎模式
    # 在精确模式的基础上，对长词再次切分，提高召回率，适合用于搜索引擎分词
    seg_list3 = jieba.cut_for_search(text)
    # 将分词结果转换为列表
    word_list1 = list(seg_list1)
    word_list2 = list(seg_list2)
    word_list3 = list(seg_list3)
    # 打印分词结果
    print("精确模式(默认)",word_list1)
    print("全模式",word_list2)
    print("搜索引擎模式",word_list3)
```

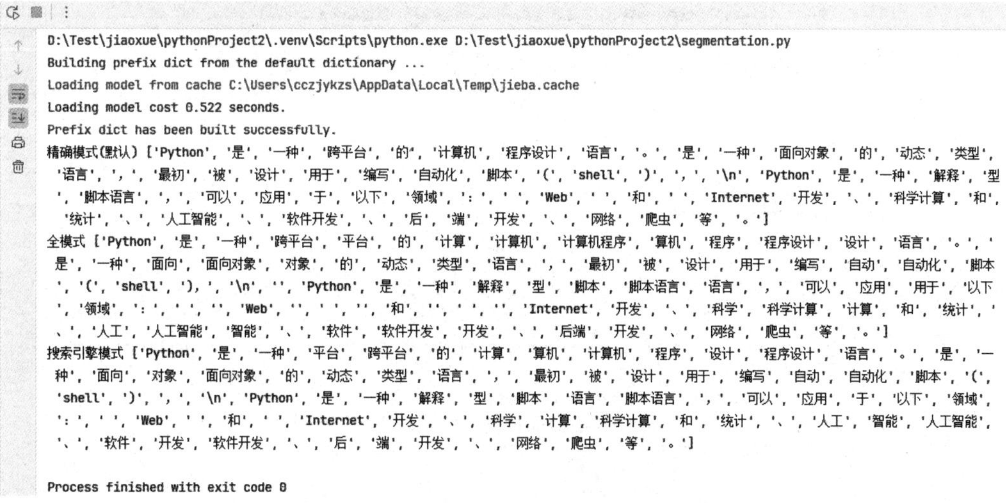

图 3-2-4　分词处理运行结果

步骤三　停用词过滤

　　停用词过滤代码示例如下所示，运行结果如图 3-2-5 所示。（完整代码请参考本书配套资源中的"人工智能数据服务/工程代码/任务 3-2/ stopWord.py"）

```
import re
import jieba
text3 = '昨天，我终于找到我丢失的手册了！^_^###@'
# 去除一些无用的字符，只提取出中文出来
"""使用 re.findall()函数从变量 text3 中找出所有的中文字符
```

正则表达式[\u4e00-\u9fa5]+用于匹配任意的中文字符，范围从\u4e00 到\u9fa5 是汉字在 Unicode 编码中的范围。

　　re.S 参数使.匹配包括换行在内的所有字符，尽管这里它并不影响结果，因为没有用到

　　然后，使用""".join()将匹配到的所有中文字符连接成一个单一的字符串，赋值给 new_tex
"""

```
new_text = "".join(re.findall('[\u4e00-\u9fa5]+', text3, re.S))
# 打印出处理后得到的仅包含中文字符的字符串 new_text
print(new_text)
# jieba.lcut()直接返回一个列表，包含分词后的结果
print(jieba.lcut(new_text))
```

```
1   import re
2   import jieba
3
4   text3 = '昨天，我终于找到我丢失的手册了！^_^###@'
5
6   # 去除一些无用的字符只提取出中文出来
7   """使用re.findall()函数从变量text3中找出所有的中文字符。
8
9       正则表达式[\u4e00-\u9fa5]+用于匹配任意的中文字符，范围从\u4e00到\u9fa5是汉字在Unicode编码中的范围。
10      re.S参数使.匹配包括换行在内的所有字符，尽管这里它并不影响结果因为没有用到，
11      然后，使用"".join()将匹配到的所有中文字符连接成一个单一的字符串，赋值给new_tex
12  """
13  new_text = "".join(re.findall( pattern: '[\u4e00-\u9fa5]+', text3, re.S))
14
15  # 打印出处理后得到的仅包含中文字符的字符串new_text
16  print(new_text)
17
18  # jieba.lcut()直接返回一个列表，包含分词后的结果
19  print(jieba.lcut(new_text))
20
```

Run   🍃 stopWord ×

```
D:\Test\jiaoxue\pythonProject2\.venv\Scripts\python.exe D:\Test\jiaoxue\pythonProject2\stopWord.py
昨天我终于找到我丢失的手册了
Building prefix dict from the default dictionary ...
Loading model from cache C:\Users\cczjykzs\AppData\Local\Temp\jieba.cache
Loading model cost 0.508 seconds.
Prefix dict has been built successfully.
['昨天', '我', '终于', '找到', '我', '丢失', '的', '手册', '了']

Process finished with exit code 0
```

图 3-2-5　停用词过滤代码示例和运行结果

代码中使用了 re.findall()函数来查找文本 text3 中所有符合指定正则表达式[\u4e00-\u9fa5]+的中文字符。其中：

● [\u4e00-\u9fa5]是一个正则表达式范围，表示 Unicode 编码中汉字的范围，\u4e00 是第一个汉字"一"的 Unicode 编码，\u9fa5 是最后一个汉字"龥"的 Unicode 编码。

● +表示匹配前面的字符一次或多次。

● re.S 是一个标志参数，表示"."可以匹配包括换行符在内的任意字符。

知识扩展

（1）Unicode 编码：Unicode 是一种国际标准，用于文本的编码和表示。每个字符都分配了一个唯一的 Unicode 码点，可以通过\u 前缀来表示。例如，汉字"一"的 Unicode 码点是\u4e00。

（2）正则表达式：正则表达式是一种用于匹配文本模式的工具。在本案例的正则表达式中，[]用于表示字符范围，+表示匹配前面的字符一次或多次，\u4e00-\u9fa5 表示匹配所有的中文字符。

（3）re.findall()函数：re.findall()函数用于在文本中查找所有匹配的子串，并返回一个包含所有匹配子串的列表。

步骤四 词性标注

jieba 分词的词性标注过程非常类似于 jieba 分词的分词流程，可以同时进行分词和词性标注。jieba 分词系统的词性标注流程可简要概括为以下几个步骤。

（1）汉字判断：首先，系统判断每个词语是否为汉字。如果是汉字，则基于前缀词典构建有向无环图，计算最大概率路径并查找词性；如果未找到词性，则将词性标注为"x"（非语素字）。

（2）非汉字判断：若词语不是汉字，则根据正则表达式判断其类型。如果是数字，则标注为"m"（数字）；如果是英文，则标注为"eng"（英文）。

这样，jieba 分词系统能够对句子进行分词的同时，为每个词语标注相应的词性，从而帮助进一步的文本分析和理解。

代码中的 psg.cut()函数会接收我们提供的文本作为输入，然后把它分割成一个个词语，并且为每个词语标注出它在句子中扮演的角色，就好像给每个词语贴上一个标签一样，即词性。这样，我们就可以更加方便地理解文本的结构和含义，从而进行后续的分析和处理。而生成器则是一种方便的数据结构，可以让我们逐个处理每个词语及其对应的词性信息，而不必一次性加载整个文本，从而节省内存和提高效率。

代码示例如下，运行结果如图 3-2-6 所示。（完整代码请参考本书配套资源中的"人工智能数据服务/工程代码/任务 3-2/ taggingWord.py"）

```
# 引入词性标注接口
# 导入jieba库中的词性标注模块，并将其命名为psg，方便后续调用
import jieba.posseg as psg
# 定义一个待处理的文本字符串
text = "深度学习是一种模仿人脑工作原理的算法，通过大量数据的训练来学习和预测未知的事物。"
"""词性标注
使用jieba库中的词性标注模块对文本进行分词和词性标注
这里psg.cut()函数接收一个字符串作为输入，并返回一个生成器，生成器每次yield出一个由词语和词性组成的元组
"""
seg = psg.cut(text)
```

```
# 将词性标注结果打印出来
# 遍历生成器 seg，打印出每个词语及其对应的词性。每个词语和词性以元组的形式表示
for ele in seg:
    print(ele)
```

图 3-2-6　词性标注代码示例和运行结果

步骤五　实体识别

jieba 库提供了命名实体识别功能，可以用于从文本中识别和标注命名实体，如人名、地名、机构名等。使用 jieba 进行命名实体识别的主要步骤如下。

（1）导入模块。首先导入 jieba 库中的命名实体识别模块，通常是 jieba.posseg。

（2）分词并识别命名实体。将待识别的文本传入分词器，并指定需要识别的词（如人名、地名等）。通常使用 jieba.posseg.cut() 函数进行分词和词性标注。

（3）获取命名实体。根据词性标注的结果，提取出命名实体。

（4）处理命名实体。对识别出的命名实体进行后续处理，如统计、分析等。

代码示例如下，运行结果如图 3-2-7 所示。运行代码后，会输出识别到的名词实体，包括地名、人名及机构名。（完整代码请参考本书配套资源中的"人工智能数据服务/工程代码/任务 3-2/ NamedEntityRecognization.py"）

```
# 导入 jieba 分词库，主要用于分词操作
import jieba
# 导入 jieba 库中的词性标注模块，并将其重命名为 pseg
import jieba.posseg as pseg
# 定义一个待处理的文本
text="我去过北京、上海、广州和深圳。王小明在北京工作，他的公司是阿里巴巴。"
# 使用 jieba 进行分词，返回分词结果列表
```

```
words = jieba.lcut(text)
# 使用 jieba.posseg 进行词性标注，返回带有词性标注的分词结果列表
words_with_pos = pseg.lcut(text)
# 初始化一个空列表，用于存储识别的实体
entities = []
# 遍历分词结果和词性标注结果
for word,pos in words_with_pos:
    # 如果词性以'n'开头（表示名词）或者是特定的名词词性（如人名、地名、机构名等）
    if pos.startswith("n")or pos == "nr" or pos == "ns"or pos == "nt":
        # 将满足条件的词语添加到实体列表中
        entities.append(word)
# 输出识别的实体列表
print(entities)
```

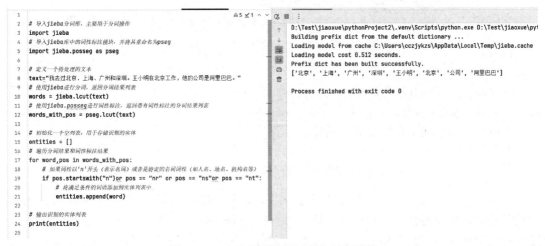

图 3-2-7　实体识别代码示例和运行结果

步骤六　文本相似度计算

本任务中需要使用 gensim 库来进行文本相似度的计算。代码示例如下所示。（完整代码请参考本书配套资源中的"人工智能数据服务/工程代码/任务 3-2/ similarity.py"）

```
#导入 gensim 库及 jieba 库用于中文分词
from gensim import corpora,models,similarities
import jieba
#文本集和搜索词
texts=['当你说你要早睡早起，但每晚都陷入手机的深渊','每次计划要早睡，结果总是一夜未眠','每次买衣服都想穿出新意，结果还是看到穿同款的人']
keyword='每次想省钱，结果总是被限时特惠吸引。'
#使用 jieba 库对文本进行分词处理
texts = [jieba.lcut(text)for text in texts]
#使用 corpora.Dictionary 创建一个词典，将文本中的词语映射到唯一的整数 ID
dictionary=corpora.Dictionary(texts)
```

```
print("dictionary",dictionary,end="\n\n")
#打印完,尾部换两行
#这里计算词典中的唯一词语数量,作为特征的数量
feature_cnt=len(dictionary.token2id)
print("feature_cnt =",feature_cnt,end="\n\n")
#构建文档向量,将文本转换为词袋模型的稀疏向量表示
corpus=[dictionary.doc2bow(text)for text in texts]
print("corpus:",corpus,end="\n\n")
#使用 TF-IDF 模型对文本进行权重计算
tfidf=models.TfidfModel(corpus)
print("tfidf:",tfidf,end="\n\n")
#将搜索词也转换为词袋模型的稀疏向量表示
kw_vector=dictionary.doc2bow(jieba.lcut(keyword))
print("kw_vector:",kw_vector,end="\n\n")
#使用相似性索引 SparseMatrixSimilarity 构建索引,参数 num_features 指定特征的数量
index=similarities.SparseMatrixSimilarity(tfidf[corpus],num_features=fea
ture_cnt)
print("index",index,end="\n\n")
#计算搜索词与文本集中每个文本的相似度
sim=index[tfidf[kw_vector]]
#打印出搜索词与每个文本的相似度结果
for i in range(len(sim)):
    print("keyword 与 text%d 相似度为: %.2F"%(i+1,sim[i]))
```

这段代码的目的是计算一个关键词与一组文本之间的相似度。首先,gensim 库主要用于处理文本数据和进行文本相似度计算,然后引入 jieba 库,用于将中文文本进行分词处理。接下来,定义了一个文本集 texts,里面包含了几个句子,表示一些日常生活中的情况;又定义了一个关键词 keyword,表示想要与这些句子进行比较的内容。接着,对文本集进行了分词处理,并创建了一个词典 dictionary,用于将文本转换成词袋模型的形式。将文本集转换成了词袋向量的形式 corpus,并使用 TF-IDF 模型对文本集进行了处理,这样可以提取出每个词的重要程度。最后,将关键词也转换成了词袋向量的形式,并使用稀疏矩阵相似度计算方法计算了关键词与每个文本之间的相似度。

专有名词解释

(1)在自然语言处理中,词袋模型(Bag of Words)是最简单的文本表示方法之一。它将文本表示为一个由词语构成的集合,忽略了词语在文本中的顺序和语法。每个文本可以被表示为一个向量,向量的每个元素对应一个词语,在文本中出现则为 1,否则为 0。

(2)TF-IDF(Term Frequency-Inverse Document Frequency)是一种用于衡量一个词在文本中重要程度的统计方法。它通过考虑词语在文本中出现的频率(TF)及在整个语料库中出现的频率(IDF),来计算一个词的重要程度。TF-IDF 越高,表示这个词在当前文本中越重要。

(3)在处理大规模文本数据时,由于词汇量巨大,文本表示的矩阵会变得非常稀疏(大

部分元素为 0)。稀疏矩阵相似度计算方法是一种用于在稀疏矩阵上高效计算相似度的技术。它通过一些高效的算法和数据结构，避免了对整个矩阵进行计算，从而提高了计算效率。

相似度的值介于 0 到 1 之间，值越接近 1 表示越相似，值越接近 0 表示越不相似。

注意：若运行时出现 ImportError：cannot import name 'triu' from 'scipy.linalg'的报错，是因为 SciPy 1.13 版本中去掉了 triu()函数，所以可以降低 scipy 的版本，即在终端输入：

pip install scipy==1.10.1

之后运行代码问题便解决了。若还有其他问题，请自行搜索，获取报错原因和解决方案。

运行结果如图 3-2-8 所示。

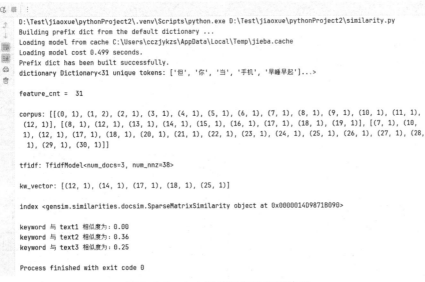

图 3-2-8　文本相似度代码运行结果

任务小结

本任务学习了如何使用 jieba 库进行自然语言的分词、停用词过滤、词性标注和实体识别，以及通过 gensim 库计算文本相似度，从而实现文本处理和分析的任务。通过系统地学习和应用这些技能，可以为各行业提供更加精准和高效的文本处理和分析手段，满足不同领域的需求。

练习思考

练习题及答案与解析

实训任务

（1）请简要解释什么是分词处理，并说明它在自然语言处理中的作用。（难度系数*）

（2）从新闻摘要生成、情感分析、文本分类和问答系统中，选择一个你感兴趣的应用场景，并说明该场景中分词处理的具体应用。（难度系数**）

（3）下载 5 篇中文文章，使用 jieba 库对每篇文章进行分词处理，并去除停用词。（难度系数**）

（4）下载 2 篇不同主题的中文文章，使用 gensim 库计算两篇文章之间的语义相似度。（难度系数**）

拓展提高

在本书配套资源相应任务中的"拓展提高"文件夹中提供了一篇文本，要求使用 jieba 工具对文本进行分词处理、词性标注，并计算任意两篇文章之间的语义相似度。

任务 3.3   数据清洗

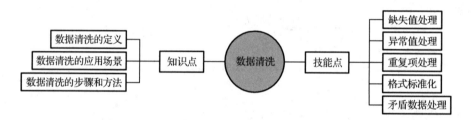

任务导入

数据是信息分析的核心基础。无论是商业分析中的销售数据、市场调研中的问卷结果，还是科学研究中的实验数据，它们都包含着宝贵的信息和洞见。然而，这些数据往往并不是完美无瑕的，它们可能存在着缺失、错误、重复或格式不一致等问题，使得计算机算法难以直接进行高效的分析。因此，我们需要对数据进行清洗，将其转换为算法能够准确处理的格式和结构。

任务描述

本任务提供了 34589 组风力发电装置传感器数据，利用 Python 的 pandas 和 numpy 库，完成数据的清洗。部分数据集如图 3-3-1 所示。

DATATIME	WINDSPEED	PREPOWER	WINDDIRECTION	TEMPERATURE	HUMIDITY	PRESSURE	ROUND(A.WS,1)	ROUND(A.POWER,0)	YD15
2/1/2021 00:00:00	4.2	8432	345	-5.9	50	1014	3.7	7448	4044
2/1/2021 00:15:00	4.3	8177	348	-5.9	50	1014	3.3	5497	3512
2/1/2021 00:30:00	4.2	7959	352	-6	50	1014	3.3	5583	3242
2/1/2021 00:45:00	4.3	7740	356	-6	49	1014	3	3926	1667
2/1/2021 01:00:00	4.3	7522	0	-6.1	49	1014	2.5	468	204
2/1/2021 01:15:00	4.3	7267	3	-6.1	49	1014	2.5	145	-385
2/1/2021 01:30:00	4.3	6974	5	-6.2	49	1014	-119	-119	-298
2/1/2021 01:45:00	4.3	6681	9	-6.3	48	1014	2.2	-110	-319
2/1/2021 02:00:00	4.3	6388	12	-6.4	48	1014	2.1	-102	-308
2/1/2021 02:15:00	4.3	6273	15	-6.5	48	1014	2.2	-117	-305
2/1/2021 02:30:00	4.4	6336	16	-6.6	47	1014	2.1	-98	-276
2/1/2021 02:45:00	4.3	6399	19	-6.6	47	1014	2.1	-115	-317
2/1/2021 03:00:00	4.4	6462	20	-6.7	46	1014	2.1	-103	-304
2/1/2021 03:15:00	4.4	6594	23	-6.7	46	1014	2.2	-38	-347
2/1/2021 03:30:00	4.4	6796	25	-6.8	45	1014	2.1	-113	-330
2/1/2021 03:45:00	4.5	6999	29	-6.8	44	1014	2	-150	-309
2/1/2021 04:00:00	4.5	7201	32	-6.9	43	1014	2.1	-129	-297
2/1/2021 04:15:00	4.4	7406	36	-6.9	43	1014	2.2	-110	-284
2/1/2021 04:30:00	4.4	7613	39	-6.9	42	1014	2.3	-111	-358
2/1/2021 04:45:00	4.4	7821	45	-7	42	1014	2.6	-141	-337
2/1/2021 05:00:00	4.4	8028	49	-7	41	1014	2.8	32	1198
2/1/2021 05:15:00	4.4	8367	52	-7	41	1014	2.9	664	690
2/1/2021 05:30:00	4.4	8837	57	-7	41	1014	2.9	920	1440
2/1/2021 05:45:00	4.6	9306	61	-7.1	40	1014	2.8	1137	1923

图 3-3-1 风力发电装置传感器数据部分数据集

知识准备

3.3.1 数据清洗的定义

数据清洗（Data Cleaning）是对数据进行重新审查和校验的过程，目的在于删除重复信息、纠正存在的错误，并提高数据一致性。它是数据预处理的第一步，也是保证后续结果正确的重要一环。数据清洗包括去除重复数据、填补缺失值、处理异常值和转换数据格式等操作，以提高数据的准确性和可靠性。这一过程有助于消除数据错误和噪声，提高分析和建模的精度，为后续的数据分析和建模工作提供坚实的基础。在数据量较大的项目中，数据清洗时间可达整个数据分析过程的一半或以上。

3.3.2 数据清洗的应用场景

数据清洗在各个领域和行业中都扮演着至关重要的角色，因为原始数据往往存在着各种质量问题，如缺失值、异常值、重复项、格式不一致等，这些问题如果得不到有效处理，将会对后续的分析、建模和决策产生严重的负面影响。以下是一些数据清洗的典型应用场景。

（1）商业和市场营销：在市场营销领域，企业需要清洗从各种渠道收集到的消费者数据，以确保数据的准确性和完整性。这有助于进行客户分析、市场细分和预测模型的构建，从而提升营销活动的精准度和效果。

（2）金融和风险管理：在金融领域，数据清洗对于风险评估和金融建模至关重要。金融机构需要处理大量的交易数据和客户信息，以识别潜在的欺诈行为、风险因素和市场趋势。数据清洗能够帮助发现数据中的异常模式和不一致性，为金融决策提供可靠的数据基础。

（3）医疗保健：医疗保健领域需要处理大量的患者数据、临床试验数据和医疗记录，以支持临床决策、疾病预测和流行病学研究。数据清洗可以帮助确保数据的准确性和一致性，为医疗分析和决策提供可靠的基础，同时确保患者隐私和医疗安全。

（4）物联网：随着物联网设备的不断增加，大量的传感器数据需要进行清洗和预处理，以用于智能城市、智能制造和环境监测等应用。数据清洗可以帮助过滤掉无效数据和噪声，提取有用的信息用于预测和决策，从而推动物联网技术的发展和应用。

（5）科学研究：在科学研究领域，数据清洗对于实验数据、观测数据和模拟数据的处理至关重要。科学家需要清洗数据以确保实验结果的准确性和科学结论的可靠性，这对于推动科学研究的进展至关重要。

数据清洗在各个行业和领域都具有重要的应用意义，它是数据预处理过程中不可或缺的一步，对于确保数据质量、提高分析效率和支持决策制定具有关键意义。

3.3.3 数据清洗的步骤和方法

数据清洗旨在确保原始数据的准确性、完整性和可靠性。在数据清洗过程中，需要处理缺失值、异常值、重复项，标准化数据格式，处理矛盾数据，去除数据噪声，并验证数据的完整性和准确性。通过这些步骤，可以确保数据质量，消除潜在的错误和不一致性，为后续的数据分析和建模提供可靠的基础，以支持科学决策和有效的业务应用。根据应用领域和场景的不同，综合考虑数据特点、业务需求及行业规范，选择合适的数据清洗方法和步骤，以确保数据清洗的效果最大化。

1. 缺失值处理

缺失值是指在数据集中某个字段或变量的取值缺失或未记录的情况。在现实数据中，由于各种原因（如人为录入错误、设备故障、数据采集不完整等），数据中经常会出现某些数值或字段为空的情况，这些就称为缺失值。

在数据处理中，缺失值是一种常见且影响数据质量的情况。数据清洗的关键任务之一就是有效处理这些缺失值，处理方法通常包括填充缺失值、删除包含缺失值的行或列，以及利用插值方法进行估算填充等。

填充缺失值是一种常见的处理方法，可以通过各种方式填补缺失数值，如用平均值、中位数、众数等统计指标代替缺失值，或者根据数据分布特征进行合理的填充。另一种处理方式是删除包含缺失值的行或列，但需要谨慎操作，避免对整体数据造成较大影响。此外，插值方法也是一种常用的技术，通过在已知数据点之间进行插值来估算缺失值，如线性插值、多项式插值等，以尽可能准确地填充缺失值。

在实际应用中，选择何种方法处理缺失值需要根据数据的特点、缺失值的类型和缺失值产生的原因进行综合考虑。有效处理缺失值不仅可以提高数据质量，还可以减少数据分析和建模过程中的误差，从而确保基于数据的决策和应用的准确性和可靠性。

2. 异常值处理

异常值是指在数据集中与大多数观测值显著不同的数值。这些数值可能是由于测量误差、数据录入错误、真实变化或稀有事件所导致的，与数据集中的大多数数值存在明显偏离。异常值的存在可能会对统计分析、数据挖掘和机器学习模型产生负面影响，因此在数据处理和分析过程中，需要对异常值进行识别和适当处理，以确保数据分析结果的准确性和可靠性。

识别异常值通常涉及使用统计方法或领域知识来确定哪些数值是异常的。统计方法包括基于数据分布的方法，如 Z 分数、箱线图等，以及基于距离或密度的方法，如 DBSCAN、LOF（局部离群因子）等。除了统计方法，领域知识也是识别异常值的重要依据，专业领域的专家可以根据经验和理论知识判断哪些数值是异常的。

一旦识别出异常值，就需要决定如何处理这些异常值。处理方法包括修正、删除或标记。修正异常值意味着尝试通过合理的方法修正异常值，比如用均值或中位数进行替换。删除异常值意味着将其从数据集中移除，但需要谨慎操作，避免过度删除导致信息丢失。标记异常值意味着将其进行特殊标记，以便在后续分析中加以识别和区分。

综合考虑数据特点、异常值的类型及业务需求，选择合适的处理方法对异常值进行处理，有助于提高数据分析和建模的准确性和可靠性。

3. 重复项处理

重复项是指数据集中存在两个或多个记录具有相同或高度相似的数据，这些记录可能在所有字段上完全相同，也可能在部分字段上存在重复信息。重复项的出现可能是由于数据采集过程中的错误、系统故障或重复输入等原因导致的。在数据清洗和数据处理过程中，识别和处理重复项是确保数据集准确性和唯一性的重要步骤。

识别重复项通常涉及比对数据集中的记录，查找其中是否存在完全相同或部分重复的情况，可以通过比较各字段数值、关键标识符或组合字段来确定是否存在重复记录。在识别重复项时，还需要考虑数据集的特点和业务需求，有时候重复记录并非完全相同，可能存在轻微差异，这也需要谨慎处理。

处理重复项的方法包括删除重复记录、合并重复记录，以及保留一个记录并对其进行标记。删除重复记录是最常见的处理方式，可以确保数据集的唯一性。合并重复记录适用于需要将重复信息整合的情况，可以将重复记录中的信息进行合并，生成一条完整的记录。保留一个记录并进行标记可以帮助在后续分析中识别和区分重复项。

在处理重复项时，需要根据具体情况选择合适的方法，并确保处理后的数据集符合业务需求和分析目的。

4. 数据格式标准化

数据格式标准化是指将数据转换为统一的格式或结构，以便于统一处理、分析和存储。在数据集成、数据交换和数据处理过程中，不同数据源往往采用不同的数据格式和结构，这可能导致数据之间难以对比、整合和分析。因此，数据格式标准化的主要目的是消除数据的多样性，使得数据具有一致的表达形式，便于进行数据管理和分析。

数据格式标准化通常包括以下方面。

（1）数据类型统一：将不同数据源中的数据类型进行统一，例如将日期时间数据统一为特定的日期时间格式，将文本数据进行标准化处理等。

（2）数据单位统一：将数据中的单位进行统一，确保数据在同一计量单位下进行比较和分析。

（3）数据结构统一：统一数据的字段名、字段顺序和数据排列方式，使得不同数据源的数据结构一致。

（4）数据标准化：对数值型数据进行标准化处理，如归一化或标准化，以便于不同数据之间的比较和分析。

首先，对于日期和时间数据，应当采用统一的格式来表示，如 yyyy-mm-dd HH:MM:SS 或其他常见的国际标准时间格式。这有助于确保不同来源的数据能够被正确地解释和处理，避免因为日期和时间格式不一致而导致的数据混乱和错误分析。另外，对于货币数据，也需要统一使用相同的货币符号和精度，如美元、人民币等，并且要保证小数点位数的一致性，以确保在进行数值计算时不会引入误差。

除了日期、时间和货币数据，其他类型的数据也需要进行相应的标准化处理。例如，对于长度、质量、温度等物理量，需要明确定义其单位，并且在整个数据集中保持一致。

5. 矛盾数据处理

矛盾数据处理在数据清洗过程中扮演着至关重要的角色。所谓矛盾数据，指的是数据集中不同字段之间存在逻辑上的不一致性，可能呈现为相互矛盾的信息或逻辑错误。这种矛盾数据的存在会极大地影响数据的准确性和可靠性，因此需要通过数据清洗来解决这些问题，以确保数据的内在一致性。

在数据清洗过程中，处理矛盾数据通常包括以下几个关键步骤。首先，识别矛盾数据，可以通过对数据进行深入分析和比对来发现数据间的不一致之处。其次，在处理矛盾数据时，需要确定数据的优先级，即哪些数据应被视为准确的信息，从而为后续处理提供依据。逻辑验证和修复是解决矛盾数据的关键环节。这包括检查数据间的逻辑关系，验证数据的一致性，并进行必要的修正或更新，以确保数据整体的逻辑正确性。在一些情况下，简单的逻辑修复可能无法解决矛盾数据，这时可能需要进行数据合并或剔除操作，保留准确的数据并丢弃不一致的信息，以确保数据质量得到有效提升。最后，记录处理过程是不可或缺的一环。记录包括发现的矛盾情况、处理方法及最终结果，有助于追溯数据清洗的全过程，确保数据处理的透明度和可追踪性。综上所述，处理矛盾数据需要综合运用数据分析、逻辑验证和修复、数据合并或剔除等方法，确保数据清洗后的数据集具有内在一致性和准确性。

6. 数据去噪

数据去噪旨在识别和消除数据中存在的噪声或无关信息，以确保数据的质量和准确性。数据噪声可能是由各种因素引起的，如人为错误、传感器误差、数据损坏等，若不加处理直接用于分析和建模，将会对结果产生不良影响。因此，数据去噪是确保数据分析结果可靠性的重要环节。

在进行数据去噪时，首先需要识别可能存在的噪声类型，包括但不限于异常值、缺失值、重复数据、不一致数据等。其次，在识别噪声的基础上，需要选择合适的数据去噪方法进行处理。常见的方法包括插值法填充缺失值、离群值检测和剔除、数据平滑、数据变换等。对于缺失值，可以使用均值、中位数、众数等统计量进行填充；对于异常值，可以通过箱线图、Z 分数等方法进行检测和处理；同时，数据平滑和变换可以帮助降低数据中的噪声，使数据更加平稳和符合分析要求。最后，在应用数据去噪方法时，需要综合考虑数据的特点、领域知识和分析目的，以确保去噪的过程不会改变数据的本质特征，并且不会引入新的错误。

任务实施

数据清洗的任务工单如表 3-3-1 所示。

表 3-3-1　任务工单

班级：		组别：		姓名：		掌握程度：	
任务名称	基于 numpy 和 pandas 的数据清洗						
任务目标	清洗缺失、异常、重复、格式不正确、矛盾数据						
工具清单	Anaconda、Python、PyCharm、numpy、pandas						
操作步骤	步骤一：任务环境配置：配置 Anaconda 环境 步骤二：导入数据：使用 pandas 导入数据文件 步骤三：缺失值处理：使用 fill 系列函数补全缺失值 步骤四：异常值处理：使用离群值处理异常值 步骤五：重复项处理：使用 drop_duplicates()函数删除重复项 步骤六：格式标准化：处理时间格式 步骤七：矛盾数据处理：探索数据的不合理之处						
考核标准	清洗后的数据无缺失、错误、重复						

3.3.4　数据清洗实战

步骤一　任务环境配置

（1）在 Widnows 的"开始"菜单中找到 Anaconda3 下的 Anaconda Prompt，如图 2-1-3 所示，单击打开 Anaconda Prompt 终端。

（2）配置所需模块。

激活虚拟环境：conda activate dataProcessing 。

安装 pandas 模块：

pip install pandas -i https://pypi.tuna.tsinghua.edu.cn/simple

安装 openpyxl 模块

pip install openpyxl -i https://pypi.tuna.tsinghua.edu.cn/simple

安装 seaborn 模块：

pip install seaborn -i https://pypi.tuna.tsinghua.edu.cn/simple

安装 matplotlib 模块：

pip install matplotlib -i https://pypi.tuna.tsinghua.edu.cn/simple

注意使用 Pycharm 时切换环境为 dataProcessing 环境，操作方法如图 2-1-10 所示。

步骤二　导入数据

（1）准备好环境之后，在 Pycharm 中使用准备好的 Anaconda 虚拟环境，并在当前的工程目录下，创建 cleaning_data 文件夹，将要处理的数据 power_data.xlsx 保存到该文件夹下，如图 3-3-2 所示。

（2）使用 pandas 的 read_excel()函数来读取 Excel 文件，代码如下所示。

```
import pandas as pd
# 指定 Excel 文件的路径
excel_file_path = 'example.xlsx'
```

```
df = pd.read_excel(excel_file_path)
# 打印出 DataFrame 的前几行，查看数据是否正确读取
print(df.head())
```

图 3-3-2　保存数据到 cleaning_data 文件夹

使用 read_excel()函数读取 Excel 文件时，如果 Excel 文件中有多个工作表，可以使用 sheet_name 参数指定工作表的名字或索引，如 sheet_name= 'Sheet1'。默认读取第一个工作表。

步骤三　缺失值处理

首先对每列进行数据检测，使用 ffill()向前填充（用前一个非 NaN 值填充 NaN），然后使用 bfill()向后填充（用后一个非 NaN 值填充 NaN）。这样可以确保即使是连续的 NaN，也能至少被前端或后端的非 NaN 值填充其中一个。

然后，对于缺失值，计算相邻行的平均值进行插补，这里需要特别注意，如果直接使用.mean()函数，会忽略 NaN 值计算平均值，但我们的目标是使用非空的相邻行来计算平均值，而不是使用非空的全部值来计算平均值，因此需要更复杂的逻辑来准确找到并计算这些平均值，如下所示。

```
# 首先，对每一列进行处理
for column in df.columns:
# 检查该列是否有缺失值
    if df[column].isnull().any():
        df[column] = df[column].ffill().bfill()
        mask = df[column].isnull()
        df.loc[mask,column]= df.loc[mask, :].apply(lambda x: x[:-1].mean(),
axis=1)
        # 打印处理后的数据框，检查结果
        print(df)
```

上述代码中的 df[column].ffill().bfill()是为了确保即使有连续的 NaN，也能至少被一端的非 NaN 值填充，但这一步并不直接计算相邻行的平均值。计算相邻行平均值的部分较为复杂，特别是处理两端的 NaN 或间断的 NaN 时。

步骤四　异常值处理

识别异常值通常涉及使用统计方法或领域知识来确定哪些数值是异常的，本任务主要使用统计计算离群值及绘制箱线图的方式发现数据中的异常值。

（1）在虚拟环境中下载专门用于数据可视化的 Python 第三方库 seaborn 和 Matplotlib。

Matplotlib 是一个强大的绘图库，提供了制作静态、动态、交互式可视化的工具，支持生成线图、柱状图、散点图等多种图形。它是 Python 中最基础且使用广泛的绘图库。seaborn 则是基于 Matplotlib 构建的高级数据可视化库，它提供了更易于使用的接口来创建统计图形。seaborn 专长在于数据分析和统计图形，如热图、joint plot、violin plot、box plot 等，并且自带了一套美观的风格设置，使得生成的图表更加吸引人。

（2）筛选出所有的数值型列，尝试将非数值类型的列转换为数值类型，然后基于这些列使用 seaborn 库的 boxplot()函数绘制箱线图，并利用其内置的离群值检测功能，绘制所有列的箱线图代码如下所示，运行效果如图 3-3-3 所示。

```python
import seaborn as sns
import matplotlib.pyplot as plt
import pandas as pd
import numpy as np
# 尝试将所有列转换为数值类型，无法转换的列将被保留原样
df_converted = df.apply(pd.to_numeric,errors='ignore')

# 筛选转换后仍为数值型的列
numeric_cols = list(df_converted.select_dtypes(include=[np.number]).columns)

# 绘制数值型列的箱线图
sns.boxplot(data=df_converted[numeric_cols])
plt.xticks(rotation=90)#旋转 x 轴标签，以便于阅读
plt.title('Boxplots of Numeric Columns After Conversion Attempt')
plt.show()
```

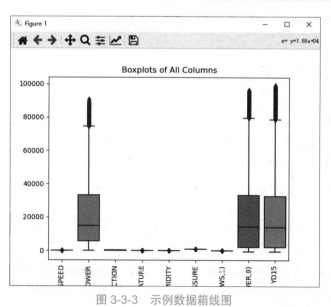

图 3-3-3 示例数据箱线图

（3）定义离群值的判断标准，通常 seaborn 库使用 IQR 方法，默认是 1.5 倍的四分位距，如下所示。

```
# 计算并处理离群值
Q1 = df_converted[numeric_cols].quantile(0.25)
Q3 = df_converted[numeric_cols].quantile(0.75)
IQR = Q3 - Q1
lower_bound = Q1 - 1.5 * IQR
upper_bound = Q3 + 1.5 * IQR
```

（4）返回离群值所在的行，通过 isin()函数创建一个布尔掩码，该掩码指示了原始数据框 df 中哪些行的索引存在于离群值数据框 outliers 的索引中。然后，使用波浪线~对这个掩码取反，这样就可以筛选出那些不在离群值列表中的行，最后用这个布尔索引从原始数据框中筛选出没有离群值的行，得到一个"清洗"后的数据框 df_cleaned，如下所示。

```
# 找到离群值所在的行
outliers = df_converted[(df_converted[numeric_cols] < lower_bound )|
(df_converted[numeric_cols] > upper_bound)]
# 找到离群值所在的行（注意，这里的结果是一个新的 DataFrame,不会改变原始 df）
outliers = df[(df[numeric_cols] < lower_bound) | (df[numeric_cols] >
upper_bound)]
print(outliers)
# 为了从原始数据框(df)中移除这些行，我们首先创建一个布尔掩码，标识出哪些行在'outliers'中
mask = df.index.isin(outliers.index)
# 使用这个掩码删除原始数据框中的对应行
df_cleaned = df[~mask]
```

步骤五　重复项处理

对每一行的数据进行排查，使用 pandas 库的 drop_duplicates()函数，删除 DataFrame 中完全重复的行（基于所有列考虑）。

```
# 删除完全重复的行，保留第一次出现的行
drop_df = df.drop_duplicates()
```

这段代码会遍历 DataFrame 中的每一行，比较所有列的值，如果发现有完全相同的行，则根据 drop_duplicates()函数的参数决定保留或删除。默认情况下，它会保留每个重复组的第一个实例（即第一次出现的行），如果想删除所有重复行，可以设置 keep=False。

步骤六　数据格式标准化

对代表日期的、名为 DATATIME 的列，从 1/10/2021 这种类型的数据转换成时间戳的格式，完成数据格式标准化。

（1）对名为 DATATIME 的列使用 pd.to_datetime()函数将字符串转换为 pandas 的 DateTime 对象，其中 format 参数指定了日期字符串的格式，如下所示。

```
# 设置日期解析格式，以匹配你的日期字符串格式
date_format = "%d/%m/%Y %H:%M:%S"
# 将'DATATIME'列转换为日期时间格式
```

```
df['DATATIME'] = pd.to_datetime(df['DATATIME'], format=date_format)
```

（2）直接使用.astype(np.int64)/.view(np.int64)来获取纳秒级时间戳，然后除以 10 的 9
次方来转换为秒。时间戳（Timestamp）是一种表示时间的方式，通常是从一个特定的参考
时间点（如 1970 年 1 月 1 日 00:00:00 UTC，被称为 UNIX 纪元）以来的秒数或毫秒数。时
间戳在全球范围内统一，不依赖于时区，因此在计算机系统和网络通信中被广泛应用。

```
# 将日期时间格式转换为时间戳（单位：秒）
df['TIMESTAMP'] = df['DATATIME'].view(np.int64) // 10**9
```

（完整代码请参考本书配套资源中的"人工智能数据服务/工程代码/任务 3-3/
clean01.py"）

步骤七　矛盾数据处理

（1）在 power_data.xlsx 中各数据的含义如下：
① DATATIME：数据记录的时间。
② WINDSPEED：风速，单位为米/秒（m/s）。
③ PREPOWER：预估功率，根据风速等条件预测的能源输出。
④ WINDDIRECTION：风向，用度数表示。
⑤ TEMPERATURE：温度，单位为摄氏度（℃）。
⑥ HUMIDITY：湿度，通常以百分比表示。
⑦ PRESSURE：气压，单位为百帕（hPa）。
⑧ ROUND(A.WS,1)：对风速进行了四舍五入到小数点后一位的操作。
⑨ ROUND(A.POWER,0)：对预估功率进行了四舍五入到整数的操作。
（2）定义矛盾数据。矛盾数据可以是逻辑上的不合理，如温度低于绝对零度（-273.15℃），
风速为负值，或者在特定条件下（如风速极低）预估功率异常高。此外，如果存在重复的
DATATIME 但其他数值不一致，也可能是数据录入错误。
（3）探索性数据分析（EDA）。使用 pandas 库进行初步的数据探索，检查数据的基本
统计信息和分布情况，寻找异常值，识别矛盾数据，如下所示。

```
import pandas as pd
import numpy as np
# 指定 Excel 文件的路径
excel_file_path = './power_data.xlsx'
df = pd.read_excel(excel_file_path)
print(df)
```

① 检查不合理范围。
● 温度：确保所有温度都在合理范围内（如大于-273.15℃）。
● 风速：风速应为正数，且在合理范围内（根据测量设备，通常最大值不会超过特定
　值，如 70m/s）。
● 预估功率：根据风速与预估功率之间的关系，识别异常高的功率值。

② 检查数据一致性。

- 重复 DATATIME：检查是否有重复的时间戳记录且数据不一致。
- 逻辑一致性：如风向和风速之间的一致性（极端风向变化伴随风速变化）。

（4）编写代码进行矛盾数据处理。

① 清理不合理范围数据，如下所示。（完整代码请参考本书配套资源中的"人工智能数据服务/工程代码/任务 3-3/ clean02.py"）

```
# 温度不能低于-273.15°C
df = df[df['TEMPERATURE'] >-273.15]
# 风速不能为负
df = df[df['WINDSPEED'] >= 0]
# 根据实际情况设定风速上限，例如 70m/s
df = df[df['WINDSPEED'] <= 70]
```

② 处理重复时间戳，如下所示。

```
df.drop_duplicates(subset='DATATIME',keep='first',inplace=True)
```

任务小结

本任务学习了如何使用 pandas 进行导入数据、缺失值处理、重复项处理、异常值处理和数据格式标准化，从而实现了数值类数据清洗的任务。通过系统地学习和应用这些技能，可以为各行业的原始数据提供更加精准和高效的数据清洗手段，满足高质量数据应用的需求。

练习思考

练习题及答案与解析

实训任务

（1）请简要解释什么是缺失值处理，并说明它在数据分析中的重要性。（难度系数*）

（2）从销售预测、客户流失分析、信用评分和推荐系统中，选择一个你感兴趣的应用场景，并说明该场景中缺失值处理的具体应用。（难度系数**）

（3）下载一个包含销售数据的数据集，对该数据集进行缺失值处理，确保没有缺失值存在。（难度系数***）

（4）下载一个包含用户行为数据的数据集，对该数据集进行异常值处理、重复项处理、数据格式标准化及矛盾数据处理，并记录你的处理过程和理由。（难度系数***）

拓展提高

在本书配套资源相应任务中的"拓展提高"文件夹中，提供了风电数据，要求对该数据集进行异常值处理、重复项处理、数据格式标准化及矛盾数据处理。

任务 3.4　数据增广

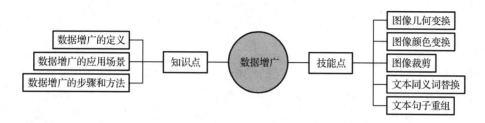

任务导入

数据增广是现代数据处理的关键环节。无论是在机器学习的模型训练中，还是在大数据分析的过程中，数据的丰富性和多样性都至关重要。然而，真实世界中的数据往往有限，不足以满足各种算法的需求。因此，我们需要通过数据增广技术来扩展数据集，以提供更加全面和准确的信息。

任务描述

本任务将提供 5 张图像和 5 段文本，利用 Python，完成图像和文本数据的增广。图像数据样本如图 3-4-1 所示。

图 3-4-1　图像数据样本

文本数据：
今天天气不错，出去走走吧。
明天早上的会议，记得提前做好准备。
我在超市买苹果，顺便带瓶果汁回家。
新买的裙子真合身，穿上它心情都好了。
她说电影很好看，推荐你也去看看。
同义词组：
不错　很好　很棒　真好
出去　出门　出发　出走
走走　散步　运动　放松
早上　早晨　清晨　上午
顺便　趁便　趁机　顺带

提前 提早 预先 趁早
合身 称身 合适 适合
推荐 引荐 介绍 推举

知识准备

3.4.1 数据增广的定义

数据增广（Data Augmentation）是机器学习和深度学习领域中的一种重要技术，它通过对原始数据进行多样化的变换和处理，生成新的数据样本，以扩充训练数据集。数据增广旨在提高模型的泛化能力，改善性能，并降低过拟合的风险，尤其对于数据量有限的情况下尤为重要。

数据增广技术可以分为图像数据增广和文本数据增广两大类，针对不同类型的数据有各自特定的方法。

3.4.2 数据增广的应用场景

数据增广具有广泛的应用场景，包括机器学习、计算机视觉、自然语言处理及大数据分析等。

在机器学习领域，数据增广能够显著增强模型的泛化能力。尤其是在处理图像、音频等复杂数据时，通过数据增广技术生成更多的训练样本，模型能够学习到更多样化的数据分布，从而在面对未知数据时表现更加稳健。

在计算机视觉领域，数据增广对于图像识别、目标检测等任务至关重要。通过旋转、缩放、裁剪等图像变换手段，数据增广能够扩充图像数据集，提升模型对于不同角度、不同尺度的目标的识别能力。

在自然语言处理领域，数据增广同样发挥着重要作用。通过同义词替换、随机插入、随机删除等文本变换方法，数据增广能够生成更多样的文本数据，帮助模型更好地理解和处理语言信息。

在大数据分析领域，数据增广也能够帮助我们挖掘更多隐藏在数据中的信息和规律。通过扩展数据集，我们可以运用更复杂的算法和模型来揭示数据之间的关联和趋势，为决策提供更有力的支持。

3.4.3 数据增广的方法

数据增广是扩展数据集、提升模型性能的重要方法。在图像处理中，可以通过旋转、缩放、裁剪等几何变换，以及添加噪声等方式，生成新的图像样本。在自然语言处理领域，同义词替换、句子重组等操作也能有效增广文本数据。此外还有数据混合、使用外部数据源等方法。这些方法可以单独或组合使用，根据具体任务和数据集特点选择合适的方法，以增强模型的泛化能力。但需注意，增广过程中可能引入噪声或偏差，需权衡使用。

1. 图像数据增广

图像数据增广是指通过对原始图像进行一系列变换和处理，生成具有多样性的新图像样本。图像数据增广可以有效改善模型在图像识别、检测、分割等任务中的性能，是深度学习和计算机视觉领域常用的策略之一。图像数据增广主要包括以下几种。

（1）几何变换：几何变换是图像数据增广中常用的方式之一，包括旋转、翻转、缩放和平移等操作。

旋转操作围绕图像中心点进行旋转，这有助于让模型学习不同角度下的物体特征，提高旋转不变性。翻转操作则可以水平或垂直翻转图像，帮助模型学习对称性和不同视角下的物体识别。缩放操作调整图像大小，包括放大和缩小，使模型能够适应不同尺度的输入。而平移操作将图像沿水平或垂直方向进行平移，有助于模型学习物体在不同位置的外观特征。

（2）颜色变换：主要关注图像的色彩属性，通过调整图像的亮度、对比度、饱和度和色调等，可以生成色彩变化丰富的图像样本。这种变换有助于模型对光照条件、拍摄设备等因素的变化更具有鲁棒性。

改变亮度是通过增加或减少图像的亮度来使模型更鲁棒地应对光照变化，从而提高模型的泛化能力。对比度调整则可以调整图像中像素之间的对比度，有助于突出图像中的细节信息，进而提升模型对图像细节的识别能力。饱和度调整涉及增加或降低图像的饱和度，从而改变图像的色彩鲜艳程度，增加图像样本的多样性。此外，应用滤镜，如模糊、锐化等效果，也能增加图像的多样性，并提高模型的泛化能力。

（3）裁剪和填充：图像数据增广中常用的技术手段，能够有效地扩展训练数据集，提高模型的泛化能力和鲁棒性。

裁剪操作可以随机或规则地裁剪图像的一部分，从而模拟不同尺度下物体出现的情况，帮助模型适应不同尺寸的输入。随机裁剪可以在训练过程中多次对图像进行随机裁剪，使模型能够学习到物体在不同位置的特征，增加模型对物体位置变化的适应能力。规则裁剪则可以按照固定的比例或位置裁剪图像，以生成特定尺寸或比例的训练样本，有助于训练模型在特定场景下取得更好的效果。

填充操作则是在图像周围填充像素，用来扩展图像的大小或调整图像的长宽比例。填充操作可以根据需要在图像的边缘或周围填充像素值，使得输入图像尺寸统一，有利于模型的训练和推理。填充还可以用来调整图像的长宽比例，使得模型能够处理不同长宽比例的输入图像，增加模型的适应性。

（4）添加噪声：噪声是指图像或信号中的随机扰动，它可以由多种因素引起，如传感器本身的噪声、信号传输过程中的干扰、环境因素等。在图像处理领域，噪声通常表现为使图像中出现不希望的、随机分布的像素值变化，从而影响了图像的质量和信息内容。

添加噪声是图像数据增广中的常用一种技术手段，它有助于提高模型的鲁棒性，使其更好地适应真实世界中的噪声环境。

通过添加高斯噪声、椒盐噪声或其他噪声，可以使模型更好地适应复杂的真实场景，提高其对噪声的容忍度和抗干扰能力，从而在实际应用中表现得更加稳定和可靠。

2. 文本数据增广

文本数据增广是指通过多种方式对原始文本数据进行变换和扩展，以生成更多样化、更丰富的训练数据，其意义在于扩大训练数据的规模和多样性，帮助模型更好地学习数据的特征和模式，提高模型在真实场景下的性能表现。通过应用适当的文本数据增广技术，可以有效改善模型的表现，并且降低过拟合的风险，从而提升模型的泛化能力和应用效果。

常用的文本数据增广技术包括以下几种。

（1）同义词替换：同义词是指在特定语境中具有相同或非常相似含义的词语，它们可以互换使用而不改变句子的意思。换句话说，同义词是在表达概念或含义上相近或相似的词语。这些词语之间可能存在一定的差异，如在语气、情感色彩或使用场景上有所区别，但总体而言它们可以替代彼此，并在语言表达中起到类似的作用。同义词的存在丰富了语言的表达方式，同时也为文本理解和信息处理提供了更多的选择和灵活性。

（2）句子重组：句子重组也是一种文本数据增广技术，其通过对句子中的词语顺序进行随机调整，生成新的句子变体，从而扩充数据集。这一方法旨在增加训练样本的多样性，帮助模型更好地理解不同词语之间的关联和语境，提高其泛化能力和性能表现。

在句子重组过程中，词语的顺序被打乱，但句子的语义信息仍然得以保留。这种方式可以有效地引入新的句子结构和表达形式，让模型更好地适应各种语言组织方式，提升其对句子结构和语法规则的理解能力。同时，句子重组也有助于模型学习更广泛的语言模式，从而提高其在自然语言处理任务中的鲁棒性和表现效果。

（3）添加噪声：在文本数据处理中，噪声可以表现为各种形式的干扰或错误，包括但不限于拼写错误、打字错误、语法错误、标点符号错误等。这些噪声可以在文本数据中引入不同程度的混乱和变异，反映了实际场景中文本数据的多样性和复杂性。

任务实施

数据增广的任务工单如下 3-4-1 所示。

表 3-4-1　任务工单

班级：		组别：	姓名：	掌握程度：
任务名称	基于 OpenCV 和 jieba 的图像和文本数据增广			
任务目标	生成与原数据不同的图像和文本数据			
工具清单	Anaconda、Python、PyCharm、OpenCV、jieba			
操作步骤	图像数据增广： 步骤一：任务环境配置：配置 Anaconda 环境 步骤二：导入数据：使用 opencv 读取图像数据 步骤三：图像几何变换：使用 opencv 对图像做旋转 步骤四：图像颜色变换：使用 opencv 改变图像颜色空间 步骤五：图像裁剪：使用 opencv 裁剪图像 文本数据增广： 步骤一：导入数据：使用 python 读取文本数据 步骤二：文本同义词替换：使用 jieba 库替换句子中的同义词 步骤三：文本句子重组：使用 python 重组句子			
考核标准	生成与原数据相关的图像和文本数据			

3.4.4　图像数据增广实战

步骤一　环境准备

（1）在 Widnows 的"开始"菜单中找到 Anaconda3 下的 Anaconda Prompt，如图 2-1-3 所示，单击打开 Anaconda Prompt 终端。

（2）配置所需模块。

激活虚拟环境：conda activate dataProcessing 。

安装 opencv-python 模块：

pip install opencv-python -i https://pypi.tuna.tsinghua.edu.cn/simple

安装 jieba 模块：

pip install jieba -i https://pypi.tuna.tsinghua.edu.cn/simple

安装 gensim 模块：

pip install gensim -i https://pypi.tuna.tsinghua.edu.cn/simple

注意使用 Pycharm 时切换环境为 dataProcessing 环境，操作方法如图 2-1-10 所示。

步骤二　导入数据

（1）准备好环境之后，在 PyCharm 中使用准备好的 Anaconda 虚拟环境，并在当前的工程目录下，创建 data 文件夹用于存放图像增广项目需要用到的图像数据，将要处理的图像数据保存到 data 文件夹，并依次命名为 img（1）、img（2）、img（3）、img（4）、img（5），如图 3-4-2 所示。

图 3-4-2　创建 data 文件夹并保存图像文件

（2）在 PyCharm 当前工程目录下创建 imageAug.py 文件，然后导入需要用到的 OpenCV 库（cv2）和操作系统库（os）。

（3）使用 os 和 OpenCV 库尝试读取 data 文件夹下的所有图像并依次展示，首先获取文件夹下所有后缀名为.jpg、.png、.jpeg 的文件名，代码如下所示。

```
import cv2
import os
images = []
for f in os.listdir('./data'):
    if os.path.isfile(os.path.join('./data', f)) and f.endswith(('.png',
'.jpg','.jpeg')):
        images.append(os.path.join('./data', f))
        print(images)
```

（4）循环每个图像文件，使用 OpenCV 库读取并展示，等待指定的按键事件展示下一张或退出展示，如下所示。

```python
for image_name in images:
    # 读取图像
    img = cv2.imread(image_name)
    if img is None:
        print(f"无法读取图像：{image_name}")
        continue
    # 显示图像
    cv2.imshow("Image",img)
    # 等待用户按键，按任意键显示下一张，q 键退出循环
    key = cv2.waitKey(0) & 0xFF
    if key == ord('q'):
        break
```

步骤三　图像几何变换

使用 os 和 OpenCV 库读取指定文件夹下的所有图像，并对每张图像进行几何变换（如旋转），然后将增广后的图像保存回同一文件夹。

（1）导入必要的库并设置工作目录。首先导入 OpenCV 库（cv2）和操作系统库（os），用于图像处理和文件操作。接着，定义目标文件夹路径，确保脚本知道从哪里读取图像以及将处理后的图像保存在哪里，如下所示。

```python
import cv2
import os
# 指定文件夹路径
folder_path ='data'
```

（2）遍历文件夹中的所有图像文件。通过 os.listdir()函数获取指定文件夹下的所有文件名，然后通过循环遍历这些文件名，筛选出需要处理的图像文件，如下所示。

```python
# 确保文件夹存在
if not os.path.exists(folder_path):
    print("文件夹不存在，请检查路径")
    exit()

# 旋转角度，这里以 45 度为例
rotation_angle = 45

# 遍历文件夹中的所有文件
for filename in os.listdir(folder_path):
    # 检查是否为图像文件
    if filename.endswith(".jpg")or filename.endswith(".png"):    # 可根据实际
```
情况添加更多图像格式

```
# 构建完整的文件路径
image_path = os.path.join(folder_path,filename)
```

（3）读取图像并获取其尺寸。使用 OpenCV 库的 cv2.imread()函数读取每个图像文件，并通过.shape 属性获取图像的高度和宽度，这些信息对于后续的图像处理操作至关重要，如下所示。

```
# 读取图像
img = cv2.imread(image_path)
if img is None:
    print(f"无法读取图像：{image_path}")
    continue
# 获取图像尺寸
height,width = img.shape[:2]
```

（4）执行图像几何变换（以旋转为例）。使用 OpenCV 库对图像进行旋转处理。首先，计算旋转中心点，然后基于该点和指定的角度生成旋转矩阵，最后使用 cv2.warpAffine()函数应用旋转，如下所示。

```
# 计算旋转中心点
center = (width // 2,height // 2)
# 旋转矩阵
rotation_matrix = cv2.getRotationMatrix2D(center, rotation_angle, 1.0)
# 执行旋转
rotated_img = cv2.warpAffine(img, rotation_matrix, (width,height))
```

（5）保存变换后的图像。为每张变换后的图像创建一个新的文件名，并使用 cv2.imwrite()函数将其保存回原始文件夹中，新文件名通过添加前缀来区分于原图，如下所示。

```
        # 构建新的文件名，这里简单地在原文件名前加上"rotated_"
        new_filename = "rotated_"+filename
        # 保存旋转后的图像到同一文件夹
        new_image_path = os.path.join(folder_path,new_filename)
        cv2.imwrite(new_image_path,rotated_img)
        print(f"图像已保存：{new_image_path}")
print("所有图像处理完成。")
```

几何变换后的图像数据如图 3-4-3 所示。

图 3-4-3　几何变换后的图像数据

步骤四　图像颜色变换

（1）导入必要的库并设置工作目录，参照步骤三。

（2）遍历文件夹中的图像文件。使用 os.listdir()函数获取指定文件夹中的所有文件名，并筛选出图像文件进行处理。

（3）读取图像并进行颜色空间变换。这里以将图像转换为灰度（GRAY）为例进行颜色空间变换，也可以选择其他颜色空间进行变换，如 HSV、YCrCb 等，如下所示。

```
img = cv2.imread(image_path)
if img is not None:
    gray_img = cv2.cvtColor(img,cv2.COLOR_BGR2GRAY)
```

（4）保存变换后的图像。为变换后的图像创建新的文件名，并保存回原文件夹，如下所示。

```
base,ext = os.path.splitext(filename)
new_filename = f"{base}_gray{ext}"
new_image_path = os.path.join(folder_path, new_filename)
cv2.imwrite(new_image_path, gray_img)
print(f"图像已保存：{new_image_path}")
```

颜色变换后的图像数据如图 3-4-4 所示。

图 3-4-4　颜色变换后的图像数据

步骤五　图像裁剪

（1）导入必要的库并设置工作目录。

（2）定义裁剪区域。这个步骤需要决定如何裁剪图像。这通常涉及到定义裁剪的起始点（x,y）坐标，以及裁剪区域的宽度和高度。此处定义从图像的左上角开始，裁剪出图像的一半宽度和一半高度，但这可以根据需要调整，如下所示。

```
def calculate_crop_dimensions(image_height,image_width):
    crop_height = image_height // 2
    crop_width = image_width // 2
    return (0, 0, crop_width, crop_height)
```

```
def crop_image(image):
    h,w = image.shape[:2]
    crop_dims = calculate_crop_dimensions(h,w)
    return image[crop_dims[1]:crop_dims[1] + crop_dims[3], crop_dims[0]:
crop_dims[0] + crop_dims[2]]
```

（3）遍历文件夹中的图像文件。使用 os.listdir()函数获取指定文件夹中的所有文件，筛选出需要处理的图像文件，并逐个读取、裁剪、保存，如下所示。（完整代码请参考本书配套资源中的"人工智能数据服务/工程代码/任务 3-4/ imageAug.py"）

```
for filename in os.listdir(folder_path):
    if filename.endswith(('.jpg','.png','.jpeg')):
        image_path = os.path.join(folder_path,filename)
        img = cv2.imread(image_path)
        if img is not None:
            cropped_img = crop_image(img)
            base,ext = os.path.splitext(filename)
            new_filename = f"{base}_cropped{ext}"
            new_image_path = os.path.join(folder_path,new_filename)
            cv2.imwrite(new_image_path,cropped_img)
            print(f"图像已裁剪并保存：{new_image_path}")
        else:
            print(f"无法读取图像：{image_path}")
```

裁剪后的图像数据如图 3-4-5 所示。

图 3-4-5　裁剪后的图像数据

3.4.5　文本数据增广实战

步骤一　导入数据

（1）准备好环境之后，在 PyCharm 中使用准备好的 Anaconda 虚拟环境，并在当前的工程目录下，创建 txt_data 文件夹用于存放文本增广项目需要用到的 txt 文件，将要处理的 txt 文件保存到 txt_data 文件夹，如图 3-4-6 所示。

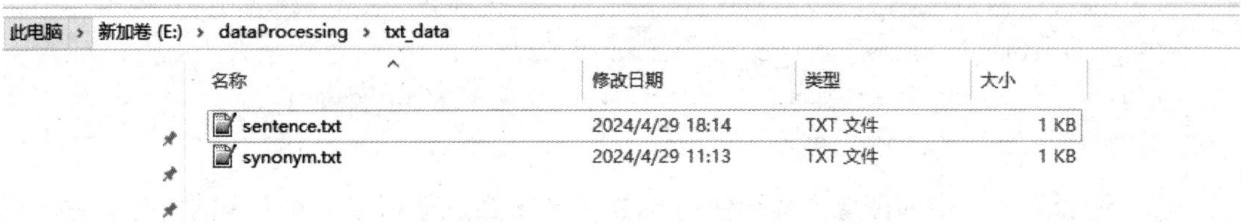

此电脑 > 新加卷 (E:) > dataProcessing > txt_data			
名称	修改日期	类型	大小
sentence.txt	2024/4/29 18:14	TXT 文件	1 KB
synonym.txt	2024/4/29 11:13	TXT 文件	1 KB

图 3-4-6 创建 txt_data 文件夹并保存 txt 文件

（2）在 PyCharm 当前工程目录下创建 textAug.py 文件，然后导入需要用到的 jieba 库、gensim 库、numpy 库和 scikit-learn 库，如下所示。

```
import jieba
from gensim.models import Word2Vec
import numpy as np
from sklearn.metrics.pairwise import cosine_similarity
```

步骤二 同义词替换

（1）读取 sentence.txt 文件中的 5 个句子，保存到列表中用于后续文本数据增广操作，如下所示。

```
contents = []
with open('./txt_data/sentence.txt','r',encoding='utf-8') as file:
    content = file.read()
    contents.extend(content.split('\n'))
print(contents)
```

其中，with open('./txt_data/sentence.txt', 'r', encoding='utf-8') as file 这句代码使用 with 语句以只读模式('r')和 UTF-8 编码打开位于./txt_data/目录下的 sentence.txt 文件。这样可以确保文件在操作完成后会被正确关闭，即使在读取过程中发生异常也是如此。split()方法可以按照指定字符分割字符串，默认为空格。

（2）读取 synonym.txt 文件中的所有同义词组，保存到列表中用于后续文本数据增广操作，如下所示。

```
synonym_list = []
with open('./txt_data/synonym.txt','r',encoding='utf-8') as file:
    content = file.read()
    for i in content.split('\n'):
        synonym_list.append(i.split())
print(synonym_list)
```

（3）遍历句子列表和同义词组列表，针对每个输入句子，先进行分词处理，再查找每个词语在预定义的同义词列表中的同义词，并生成该句子的所有可能的同义词替换版本。最后，将所有这些增强后的句子收集起来，保存在列表中用于后续进一步操作，如下所示。

```
augmented_data = []
for sentence in contents:
    phrase = jieba.lcut(sentence)
    augmenting_sentences = []
    id1=[]
    id2=[]
    for p in phrase:
        for synonym in synonym_list:
            if p in synonym:
                id2.append(synonym_list.index(synonym))
                id1.append(phrase.index(p))
    # print(id1,id2)
    for id in range(len(id1)):
        for synonym in synonym_list[id2[id]][1:]:
            phrase[id1[id]] = synonym
            augmenting_sentences.append(''.join(phrase))
    augmented_data.append(augmenting_sentences)
print(augmented_data)
```

其中，phrase = jieba.lcut(sentence)使用 jieba 库对句子进行分词，生成词语列表 phrase。

（4）定义函数 preprocess(sentences)用于对原始文本进行分词处理。利用 jieba 分词库将每个句子切分成单词列表，如下所示。

```
#数据预处理，分词
def preprocess(sentences):
    return [list(jieba.cut(sentence))for sentence in sentences]
```

（5）定义函数 sentence_vector(model, words)用于计算给定单词列表（代表一个句子）的向量表示。首先筛选出模型中已知的单词，然后对这些单词的词向量求平均，得到句子向量。如果模型中没有句子中的任何单词，则返回一个零向量，这种方法简单直观，如下所示。

```
# 计算句子向量（简单平均）
def sentence_vector(model, words):
    words_known = [word for word in words if word in model.wv]
    if not words_known:
        return np.zeros(model.vector_size)
    vector = np.zeros(model.vector_size)
    for word in words_known:
        vector += model.wv[word]
    return vector / len(words_known)
```

（6）调用 preprocess(contents)函数对原始文本内容 contents 进行分词处理，得到分词后的句子列表 tokenized_sentences，如下所示。

```
# 预处理文本
tokenized_sentences = preprocess(contents)
```

（7）使用 Gensim 的 Word2Vec 类训练一个词向量模型。参数包括 sentences=tokenized_sentences 指定训练数据，window=5 设置上下文窗口大小，min_count=1 表示最小词频，workers=4 指定并行计算的线程数。此步骤旨在学习单词间的上下文关系，生成高质量的词向量，如下所示。

```
# 训练 Word2Vec 模型
model = Word2Vec(sentences=tokenized_sentences, window=5, min_count=1,
workers=4)
```

（8）计算相似度并筛选输出。先开启一个文件写入流，准备将结果写入到 augmentation_sentence.txt 文件中。对于 contents 中的每个句子 sentence_1，首先写入原句，遍历与之对应的增强数据 augmented_data[id]中的每个句子 sentence_2，计算这两个句子的向量表示，并使用 cosine_similarity()函数计算它们的余弦相似度。如果相似度大于等于 0.8（设定的阈值），则将 sentence_2 写入文件，如下所示。这个过程是为了筛选出与原始句子相似度高的增强句子，可能用于数据增强、相似内容识别等目的。

```
with open('./txt_data/augmentation_sentence.txt', 'w', encoding='utf-8')as
file:
    # 计算两个句子的相似度
    for id in range(len(contents)):
        sentence_1 = contents[id]
        file.write(sentence_1 + '\n')
        for sentence_2 in augmented_data[id]:
            sentence_1_vec = sentence_vector(model,sentence_1)
            sentence_2_vec = sentence_vector(model,sentence_2)
            # 使用 cosine_similarity 计算相似度
            similarity = cosine_similarity([sentence_1_vec], [sentence_2_
vec])[0][0]
            if similarity >= 0.8:
                file.write(sentence_2 + '\n')
```

步骤三　句子重组

（1）读取 sentence.txt 文件中的 5 个句子，保存到列表中用于后续文本数据增广操作。

（2）定义一个名为 reverse_from_comma_and_remove_period()的函数，其主要目的是对输入的字符串执行特定的操作：找到第一个逗号的位置，然后将逗号前后的两部分交换位置，并去除所有句号，将其替换为逗号，如下所示。

其中，comma_index = s.find('，')这行代码用于查找字符串 s 中第一个中文逗号"，"的索引位置。如果找到了逗号，find()方法会返回逗号的索引；如果没有找到，则返回-1。

然后使用条件语句 if comma_index == -1 检查是否找到了逗号。如果没找到逗号，说明字符串中不包含逗号，这时直接用 replace('。', '，')将所有的句号（"。"）替换为逗号（"，"），然后返回修改后的字符串。这是因为没有逗号可交换，仅需替换句号即可。

```python
def reverse_from_comma_and_remove_period(s):
    # 找到第一个逗号的位置
    comma_index = s.find(', ')
    # 如果没有找到逗号，直接返回原字符串并去掉句号
    if comma_index == -1:
        return s.replace('。', ', ')
    # 分割字符串，然后互换前后部分
    before_comma = s[:comma_index]
    after_comma = s[comma_index + 1:]
    result = after_comma + before_comma
    # 去掉结果中的句号
    result_without_period = result.replace('。', ', ')
    return result_without_period
```

当找到逗号时，代码执行以下操作：

- before_comma = s[:comma_index]：截取逗号前的部分；
- after_comma = s[comma_index + 1:]：从逗号之后的字符开始截取至字符串末尾；
- result = after_comma + before_comma：将逗号后的部分与逗号前的部分交换位置并合并成新的字符串。

由于交换后可能原先在后面的句号现在位于了其他位置，result_without_period = result.replace('。', ', ')这行代码确保了所有原本的句号都被替换为逗号，统一字符串的标点符号使用。

在循环中，对于 contents 列表中的每个字符串 i，调用 reverse_from_comma_and_remove_period(i)函数处理后，打印出处理后的字符串 output_str。

（3）将处理后的字符串写入到一个名为 recombination_sentence.txt 的文件中。（完整代码请参考本书配套资源中的"人工智能数据服务/工程代码/任务 3-4/ textAug.py"）

```python
with open('./txt_data/recombination_sentence.txt','w', encoding='utf-8') as file:
    for i in contents:
        output_str = reverse_from_comma_and_remove_period(i)
        file.write(output_str + '\n')
        print(output_str)
```

任务小结

本任务学习了如何使用 OpenCV 库进行图像的几何变换、颜色变换和图像裁剪操作，以及使用 jieba 库和 gensim 库进行文本的同义词替换和句子重组操作，从而实现图像和文本的增广任务。通过系统地学习和应用这些技能，可以为各行业提供数据扩增手段，满足不同领域的需求。

练习思考

练习题及答案与解析

实训任务

（1）请简要解释什么是图像几何变换，并说明它在图像处理中的作用。（难度系数*）

（2）从图像增强、医学图像处理、目标检测和图像检索中，选择一个你感兴趣的应用场景，并说明该场景中图像颜色变换的具体应用。（难度系数**）

（3）下载一段中文文本，对其进行同义词替换和句子重组，以生成新的文本版本。（难度系数***）

拓展提高

在本书配套资源相应任务中的"拓展提高"文件夹中，提供了图像和文本类型的文件，使用 Python 对文件进行增广，生成 3 倍的增广文件。

任务 3.5 特征工程

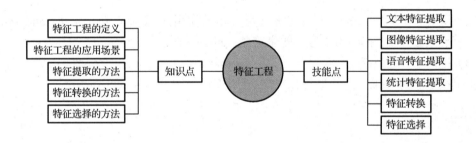

任务导入

特征工程是机器学习模型构建的关键环节。无论是图像识别中的像素值、声音分析中的频谱特征，还是金融预测中的市场指标，特征工程都发挥着至关重要的作用。这些原始数据本身可能复杂且难以理解，但正是通过特征工程，我们能够从中提取出有意义的信息，将其转化为模型能够利用的特征。然而，计算机模型并不能像人类专家那样直接理解这些原始数据的内在含义。它们需要明确、量化的特征输入，以便进行有效的学习和预测。因此，特征工程的任务就是将原始数据转换为模型能够理解的格式和结构。

本任务将从 Scikit-learn 的内置数据集中加载鸢尾花数据集，以及一些随机生成的数据集，利用 Python 的 pandas 模块，完成数据的特征提取。

3.5.1　特征工程的定义

特征工程是指在机器学习和数据科学中，利用领域知识和数据分析技术对原始数据进行转换、提取和选择，以创建能够有效训练机器学习模型的特征集的过程。特征工程包括数据清洗、特征提取、特征转换及特征选择等步骤，通过这些步骤，可以将原始数据转换为更具代表性和可解释性的特征集，有助于机器学习模型更准确地捕捉数据的模式和规律，从而提高模型的预测能力和鲁棒性。

在特征工程的实践中，数据科学家需要针对具体的问题领域和数据特点，精心设计特征工程流程，以确保所构建的特征集能够最大程度地表达数据的特征和规律。特征工程的目标是通过对数据进行合理的加工和转换，提取出对模型预测有重要影响的信息，并剔除对模型预测无益或冗余的信息，从而提高机器学习模型的效率。因此，特征工程在整个机器学习任务中占据着至关重要的地位，它直接影响着模型的性能和预测能力，是数据科学中不可或缺的环节。通过精心设计的特征工程流程，数据科学家可以充分挖掘数据潜在的信息和规律，为机器学习模型的训练和应用提供更加可靠和有效的特征表示。

3.5.2　特征工程的应用场景

特征工程在机器学习、自然语言处理、图像处理、时间序列分析、金融风控、推荐系统及医疗健康等领域具有广泛的应用场景。

（1）机器学习：特征工程是构建高效模型的关键步骤。通过对原始数据进行清洗、转换和特征选择，特征工程能够提取出对模型训练有重要影响的特征，从而提高模型的预测准确性和泛化能力。无论是图像分类、语音识别还是时间序列预测，特征工程都能为机器学习模型提供更好的输入，使其在处理复杂任务时更加高效和准确。

（2）自然语言处理：在文本分类、情感分析、命名实体识别等任务中，特征工程涉及文本分词、词袋模型构建、TF-IDF 特征提取、词嵌入表示等操作，以提取文本数据中的信息并转换为机器学习可用的特征。

（3）图像处理：在图像识别、目标检测、图像分割等任务中，特征工程涉及图像预处理、特征提取、特征编码等操作，以将图像数据转换为适合机器学习算法处理的特征表示。

（4）时间序列分析：在股票预测、交通流量预测、天气预报等任务中，特征工程涉及时间序列数据的滑动窗口、滞后特征、季节性特征等构建，以捕捉数据的周期性和趋势。

（5）金融风控：在信用评分、欺诈检测等任务中，特征工程涉及对客户信息、交易记录等数据进行特征构建和组合，以提高风险预测和决策的准确性。

（6）推荐系统：通过对用户的兴趣偏好、历史行为、社交关系等数据进行特征提取和分析，特征工程能够构建出精确的用户画像，为推荐算法提供更准确的目标用户群体。这有助于提升推荐系统的推荐效果，提高用户满意度和转化率。

（7）医疗健康：在医学影像分析、疾病诊断等任务中，特征工程涉及医疗数据的特征提取、特征选择、特征转换等操作，以辅助医生进行诊断和治疗。

3.5.3 特征提取

特征提取的目标是从原始数据中提炼出最具代表性和信息丰富的特征，以便为机器学习模型提供有效的输入。特征提取的过程可以帮助减少数据维度、消除噪声、突出数据中的重要信息，并为后续的模型训练提供更有意义的特征表示。在实际应用中，特征提取通常需要结合领域知识和数据分析技巧，以确保提取的特征能够最大程度地反映数据的特性。

在特征提取过程中，常用的方法包括基于统计学的特征提取、基于信息论的特征选择，以及基于领域知识的特征构建等。统计学方法可以通过计算数据的均值、方差、相关性等统计指标来提取特征，如 PCA（主成分分析）可以用来降低数据的维度并提取最具代表性的特征。信息论方法则可以利用信息增益、互信息等指标来选择对目标变量预测最具影响力的特征。此外，基于领域知识的特征构建可以结合专业领域的经验和见解，设计出符合实际场景需求的特征表示方式，从而提高模型的泛化能力和预测性能。

1. 文本特征提取

在文本数据处理中，特征提取是为了将文本数据转换成机器学习算法可以理解和处理的数字形式表示。常见的文本特征提取方法包括词袋模型和 TF-IDF 技术。

（1）词袋模型：词袋模型是一种简单但有效的表示方法，它将文本表示为词汇的集合，忽略了单词顺序和语法，只考虑词汇在文本中的出现频率。通过构建文档–词语矩阵，将每个文档表示为一个向量，其中每个元素代表相应词语在文档中出现的次数，从而实现文本特征的向量化表示。

（2）TF-IDF：TF-IDF（词频–逆文档频率）技术综合考虑了词频和文档频率两个因素。TF 指的是词频，即某个词在文档中出现的频率；IDF 指的是逆文档频率，用于衡量一个词的普遍重要性。TF-IDF 通过将词频和逆文档频率相乘来计算每个词的权重，突出在一个文档中频繁出现但在整个语料库中较少出现的词汇，从而更好地描述文本特征。TF-IDF 技术可以帮助区分文档之间的差异性，将注意力集中在那些具有辨别性的词语上，提高了文本特征的区分度。

2. 图像特征提取

在图像数据处理中，特征提取旨在从原始像素级数据中提取出能够描述图像内容的高级特征，以便机器学习算法能够更好地理解和处理图像信息。常见的图像特征提取方法包括颜色直方图、梯度直方图和纹理特征等。

（1）颜色直方图：颜色直方图是一种描述图像中颜色分布情况的统计特征。通过将图像中的像素按照颜色进行统计，生成不同颜色通道上的直方图，可以反映出图像中各种颜色的分布比例。颜色直方图在图像检索、图像分类等任务中具有重要作用，能够帮助区分不同类别的图像。

（2）梯度直方图：梯度直方图主要用于捕捉图像中的边缘信息。通过计算图像中每个像素点的梯度值和方向，然后对梯度进行统计，生成梯度直方图，可以揭示图像中边缘的分布情况和密集程度。梯度直方图在目标检测、图像分割等任务中发挥着重要作用，有助于提取图像中的结构信息。

（3）纹理特征：纹理特征是描述图像局部纹理变化的重要特征之一。纹理特征可以通过统计图像像素间的灰度差异、局部结构等信息来描述图像区域的纹理特性，帮助区分不同纹理风格的图像。在纹理识别、表面质地分析等领域，纹理特征的提取对于图像分类和识别具有重要意义。

3. 音频特征提取

在音频数据处理领域，特征提取旨在将原始声音信号转换为可供机器学习算法处理的高级特征表示。其中，频谱特征是最常用和有效的声音特征之一。通过对声音信号进行频谱分析，可以将声音信号在频域上进行表征，揭示声音中不同频率成分的强度和分布情况。

其中，Mel 频率倒谱系数（MFCC）是一种经典的频谱特征提取方法，被广泛应用于语音识别、音乐信息检索等领域。MFCC 的计算过程包括将声音信号分帧、加窗、进行傅里叶变换等步骤，最终提取出描述声音频谱特征的系数。MFCC 能够有效地捕捉声音信号的频谱特征，降低特征维度并保留了关键信息，使得声音数据能够被机器学习模型更好地理解和处理。

4. 统计特征提取

基本统计量：包括均值、中位数、众数、标准差、四分位数等。这些统计量能够提供数据的基本分布情况，有助于了解数据的集中趋势和离散程度。

频数分析：对于分类数据，可以统计各类别的频数或频率，以了解数据的分布情况。

相关性分析：使用相关系数（如皮尔逊相关系数）来分析不同列数据之间的线性关系。这有助于识别潜在的关联或趋势。

特征编码：对于分类数据，可以使用独热编码、标签编码等方法将其转换为数值型数据，以便进行后续的分析和建模。

在提取统计特征时，还需要注意数据的清洗和预处理工作，如处理缺失值、异常值、重复值等，以确保提取到的特征具有代表性和准确性。

3.5.4　特征转换

特征转换通过对原始数据进行变换和映射，可以使数据更适合用于模型训练。对数变换是常见的特征转换方法之一，特别适用于偏态分布数据，通过取对数可以将数据转换为近似正态分布，有助于减轻异常值对模型的影响，提高模型的鲁棒性。特征缩放可将特征值范围缩放到相似尺度，避免特征单位对模型性能造成负面影响。特征编码将非数值型特征转换为数值型特征，以便模型处理。

3.5.5　特征选择

特征选择是从已有的多个特征中选择出最相关、最有效的特征子集，使得系统的特定指标最优化。这是从原始特征中选择一些最有效的特征来降低数据集维度的过程，从而提高学习算法的性能。在进行特征选择时，通常考虑以下几个方面。

相关性是特征选择的一个核心考量因素。相关性指的是特征与目标变量之间的相关程度，选择与目标变量高度相关的特征可以提供更有力的预测能力。

特征的重要性也是特征选择的重要指标。一些机器学习模型（如决策树、随机森林）可以提供特征重要性排名，反映了不同特征对模型预测的贡献程度。通过分析特征重要性，可以优先保留对模型预测有显著影响的特征，同时剔除那些贡献较小或冗余的特征。

特征选择还需要考虑特征之间的相关性。当特征之间存在高度相关时，可能会引入多重共线性问题，影响模型的稳定性和解释性。因此，在进行特征选择时，需要注意剔除高度相关的特征，以避免模型过度依赖某些特征而降低泛化能力。

特征选择是通过精心筛选、评估和组合特征，提取最具信息量的特征子集，以降低模型复杂度，减少过拟合风险，并加快模型训练和推理速度。综合利用以上方法和技术，结合领域知识和数据特点，进行全面而有效的特征选择是提高机器学习模型性能的关键步骤。通过精心设计特征选择流程，可以提高模型的预测准确性、稳定性和解释性，从而更好地应用于实际问题中并取得良好的效果。

任务实施

特征提取的任务工单如表 3-5-1 所示。

表 3-5-1　任务工单

班级：		组别：		姓名：		掌握程度：
任务名称	基于 pandas 的特征工程					
任务目标	提取给定数据的特征					
工具清单	Anaconda、Python、PyCharm、pandas					
操作步骤	步骤一：任务环境配置：配置 Anaconda 环境 步骤二：文本特征提取：使用 scikit-learn 提取文本统计特征 步骤三：图像特征提取：使用 opencv 提取图像颜色特征 步骤四：语音特征提取：使用 librosa 提取语音统计特征 步骤五：统计特征提取：使用 pandas 提取数据统计特征 步骤六：特征转换：使用 pandas 和 scikit-learn 进行数据特征转化 步骤七：特征选择：使用 pandas 和 scikit-learn 进行数据统计选择					
考核标准	按照要求提取合适的特征					

3.5.6　特征工程实战

步骤一　任务环境配置

（1）在 Widnows 的"开始"菜单中找到 Anaconda3 下的 Anaconda Prompt，如图 2-1-3 所示，单击打开 Anaconda Prompt 终端。

（2）配置所需模块。

激活虚拟环境：conda activate dataProcessing 。

安装 scikit-learn 模块：

pip install scikit-learn -i https://pypi.tuna.tsinghua.edu.cn/simple

安装 pandas 模块：

pip install pandas -i https://pypi.tuna.tsinghua.edu.cn/simple

安装 opencv-python 模块：

pip install opencv-python -i https://pypi.tuna.tsinghua.edu.cn/simple

安装 matplotlib 模块：

pip install matplotlib -i https://pypi.tuna.tsinghua.edu.cn/simple

安装 librosa 模块：

pip install librosa -i https://pypi.tuna.tsinghua.edu.cn/simple

注意使用 Pycharm 时切换环境为 dataProcessing 环境，操作方法如图 2-1-10 所示

步骤二　文本特征提取

本地 test1.txt 文件文字集展示，如图 3-5-1 所示。

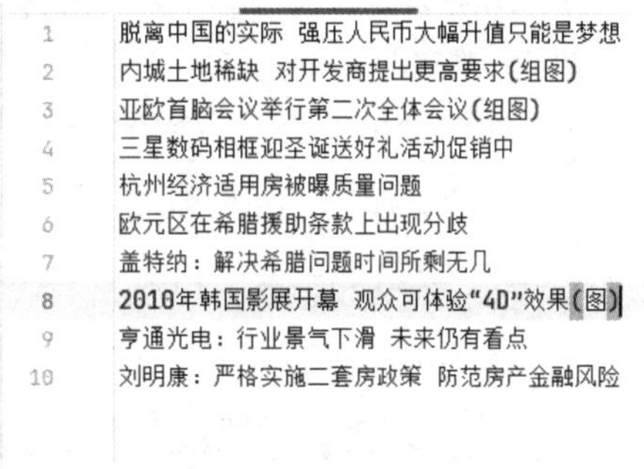
脱离中国的实际 强压人民币大幅升值只能是梦想
内城土地稀缺 对开发商提出更高要求(组图)
亚欧首脑会议举行第二次全体会议(组图)
三星数码相框迎圣诞送好礼活动促销中
杭州经济适用房被曝质量问题
欧元区在希腊援助条款上出现分歧
盖特纳：解决希腊问题时间所剩无几
2010年韩国影展开幕 观众可体验“4D”效果(图)
亨通光电：行业景气下滑 未来仍有看点
刘明康：严格实施二套房政策 防范房产金融风险

图 3-5-1　test1.txt 文字集展示

文本特征提取代码示例如下所示。

代码详解：

enumerate()函数同时列出数据和数据下标，常用于 for 循环中，可以在循环中同时获取数据的位置（索引）和内容，就像在一本书上标注页码一样，方便后续处理数据。

TfidfVectorizer 是 scikit-learn 库中用于将文本数据转换为 TF-IDF 特征矩阵的类。TF-IDF 是一种用于信息检索与文本挖掘的常用加权技术，它可以衡量一个词在文档集中的重要程度，比如某些词可能在一篇文章中出现很多次，但在整个文本集合中却很少见，这种词就可能更加重要。

get_feature_names_out()方法可以用于获取 TF-IDF 转换后的特征名列表，也就是说，它告诉你每个数字在 TF-IDF 矩阵中代表的是什么词或短语，这样就能更好地理解数字的含义。

tfidf_matrix.shape 可以告诉你 TF-IDF 矩阵的形状，也就是有多少行（文本数量）和多少列（特征数量）。

fit_transform()方法是将原始文本数据转换成 TF-IDF 特征矩阵的一种方式。它会根据你提供的文本数据，先进行拟合（fit），然后将数据转换（transform）成 TF-IDF 特征矩阵，这样你就可以进一步分析文本数据了。代码如下：

```
# 从 sklearn.feature_extraction.text 中导入 TF-IDF 向量化器
from sklearn.feature_extraction.text import TfidfVectorizer
# 打开本地 txt 文件并读取内容，并指定了使用 UTF-8 编码进行读取
```

```
with open("test1.txt", "r", encoding="utf-8") as file:
    # 通过逐行读取文件内容，并使用列表推导式将每行文本去除首尾空白字符后添加到 texts 列表中
    # line 是指从文件中读取的一行文本。
    # strip()函数的作用是去掉字符串首尾的空白字符，包括空格、换行符、制表符等
    texts = [line.strip() for line in file]
# 打印读取的文本内容
print("texts:\n", texts)
# 初始化 TF-IDF 向量化器
tfidf_vectorizer = TfidfVectorizer()
# 将文本集转换为 TF-IDF 特征矩阵
tfidf_matrix = tfidf_vectorizer.fit_transform(texts)
# 打印特征矩阵的形状和特征名列表
print("\nTF-IDF 特征矩阵的形状：\n", tfidf_matrix.shape)
print("\n 特征名列表：\n", tfidf_vectorizer.get_feature_names_out())
# 打印每个文本的 TF-IDF 特征向量
for i, text in enumerate(texts):
    # 使用循环遍历了 texts 列表中的每个文本，并使用 toarray()方法将 TF-IDF 特征向量转换为数组格式后打印出来
    print(f"\n 文本{i+1}的 TF-IDF 特征向量：\n", tfidf_matrix[i].toarray())
```

代码运行结果如图 3-5-2 和图 3-5-3 所示。（完整代码请参考本书配套资源中的“人工智能数据服务/工程代码/任务 3-5/ textFeature.py”）

```
D:\Test\jiaoxue\pythonProject3\.venv\Scripts\python.exe D:\Test\jiaoxue\pythonProject3\textFeature.py
texts:
 ['脱离中国的实际 强压人民币大幅升值只能是梦想', '内城土地稀缺 对开发商提出更高要求(组图)', '亚欧首脑会议举行第二次全体会议(组
  图)', '三星数码相框迎圣诞送好礼活动促销中', '杭州经济适用房被曝质量问题', '欧元区在希腊援助条款上出现分歧', '盖特纳：解决希
  腊问题时间所剩无几', '2010年韩国影展开幕 观众可体验"4D"效果(图)', '亨通光电：行业景气下滑 未来仍有看点', '刘明康：严格实施
  二套房政策 防范房产金融风险']

TF-IDF特征矩阵的形状：
 (10, 21)

特征名列表：
 ['2010年韩国影展开幕' '4d' '三星数码相框迎圣诞送好礼活动促销中' '严格实施二套房政策' '亚欧首脑会议举行第二次全体会议'
 '亨通光电' '内城土地稀缺' '刘明康' '对开发商提出更高要求' '强压人民币大幅升值只能是梦想' '效果' '未来仍有看点'
 '杭州经济适用房被曝质量问题' '欧元区在希腊援助条款上出现分歧' '盖特纳' '组图' '脱离中国的实际' '行业景气下滑' '观众可体验'
 '解决希腊问题时间所剩无几' '防范房产金融风险']

文本1的TF-IDF特征向量：
 [[0.         0.         0.         0.         0.         0.
  0.         0.         0.         0.70710678 0.         0.
  0.         0.         0.         0.         0.70710678 0.
  0.         0.         0.        ]]

文本2的TF-IDF特征向量：
 [[0.         0.         0.         0.         0.         0.
  0.60604332 0.         0.60604332 0.         0.         0.
  0.         0.         0.         0.51519219 0.         0.
  0.         0.         0.        ]]

文本3的TF-IDF特征向量：
 [[0.         0.         0.         0.         0.76190497 0.
  0.         0.         0.         0.         0.         0.
  0.         0.         0.         0.64768883 0.         0.
  0.         0.         0.        ]]
```

图 3-5-2 文本特征提取代码运行结果（上半部分）

文本4的TF-IDF特征向量：
 [[0. 0. 1. 0. 0. 0. 0. 0. 0. 0. 0. 0. 0. 0. 0. 0. 0. 0. 0. 0. 0. 0. 0.]]

文本5的TF-IDF特征向量：
 [[0. 0. 0. 0. 0. 0. 0. 0. 0. 0. 0. 0. 1. 0. 0. 0. 0. 0. 0. 0. 0. 0. 0.]]

文本6的TF-IDF特征向量：
 [[0. 0. 0. 0. 0. 0. 0. 0. 0. 0. 0. 0. 0. 0. 1. 0. 0. 0. 0. 0. 0. 0. 0.]]

文本7的TF-IDF特征向量：
 [[0.   0.   0.   0.   0.   0.
  0.   0.   0.   0.   0.   0.
  0.   0.   0.70710678 0.   0.   0.
  0.   0.70710678 0.   ]]

文本8的TF-IDF特征向量：
 [[0.5 0.5 0. 0. 0. 0. 0. 0. 0. 0. 0.5 0. 0. 0. 0. 0. 0. 0. 0.
  0.5 0. 0.]]

文本9的TF-IDF特征向量：
 [[0.   0.   0.   0.   0.   0.57735027
  0.   0.   0.   0.   0.   0.57735027
  0.   0.   0.   0.   0.   0.57735027
  0.   0.   0.   ]]

文本10的TF-IDF特征向量：
 [[0.   0.   0.   0.57735027 0.   0.
  0.   0.57735027 0.   0.   0.   0.
  0.   0.   0.   0.   0.   0.
  0.   0.   0.57735027]]

Process finished with exit code 0

图 3-5-3　文本特征提取代码运行结果（下半部分）

步骤二　图像特征提取

代码测试用图如图 3-5-4 所示。图像特征提取代码如下所示。

图 3-5-4　代码测试用图

```
# 导入了 OpenCV 库（cv2）和 Matplotlib 库（用于数据可视化）
import cv2
import matplotlib.pyplot as plt
```

```
plt.rcParams['font.sans-serif'] = ['SimHei']  # 用 SimHei（黑体）显示中文
plt.rcParams['axes.unicode_minus'] = False  # 解决保存图像时负号'-'显示为方块
```
的问题
```
# 读取图像
image_path = '01.jpg'
# 读取图像并将其作为 NumPy 数组存储在 image 变量中
image = cv2.imread(image_path)
# 将图像从 BGR 转换为 RGB 格式
image_rgb = cv2.cvtColor(image, cv2.COLOR_BGR2RGB)
"""
```
由于 OpenCV 默认读取的图像格式为 BGR（蓝绿红），而通常人们更习惯查看 RGB（红绿蓝）格式的图像，因此这行代码使用 cv2.cvtColor() 函数将图像从 BGR 色彩空间转换为 RGB 色彩空间
```
"""
# 分别计算 R、G、B 通道的直方图
hist_r = cv2.calcHist([image_rgb], [0], None, [256], [0, 256])
hist_g = cv2.calcHist([image_rgb], [1], None, [256], [0, 256])
hist_b = cv2.calcHist([image_rgb], [2], None, [256], [0, 256])
"""
```
第一个参数 images 是图像源，

第二个参数 channels 指定要计算哪个通道的直方图（0 代表 R，1 代表 G，2 代表 B）；

第三个参数 mask 是掩码，这里没有使用，所以传入 None；

第四个参数 histSize 指定了直方图的 bin 数量及范围，这里每个通道都是 256 个 bin，范围从 0 到 256，结果分别存储在 hist_r、hist_g、hist_b 变量中
```
"""
# 显示每个通道的直方图
# 创建一个新的图表，并设置了其大小为 12 英寸宽、6 英寸高
plt.figure(figsize=(12, 6))
# 在一个子图（总共 1 行 3 列中的第 1 个子图）中绘制红色通道的直方图
plt.subplot(1, 3, 1)
# 设置标题
plt.title('红色通道直方图')
# 设置 x 轴标签
plt.xlabel('像素值')
# 设置 y 轴标签
plt.ylabel('频率')
plt.plot(hist_r, color='red')   # 红色线条表示数据
# 在一个子图（总共 1 行 3 列中的第 2 个子图）中绘制绿色通道的直方图
plt.subplot(1, 3, 2)
plt.title('绿色通道直方图')
plt.xlabel('像素值')
plt.ylabel('频率')
plt.plot(hist_g, color='green') # 绿色线条表示数据
# 在一个子图（总共 1 行 3 列中的第 3 个子图）中绘制蓝色通道的直方图
plt.subplot(1, 3, 3)
```

```
plt.title('蓝色通道直方图')
plt.xlabel('像素值')
plt.ylabel('频率')
plt.plot(hist_b, color='blue')   # 蓝色线条表示数据
# 自动调整子图参数，确保子图之间不会重叠并有合适的间距
plt.tight_layout()
# 显示整个图表窗口，包含所有绘制的直方图
plt.show()
```

这段代码分别绘制出图像中红色、绿色和蓝色通道的直方图，每个直方图都展示了对应颜色通道的像素强度分布，如图 3-5-5 所示。

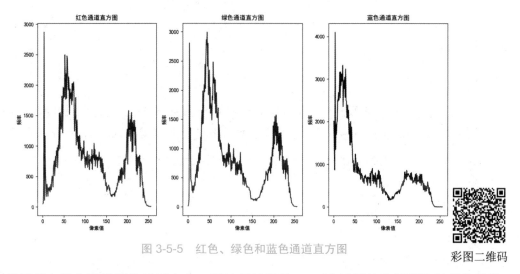

图 3-5-5　红色、绿色和蓝色通道直方图

彩图二维码

若代码中没有设置图像显示中文，则运行结果的 x、y 坐标标签和标题会呈现格子状，如图 3-5-6 所示。

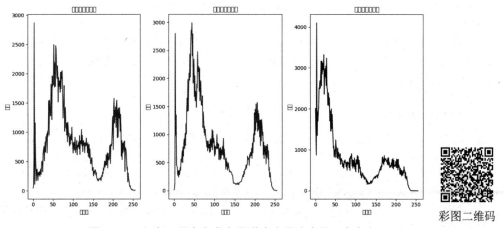

图 3-5-6　红色、绿色和蓝色通道直方图（未显示中文）

彩图二维码

且会出现如图 3-5-7 所示警告。

```
      func(*args)
D:\Python\Lib\tkinter\__init__.py:861: UserWarning: Glyph 36890 (\N{CJK UNIFIED
 IDEOGRAPH-901A}) missing from current font.
      func(*args)
D:\Python\Lib\tkinter\__init__.py:861: UserWarning: Glyph 36947 (\N{CJK UNIFIED
 IDEOGRAPH-9053}) missing from current font.
      func(*args)
D:\Python\Lib\tkinter\__init__.py:861: UserWarning: Glyph 30452 (\N{CJK UNIFIED
 IDEOGRAPH-76F4}) missing from current font.
      func(*args)
D:\Python\Lib\tkinter\__init__.py:861: UserWarning: Glyph 26041 (\N{CJK UNIFIED
 IDEOGRAPH-65B9}) missing from current font.
      func(*args)
D:\Python\Lib\tkinter\__init__.py:861: UserWarning: Glyph 22270 (\N{CJK UNIFIED
 IDEOGRAPH-56FE}) missing from current font.
      func(*args)
D:\Python\Lib\tkinter\__init__.py:861: UserWarning: Glyph 32511 (\N{CJK UNIFIED
 IDEOGRAPH-7EFF}) missing from current font.
      func(*args)
```

图 3-5-7　中文显示错误警告

（完整代码请参考本书配套资源中的"人工智能数据服务/工程代码/任务 3-5/picFeature.py"）

步骤三　音频特征提取

librosa 库是一个广泛用于音乐和音频分析的 Python 库，提供了音频处理的各种功能。下面以 ginkiha 的 Snowy Town 这一音乐音频来进行案例的测试，代码示例如下所示。

```python
# 处理音频文件并提取音频特征，主要关注梅尔频率倒谱系数 (MFCCs) 的提取过程
import librosa
# 进行数值计算，尤其是在处理数组方面
import numpy as np
# 加载音频文件
audio_file = 'ginkiha - Snowy Town.mp3'
y, sr = librosa.load(audio_file, sr=None)  # y 是音频数据，sr 是采样率，sr=None
会自动检测采样率
# 直接计算梅尔频谱，librosa 内部会处理分帧和加窗
mel_spec = librosa.feature.melspectrogram(y=y, sr=sr)
"""
```
用于计算音频信号的梅尔频谱。梅尔频谱是一种将音频信号从时域转换到频域的表示方法，它模拟人耳对不同频率的感知敏感度。这个过程包括音频分帧、加窗、傅里叶变换得到频谱，再通过梅尔滤波器组转换得到梅尔能量分布
```
"""
# 计算对数梅尔频谱
log_mel_spec = librosa.power_to_db(mel_spec, ref=np.max)
"""
```
将梅尔频谱的能量值转换为对数标度，通常使用分贝 (dB) 表示。这样做的好处是可以压缩动态范围，使得人耳感知更显著的变化，并且有利于后续的特征处理和机器学习算法
这里使用 librosa.power_to_db() 函数，参考值设为 np.max(mel_spec)，意味着所有值都将相对于频谱中的最大值进行转换
```
"""
# 提取 MFCC
```

```
mfcc = librosa.feature.mfcc(S=log_mel_spec, n_mfcc=13)  # n_mfcc 参数定义了
要提取的 MFCC 数量
"""
```

梅尔频率倒谱系数(MFCCs)是通过对数梅尔频谱进一步处理得到的一组特征，通常用于语音识别、音乐分类等任务

这里通过 librosa.feature.mfcc() 函数提取 MFCC，其中 S=log_mel_spec 是输入的对数梅尔频谱，n_mfcc=13 指定提取 13 个 MFCC 系数，这是常见的默认选择

```
"""
print("MFCC 特征的形状:", mfcc.shape)
```

运行结果如图 3-5-8 所示。（完整代码请参考本书配套资源中的"人工智能数据服务/工程代码/任务 3-5/ audioFeature.py"）

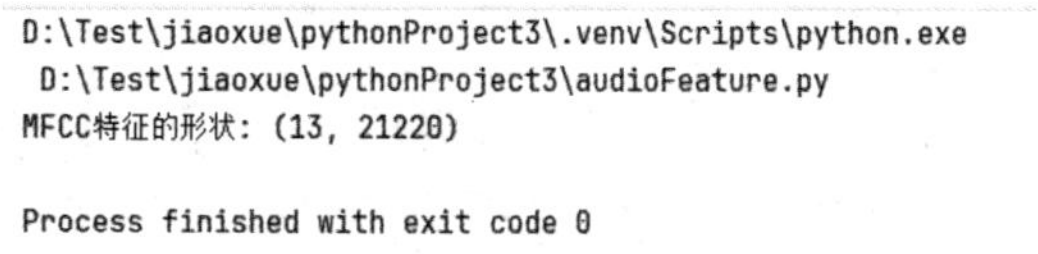

```
D:\Test\jiaoxue\pythonProject3\.venv\Scripts\python.exe
D:\Test\jiaoxue\pythonProject3\audioFeature.py
MFCC特征的形状: (13, 21220)

Process finished with exit code 0
```

图 3-5-8　音频特征提取代码运行结果

音频特征提取主要有以下用途。

（1）语音识别。通过提取音频中的特征，如梅尔频率倒谱系数（MFCCs），可以让机器理解并转换人类语音为文本，这是智能助手、语音命令控制和自动字幕生成等技术的基础。

（2）音乐信息检索。在音乐数据库中，音频特征被用来索引和分类音乐，用户可以通过哼唱、描述音乐风格或旋律来搜索音乐。它也用于个性化推荐，根据用户的喜好推荐相似的歌曲或艺术家。

（3）情感分析。音频特征可以揭示说话者或演唱者的情感状态，这对于创建能够理解人类情感反应的交互系统至关重要，如用于客户服务机器人或心理健康监测应用。

（4）噪声抑制和语音增强。在通信、录音和会议系统中，通过分析音频特征，可以识别并减少背景噪声，提高语音的清晰度和可理解性。

（5）音频分类。在安全监控、生物声学研究或内容过滤中，音频特征用于自动识别特定类型的音频事件，如枪声检测、鸟鸣识别或非法内容过滤。

（6）音频同步和编辑。在视频制作、影视后期制作及音频编辑软件中，准确的音频特征提取有助于同步音频和视频内容，以及进行高级编辑操作，如去除回声或进行音质优化。

（7）健康监测。呼吸声、心跳声等生物声音的特征提取可用于远程健康监测，帮助诊断呼吸系统疾病、心脏问题等。

步骤四　统计特征提取

统计特征提取的代码示例如下所示。

```
import pandas as pd
# 示例 DataFrame
data = {'Age': [22, 34, 45, 50, 25, 30],
        'Income': [50000, 70000, 60000, 80000, 45000, 75000],
        'Education': ['Bachelor', 'Master', 'PhD', 'Bachelor', 'Bachelor',
'Master']}
# 使用 pandas 库创建一个 DataFrame 对象
# DataFrame 是类似于电子表格或 SQL 表的数据结构,能够高效地处理结构化数据, 支持列具有不
```

同类型的数据（如整数、字符串、浮点数等）

```
df = pd.DataFrame(data)
print("df:\n", df)
# 基本统计量
basic_stats = df.describe(include='all')  # include='all' 包含所有类型的列
print("基本统计量（所有）:\n", basic_stats)
"""
```

提取了 DataFrame 中所有列的基本统计量，包括数值型的均值、标准差、最小值、最大值、四分位数等，以及非数值型的频数。include='all'参数确保了对数值型和非数值型列都进行了统计

```
"""
# 频数分析
freq_analysis = df['Education'].value_counts()
print("Education 的频数分析:\n", freq_analysis)
# 输出 Education 列中每个类别的频数，即出现的次数


# 相关性分析
# 计算 Age 和 Income 两列之间的皮尔逊相关系数
correlation_matrix = df[['Age', 'Income']].corr(method='pearson')
print("Age 和 Income 相关性分析:\n", correlation_matrix)
# 特征编码
# 将分类变量转换为一系列哑变量（虚拟变量），即为每个类别创建一个新的列，如果该行属于该类别，则该列的值为 1，否则为 0
encoded_df = pd.get_dummies(df, columns=['Education'])
print("Education 的特征编码:\n", encoded_df)
```

下面是代码运行结果及其详细分析。

（1）df 变量及基本统计量。代码运行结果如图 3-5-9 所示。

```
D:\Test\jiaoxue\pythonProject3\.venv\Scripts\python.exe D:\Test\jiaoxue\pythonProject3\statisticalFeature.py
df:
    Age  Income Education
0   22   50000  Bachelor
1   34   70000    Master
2   45   60000       PhD
3   50   80000  Bachelor
4   25   45000  Bachelor
5   30   75000    Master
基本统计量（所有）:
              Age        Income Education
count    6.000000      6.000000         6
unique        NaN           NaN         3
top           NaN           NaN  Bachelor
freq          NaN           NaN         3
mean    34.333333  63333.333333       NaN
std     11.111556  14023.789312       NaN
min     22.000000  45000.000000       NaN
25%     26.250000  52500.000000       NaN
50%     32.000000  65000.000000       NaN
75%     42.250000  73750.000000       NaN
max     50.000000  80000.000000       NaN
```

图 3-5-9　统计特征提取代码运行结果（第一部分）

关于基本统计信息，代码的简要解释如表 3-5-2 所示。

表 3-5-2　基本统计信息解释

Count	每一列非空值的数量。例如，"Age"列有 6 个有效数据点，意味着年龄数据完整无缺失
Unique	显示每一列中唯一值的数量。例如，对于"Education"列显示为 NaN，因为在使用 describe (include='all')时，独特计数对于非数值列并不适用，通常应查看 value_counts()结果来获取此类信息
Top	显示每一列中最常出现的值及其频率。例如，在"Education"列中，"Bachelor"是最常出现的类别，出现了 3 次
Freq	对应于"Top"列，表示最常出现值的频数，在这里，"Bachelor"出现了 3 次
Mean	平均值，表示数据集中的平均数。例如，"Age"的平均值约为 34.33 岁，"Income"的平均收入约为 63,333.33 美元
Std	标准差，衡量数据点与平均值的偏差程度。数值越大，说明数据越分散；反之，数据越集中。"Age"的标准差约为 11.11，"Income"的标准差约为 14,023.79
Min	最小值，数据集中的最低数值
25%	第一四分位数（Q1），数据中小于或等于该值的数值占总体的 25%
Median	中位数，数据排序后位于中间的数，反映数据的中心位置
75%	第三四分位数（Q3），数据中小于或等于该值的数值占总体的 75%

（2）Education 的频数分析、Age 和 Income 的相关性分析。代码运行结果如图 3-5-10 所示。

```
Education的频数分析:
 Education
Bachelor    3
Master      2
PhD         1
Name: count, dtype: int64
Age和Income相关性分析:
            Age    Income
Age    1.000000  0.652437
Income 0.652437  1.000000
```

图 3-5-10　统计特征提取代码运行结果（第二部分）

在频数分析的结果中，Education 列展示了不同教育程度的频数，即每种教育水平出现的次数：Bachelor（学士学位）出现了 3 次，Master（硕士学位）出现了 2 次，PhD（博士学位）出现了 1 次。

在所分析的数据集中，拥有学士学位的人数最多，其次是硕士学位，博士学位人数最少。

而相关性分析的结果是一个相关系数矩阵，用于量化两个变量之间的线性关系强度和方向。这里使用的是皮尔逊相关系数，其值范围从-1 到 1。相关系数解释如表 3-5-3 所示。

表 3-5-3　相关系数解释

Age 与 Age 的相关系数为 1.0000	任何变量与自身完全相关，相关系数为 1，表示完全正相关
Age 与 Income 的相关系数为 0.6524	这意味着年龄与收入之间存在正向的线性关系。系数接近 1 但小于 1，表明随着年龄的增长，收入倾向于增加，但这种关系不是绝对的，存在一定的变异性。相关系数的绝对值大于 0.5 通常被认为是中等到强相关
Income 与 Income 的相关系数为 1.0000	同理，收入与自身完全相关

年龄与收入之间存在中等到强的正相关关系，意味着在所分析的数据集中，一般情况

下年龄较大的个体倾向于有较高的收入，但这并不意味着每个年龄增长的个体收入都会增加，因为相关性不等于因果关系，还有其他因素可能影响收入。

（3）Education 的特征编码。代码运行结果如图 3-5-11 所示。

```
Education的特征编码:
   Age  Income  Education_Bachelor  Education_Master  Education_PhD
0   22   50000                True             False          False
1   34   70000               False              True          False
2   45   60000               False             False           True
3   50   80000                True             False          False
4   25   45000                True             False          False
5   30   75000               False              True          False
```

图 3-5-11　统计特征提取代码运行结果（第三部分）

在特征编码的结果中，原始数据中的分类变量"Education"已经被转换为哑变量（One-Hot Encoding）形式，即将每个类别转换为一个单独的二进制特征列。具体转换如表 3-5-4 所示。

表 3-5-4　分类变量转换为哑变量

Education_Bachelor	如果原始数据中"Education"列为"Bachelor"，则此列为 True，否则为 False
Education_Master	如果原始数据中"Education"列为"Master"，则此列为 True，否则为 False
Education_PhD	如果原始数据中"Education"列为"PhD"，则此列为 True，否则为 False

这种编码方式使得分类数据可以被机器学习算法直接处理，因为算法通常要求所有的输入都是数值型的。现在，每一行代表一个观测，而每个观测在"Education_Bachelor"、"Education_Master"和"Education_PhD"这三个新特征上的值就反映了其所属的教育类别。同一时间，每一行中只有一个教育级别的特征为 True，其余为 False，保证了互斥性且完备性，使得模型能够区分不同的类别信息。（完整代码请参考本书配套资源中的"人工智能数据服务/工程代码/任务 3-5/ statisticalFeature.py"）

步骤五　特征转换

对数变换有助于减轻数据中的偏斜问题，使其分布更加接近正态分布，便于模型处理。对数变换代码示例如下所示，运行结果如图 3-5-12 所示。（完整代码请参考本书配套资源中的"人工智能数据服务/工程代码/任务 3-5/ featureSwitch1.py"）

```python
# 对数变换
import numpy as np
import pandas as pd
# 示例数据
data = {'Value': [1, 10, 100, 1000, 10000]}
# df 是包含偏态分布数据的 DataFrame，其中一列名为 Value 需要进行对数变换
df = pd.DataFrame(data)
# 对 Value 列进行自然对数转换，生成新的列 Log_Value
df['Log_Value'] = np.log(df['Value'])
print(df)
```

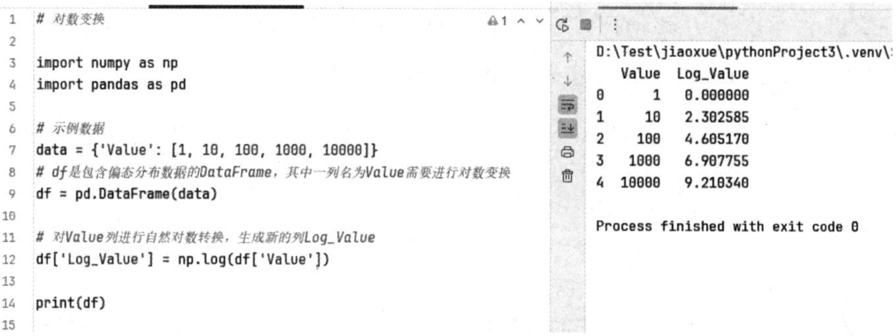

图 3-5-12　对数变换代码示例和运行结果

特征缩放常用的方法是 MinMax 缩放和标准化（StandardScaler）。这里以 MinMax 缩放为例，假设想缩放 df 中的 Value 列至[0, 1]区间，特征缩放代码示例如下，运行结果如图 3-5-13 所示。（完整代码请参考本书配套资源中的"人工智能数据服务/工程代码/任务 3-5/featureSwitch2.py"）

```python
import pandas as pd
from sklearn.preprocessing import MinMaxScaler
# 示例数据
data = {'Value': [1, 10, 100, 1000, 10000]}
df = pd.DataFrame(data)
# 实例化 MinMaxScaler 对象
# 将数据按比例缩放到一个特定的范围，默认为[0, 1]
scaler = MinMaxScaler()
# 首先计算数据的最小值和最大值以确定缩放范围，然后对 Value 列进行 MinMax 缩放
df['Scaled_Value'] = scaler.fit_transform(df[['Value']])
print(df)
```

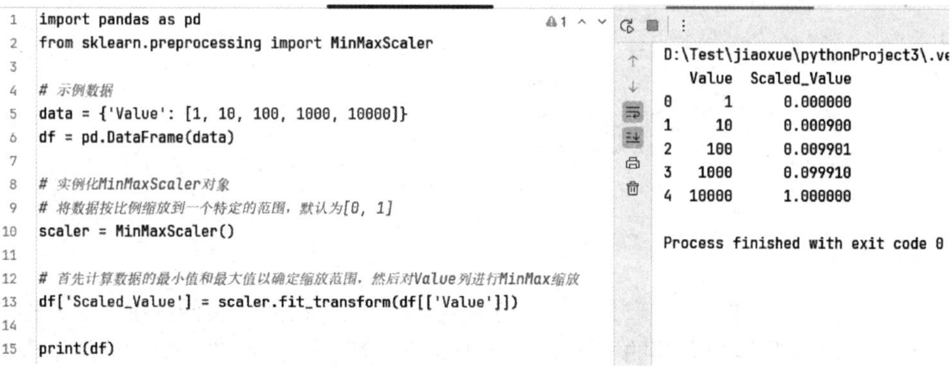

图 3-5-13　特征缩放代码示例及运行结果

步骤六　特征选择

特征选择是机器学习中很重要的一部分，构造并选取合适的特征，能极大地提高模型的表现。

方差阈值法（Variance Threshold）可以筛选掉方差低于某个值的变量，常用于剔除常

量或接近常量的变量。方差阈值法代码示例如下所示。完整代码请参考本书配套资源中的
"人工智能数据服务/工程代码/任务 3-5/ featureSelect1.py")

```python
from sklearn import datasets
from sklearn import feature_selection as fs
import numpy as np
#从 Scikit-learn 的内置数据集中加载了鸢尾花数据集
iris_data=datasets.Load_iris()
#iris_data.data 包含了数据集的所有特征值，iris_data.target 包含了每个样本的类别标
X,y=iris_data.data,iris_data.target#Xy 分别用来存储特征数据和目标变量
print("查看 X 的前三条：\n",X[:3])
#设置方差阈值为 0.4，则方差小于 0.4 的变量将被移除过滤掉
#方差是衡量特征内数据分散程度的一个统计量，方差小意味着该特征的数据值变化不大，可能携带
的信息量较少
vf1=fs.VarianceThreshold(threshold=0.4)
#返回一个新的特征矩阵 X1,这个新矩阵只包含方差大于或等于 0.4 的特征
X1=vf1.fit_transform(X)
#查看结果
print("查看 X1 的前三条：\n",X1[:3])
#查看每个特征变量的方差
print("X 中每个特征（列）的方差: n",np.var(X,axis=0))
#axis=0 意味着计算列方向的方差，有助于确认哪些特征因方差低于设定的阈值而被移除
```

运行结果如图 3-5-14 所示。

图 3-5-14　方差阈值法代码运行结果

卡方检验方法专门针对离散型标签（分类问题），且特征为非负的情况。卡方检验 chi2
计算每个非负特征和标签之间的卡方统计量和 p 值，通过不同标准，基于该结果进行变量
筛选。卡方检验用于评估类别变量之间的依赖关系，p 值用于判断该依赖关系是否显著。

卡方检验方法代码如下所示。完整代码请参考本书配套资源中的"人工智能数据服务/
工程代码/任务 3-5/ featureSelect2.py")

```python
from sklearn.feature_selection import chi2,SelectKBest
from sklearn import datasets
import matplotlib.pyplot as plt
```

```
from sklearn.model_selection import cross_val_score
from sklearn.ensemble import Randonforestclassifier as RFC
#从 scikit-1earn 的内置数据集中加载了鸢尾花数据集
iris_data=datasets.Load_iris()
X,y=iris_data.data,iris_data.target #X 和 y 分别用来存储特征数据和目标变量
Ch12,p_value=chi2(X,y)#返回卡方统计量和 p 值
#可以设定一个固定值，如 3
#选择变量的标准：可以设置变量个数 K 为一个固定值，选取卡方统计量最大的 K 个变量
X2=SelectKBest(chi2,k=3).fit_transform(X,y)
print("查看 X2 的前三条：n",X2[:3])
#结果可知筛掉了第二列
#array([[5.1,1.4,0.2]
#   [4.9,1.4,0.2],
#   [4.7,1.3,0.2]]
#结合 SelectKBest 方法，输入"评分标准"来选出前 K 个分数最高的特征的类
#即在一个范围内遍历 K 值，得到使评分函数效果最好的 K 值，从而选取前 K 个卡方统计量最大的
变量
X3=SelectKBest(chi2,k=3).fit_transform(X,y)
print("查看 X3 的前三条：n",X3[:3])
#在一个范围内遍历 k 值，使随机森林模型评分函数效果最好
score=[] #初始化一个空列表 score，用于存储不同特征数量下的模型交叉验证得分
for i in range(4,0,-1):#循环从 4 开始递减到 1
    #使用 SelectKBest 方法基于卡方检验选择前 i 个最佳特征，并对原始特征 X 进行转换，得
到一个新的特征矩阵 new_data
    new_data=SelectKBest(chi2,k=1).fit_transform(X,y)
    score.append(cross_val_score(RFC(n_estinators=4,randon_state=0),new_d
ata,y,cv=5).mean())
    """
    使用随机森林分类器(Randon Forest Classifier，RFC)进行模型构建,设置 n_estimators=4,
表示随机森林中的树的数量为 4；random state=0，确保实验的可重复性,通过 cross_val_score()
函数进行 5 折交叉验证(cv=5)。计算在这个特征子集上模型的表现，并将每次交叉验证的平均得分添加
到 score 列表中
    """
print("score:\n",score)
#横轴表示特征的数量从 4 递减到 1,纵轴表示对应的交叉验证得分平均值
plt.plot(range(4,0,-1),score)#生成线条图，显示特征数量与模型性能之间的关系
plt.show()  #显示图形，帮助直观理解不同特征数量对模型性能的影响
```

　　这段代码通过逐步减少特征数量并进行交叉验证，评估了特征选择对随机森林分类器在鸢尾花数据集性能上的影响，并通过图表直观展示了这一过程，旨在找到最优的特征子集大小，以达到模型性能与简洁性之间的平衡。代码运行结果及图表如图 3-5-15 所示。

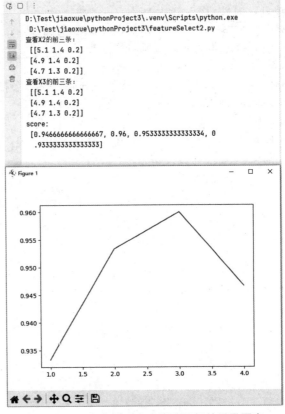

图 3-5-15　卡方检验方法代码运行结果及图表

任务小结

本任务学习了如何利用 scikit-learn 库进行文本特征提取，利用 OpenCV 库进行图像特征提取，利用 librosa 库进行音频特征提取，利用 pandas 库和 numpy 库进行数值统计特征提取，从而实现各类数据的特征提取任务。通过系统地学习和应用这些技能，可以为各行业提供更加精准和高效的各类数据分析手段，满足不同领域的需求。

练习思考

练习题及答案与解析

实训任务

（1）请简要解释什么是文本特征提取，并说明其在自然语言处理中的作用。（难度系数*）

（2）从图像识别、医学图像分析、自动驾驶和人脸识别中，选择一个你感兴趣的应用场景，并说明在该场景中图像特征提取的具体应用。（难度系数**）

（3）下载 10 篇有关科技的新闻文章，对这些文章进行预处理（如分词、去除停用词等），并使用 TF-IDF 方法提取每篇文章的关键特征词汇。（难度系数***）

（4）收集 10 个数据集样本，每个样本包含至少两个数值型特征和一个类别标签。对这些样本进行探索性数据分析（EDA），并提取有意义的统计特征，如均值、标准差、相关性等，以帮助理解数据分布。（难度系数***）

拓展提高

在本书配套资源相应任务中的"拓展提高"文件夹中，提供了销售数值数据文件，要求提取文件的商品总数，平均单价，最贵商品价格，最便宜商品价格统计特征。

项目4　数据标注与质量

　　数据标注作为人工智能发展的重要基石，对提升算法性能、优化模型训练起着至关重要的作用。本项目聚焦于数据标注与质量，通过一系列任务的实施，不仅培养学生的实践能力、团队协作精神和专业知识理解，更强化学生的社会责任感和国家意识。项目任务紧密联系实际应用场景，如半导体产业中的芯片质量检测、智能交通系统中的行人安全保护、中文语音识别技术的发展、文本情绪识别技术在企业决策中的应用，以及视频目标跟踪技术在自动驾驶中的重要性。这些场景不仅展示了技术的实际价值，也体现了国家战略与产业发展的紧密联系。同时，项目任务在实施过程中强调质量意识与工匠精神，培养学生对高标准的追求和对细节的关注，这与国家对产业升级和技术创新的要求不谋而合。

　　在项目任务的实施过程中，进一步增强了项目的教育意义。在数据标注任务中，学生被引导关注个人隐私保护和数据安全，培养了社会责任与伦理意识。团队合作的强调，让学生体会集体主义精神和协作共赢的重要性。此外，项目鼓励学生在面对挑战时积极思考、不断创新，培养了适应快速科技变革的持续学习能力。通过本项目，学生不仅能掌握数据标注的专业技能，同时可以树立正确的价值观，增强为国家发展贡献力量的内在动力，为成为德才兼备的高素质人才打下坚实基础。

任务列表

任 务 名 称	任 务 内 容
任务 4.1 认识数据标注工具和方法	了解常用标注工具和方法，掌握 Label Studio 标注平台的环境部署和启动
任务 4.2 工业芯片缺陷图像数据标注	利用 Label Studio 标注平台完成芯片图像数据是否存在划痕，及划痕位置的标注
任务 4.3 交通视频数据标注	对行人进行跟踪标注，完成视频每一帧图像中所有行人的位置和身份标签的标注
任务 4.4 中文语音数据标注	对中文语音进行数据标注，每个 MP3 格式的语音文件包含一段独立的中文语音内容，完成语音内容的转录标注
任务 4.5 情绪分析文本数据标注	对文本数据进行情绪识别标注，识别出与情感相关的信息，完成积极、消极和自然三种情感的标签标注

知识&技能图谱

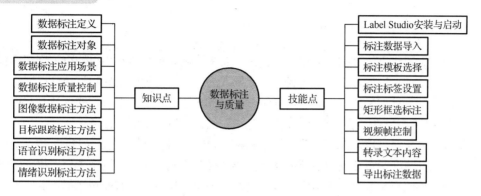

任务 4.1　认识数据标注工具和方法

任务导入

随着人工智能技术的飞速发展，数据成为了新时代的"石油"。在这个数据驱动的世界中，如何高效、准确地处理和利用数据成为了关键。其中，数据标注作为数据处理的重要环节，扮演着至关重要的角色。数据标注不仅能够提高数据质量，还能为机器学习模型提供有价值的训练数据，从而提升模型的性能和效果。因此，了解数据标注工具和方法具有重要的实际意义和应用价值。

任务描述

本任务在了解常用标注工具和方法的基础上，选用开源的 Label Studio 作为后续的主要标注工具，完成 Label Studio 标注平台的环境部署和启动。开源 Label Studio 的网站主页如图 4-1-1 所示。

图 4-1-1　开源 Label Studio 网站主页

4.1.1 数据标注定义

数据标注是指将原始数据（如语音、图片、文本、视频等）转换为机器可识别和理解的信息的过程。这一转换过程对于机器来说至关重要，因为未经处理的原始数据往往以非结构化的形式存在，无法直接被机器学习算法所利用。数据标注通过赋予数据特定的标签和属性，使得机器能够从中学习到有用的信息，进而完成分类、回归、目标检测等任务。

数据标注的起源可以追溯到人工智能的初期。自从人工智能的概念在 1956 年被正式提出以来，研究者们一直在探索如何使机器具备像人类一样的智能。在这个过程中，数据标注逐渐崭露头角，成为连接原始数据与机器学习算法之间的桥梁。随着人工智能技术的不断发展，数据标注的重要性也日益凸显。特别是在深度学习兴起的当下，高质量的数据标注对于模型的训练效果起到了至关重要的作用。

数据标注的历史可以概括为从简单到复杂、从粗糙到精细的发展过程。在人工智能发展的初期，数据标注主要集中在简单的文本分类和图像识别任务上。随着技术的不断进步，数据标注的需求逐渐扩展到更复杂的领域，如语音识别、自然语言处理、自动驾驶等。同时，数据标注的精度和效率也得到了显著提高，使得机器学习模型能够更好地适应各种应用场景。

一个标志性的数据标注项目是 ImageNet，它是一个大规模的图像数据集，旨在使用网络爬虫从互联网上收集图片，并通过人工方式标注图片内容，从而支持图像识别软件的开发，如图 4-1-2 所示。ImageNet 项目由李飞飞教授在 2009 年发起，目标是提供一个广泛和深入的资源，供计算机视觉和机器学习研究者使用。ImageNet 计划中的一大创新是利用亚马逊的众包服务平台 Mechanical Turk 来标注图片，这极大地提高了标注的效率和规模。在这个项目中，标注人员需要为每张图片指定一个或多个标签，这些标签来自于一个预先定义的分类体系。例如，一张图片可能被标注为"苹果"、"桌子"或"汽车"。ImageNet 大大推动了深度学习在图像识别领域的应用，尤其是 2012 年，当 AlexNet 使用 ImageNet 的数据在 ImageNet 大规模视觉识别挑战赛（ILSVRC）中取得突破性成功之后，全世界的研究者和工程师都认识到了深度学习在视觉识别任务中的巨大潜力。

图 4-1-2　ImageNet 图像数据集

4.1.2 数据标注对象

数据标注对象作为机器学习模型的训练样本，其质量和数量直接影响模型的性能。通过精心选择和标注的数据对象，可以训练出更加准确、可靠的模型，并提升模型在实际应用中的表现。根据数据类型的不同，数据标注对象可以分为图像、视频、语音和文本等不同类型标注对象。以下介绍几种常见的数据标注对象类型及其应用场景。

1. 图像标注对象

图像标注对象是指需要进行标注的图像数据。根据标注任务的不同，图像标注对象可以分为分类图像、目标检测图像、语义分割图像等。例如，在图像分类任务中，标注对象通常是整张图像及其对应的类别标签；在目标检测任务中，标注对象则是图像中的特定物体及其边界框。

2. 视频标注对象

视频标注对象是指需要进行标注的视频数据。视频标注任务通常涉及目标跟踪、行为识别等。在视频标注中，标注对象可以是视频中的特定物体、人物或场景，以及它们的运动轨迹、行为特征等。

3. 语音标注对象

语音标注对象是指需要进行标注的音频数据。语音标注任务通常涉及语音识别、语音情感分析等。在语音标注中，标注对象可以是音频片段中的单词、短语或句子，以及它们的发音、语调等特征。

4. 文本标注对象

文本标注对象是指需要进行标注的文本数据。常见的文本标注任务包括词性标注、命名实体识别、情感分析等。在文本标注中，标注对象通常是文本中的单词、短语或句子，以及它们对应的标签或属性。

4.1.3　数据标注流程

数据标注流程是确保数据质量、提高机器学习模型性能的关键步骤，包括数据收集、清洗、标注、验证、分析和部署等。

1. 数据收集

数据收集是数据标注流程的第一步。这一阶段的目标是获取足够多的、高质量的原始数据。数据来源可以是公开数据库、网络爬虫、用户上传或专业数据提供商。收集数据时要保证数据多样性，确保数据覆盖不同的场景、条件和特征，以增强模型的泛化能力。

2. 数据清洗

数据清洗是指去除数据集中的错误、重复或不完整的数据。首先，需要去重，删除重复的数据条目；然后，填补缺失值，对于缺失的数据，选择合适的方法进行填补或删除；最后，完成格式统一，确保数据格式一致，便于后续处理。

3. 数据标注

数据标注是流程中的核心环节，涉及对数据进行分类、识别和描述。数据标注需要选择合适的标注工具，如 LabelImg（用于图像目标检测）、VIA（用于图像语义分割）、Prodigy（用于自然语言处理）、Label Studio（用于图像、视频、语音和文本数据类型）等。在标注过程中，需要制定清晰的标注规则和标准，确保标注的一致性。在具体的实施过程中需要明确标注类型，根据需求选择边界框、语义分割、关键点等标注类型。

4. 数据验证

数据验证是确保标注质量的重要环节，这一过程涵盖了多个方面。首先进行交叉验证，通过让不同的标注人员对同一数据集进行标注，然后对这些结果进行比较，以识别和解决差异，从而提高数据的一致性和可靠性；其次，定期执行质量控制检查，以便及时发现并纠正标注中的错误，确保数据的准确性；最后，建立一个有效的反馈机制，这不仅使标注团队能够了解自己的工作表现，还促进了团队的持续改进和质量提升。这三个环节共同构成了一个强大的质量保证体系，确保了数据标注工作的高标准和高效率。

5. 数据分析

数据分析是评估标注数据质量和一致性的重要手段。它首先涉及统计分析，这包括对标注数据的分布、类别比例等进行详尽的统计，以获得对数据特征的全面了解；接着是一致性分析，通过比较不同标注人员的结果，可以识别出标注过程中的潜在问题，确保数据的一致性；最后，错误分析是识别和理解标注错误的类型及其原因的关键步骤，它为优化标注规则和提高标注质量提供了宝贵的信息。这三个分析维度共同作用，帮助我们深入理解标注数据，从而提升整体的标注质量和效率。

6. 数据部署

数据部署是将经过精心标注的数据集有效应用于机器学习模型的关键步骤。这一过程首先涉及数据集的划分，将数据分为训练集、验证集和测试集，以确保模型能够通过不同阶段的数据进行学习和验证；接着，数据格式化成为必要，根据模型的具体需求，将数据转换为适合模型处理的格式，以便于模型能够正确理解和使用这些数据；最后，模型训练阶段使用这些标注好的数据来训练机器学习模型，并对其性能进行评估，确保模型能够在实际应用中达到预期的效果。

4.1.4 数据标注工具

数据标注工具是人工智能和机器学习领域中不可或缺的技术支撑。它们帮助数据科学家和标注人员以高效、准确的方式标注数据，从而为模型训练提供高质量的输入。以下介绍数据标注工具的特点、常用的数据标注工具、工具功能详解和数据标注工具的选择。

1. 数据标注工具的特点

数据标注工具对于提升标注效率、保证数据质量具有至关重要的作用。它们通常具备以下特点。

- 用户友好的界面：简化标注流程，提高用户体验。
- 自动化功能：减少重复性工作，提升标注速度。
- 多数据类型支持：支持图像、文本、音频和视频等多种数据类型的标注。
- 协作功能：支持团队协作，提高项目完成速度。

2. 常用的数据标注工具

以下是市场上广泛使用的几种数据标注工具的详细介绍，可以帮助数据科学家、研究人员和企业选择最适合其需求的解决方案。

- Label Studio：一款多功能的数据标注工具，开源且非常灵活，能够处理图像、文本、音频、视频等多种类型的数据。它提供了一个直观的用户界面，使得标注过程既快速又准确。Label Studio 支持多种输出格式，包括 JSON、CSV 和 XML，这使得它在处理大规模数据标注项目时尤其有用。
- LabelImg：一款开源的图像标注工具，完全用 Python 编写，利用 Qt 库创建图形用户界面。它支持图像中的目标检测框标注，用户可以轻松地在图像上绘制矩形框来标识目标物体的位置，并附带类别标签。LabelImg 的输出格式通常为 Pascal VOC XML，便于与许多流行的机器学习框架兼容。
- LabelMe：麻省理工学院计算机科学与人工智能实验室开发的一个图像标注工具，它不仅提供了图形界面进行标注，还支持在线协作，用户可以在 Web 上共享和编辑标注项目。LabelMe 适合于需要多人参与的复杂标注任务。
- VATIC：Video Annotation Tool for Internet Videos 是一款专为视频数据设计的开源标注工具。它支持视频中目标的检测和跟踪，允许用户在每一帧上标注物体，甚至追踪同一物体在视频序列中的移动。VATIC 输出的格式为 XML 或 JSON，适合大规模视频数据的标注项目，但使用它可能需要一定的技术背景。
- Prodigy：由 Explosion 开发的一款灵活的文本标注工具，支持 NLP 任务。它提供了一个强大的 API，允许用户自定义标注流程，并与机器学习模型集成。
- Datasaur：另一款开源的数据标注平台，主要面向图像和文本数据的标注。设计简洁，适合小型数据集和学术研究项目。由于其开源性质，Datasaur 也是那些希望深入了解并可能修改工具内部工作原理的用户的理想选择。

3. 工具功能详解

数据标注工具通常包含以下核心功能。
- 标注界面：直观的图形用户界面（GUI），允许用户通过点击、拖拽等操作进行数据标注。
- 预标注：自动生成初步的标注结果，用户可以在此基础上进行微调，节省时间。
- 标签管理：允许用户定义和管理标签集合，确保标注的一致性。
- 数据管理：支持数据导入、导出和版本控制，方便项目管理。
- 质量控制：提供标注审核和校对功能，确保数据质量。

4. 数据标注工具的选择

选择合适的数据标注工具对于项目的成功至关重要。以下是选择工具时应考虑的因素。
- 项目需求：根据项目的具体需求，如数据类型、标注类型和团队规模，选择最合适的工具。
- 成本效益：评估工具的购买或订阅成本，以及潜在的节省时间和提高效率的优势。
- 用户评价：查看其他用户的评价和反馈，了解工具的实际表现。
- 技术支持：考虑工具提供商的技术支持和社区活跃度，以便在遇到问题时获得帮助。

4.1.5 数据标注方法

数据标注是机器学习和人工智能领域中的一项基础工作，它直接影响到模型训练的效果和性能。随着技术的发展，数据标注方法也在不断演进，以适应不同类型的数据和应用场景。以下介绍几种常用的数据标注方法。

1. 图像标注方法

图像标注是对图像数据进行标注的方法，主要用于计算机视觉任务。图像标注可以帮助机器学习模型理解和处理图像，提高模型的性能和效果。

- 目标检测标注：对图像中的目标进行检测和标注，如车辆检测、人脸检测等。在标注过程中，需要识别图像中的目标，并标注目标的类别和位置。
- 图像分类标注：对图像进行分类，如场景分类、物体分类等。在标注过程中，需要将图像分为不同的类别，为机器学习模型提供训练数据。
- 语义分割标注：对图像中的每个像素进行分类，如道路分割、天空分割等。在标注过程中，需要对图像中的每个像素进行分类，为机器学习模型提供详细的标注信息。

2. 视频标注方法

视频标注是对视频数据进行标注的方法，主要用于视频处理任务。视频标注可以帮助机器学习模型理解和处理视频，提高模型的性能和效果。

- 动作识别标注：对视频中的动作进行识别和分类，如手势识别、运动识别等。在标注过程中，需要识别视频中的动作，并标注动作的类别。
- 目标跟踪标注：对视频中的目标进行跟踪和标注，如车辆跟踪、行人跟踪等。在标注过程中，需要跟踪视频中的目标，并标注目标的轨迹和位置。
- 视频分类标注：对视频进行分类，如场景分类、事件分类等。在标注过程中，需要将视频分为不同的类别，为机器学习模型提供训练数据。

3. 音频标注方法

音频标注是对音频数据进行标注的方法，主要用于语音识别和音频处理任务。音频标注可以帮助机器学习模型理解和处理音频，提高模型的性能和效果。

- 语音识别标注：语音识别标注是对音频中的语音进行识别和转换，如语音转文字。在标注过程中，需要将音频中的语音转换为文字，为机器学习模型提供训练数据。
- 说话人识别标注：说话人识别标注是对音频中的说话人进行识别和分类，如说话人身份识别。在标注过程中，需要识别音频中的说话人，并标注说话人的身份。
- 情感分析标注：情感分析标注是对音频中的情感进行识别和分类，如情感极性标注。在标注过程中，需要识别音频中的情感，并标注情感的类别。

4. 文本标注方法

文本标注是对文本数据进行标注的方法，主要用于自然语言处理任务。文本标注可以帮助机器学习模型理解和处理自然语言，提高模型的性能和效果。

- 文本分类标注：对文本进行分类，如垃圾邮件分类、情感分类等。在标注过程中，需要将文本分为不同的类别，为机器学习模型提供训练数据。

- 实体识别标注：对文本中的实体进行识别和分类，如人名、地名、组织名等。在标注过程中，需要识别文本中的实体，并标注实体的类型和位置。
- 关系抽取标注：对文本中实体之间的关系进行抽取和标注，如人物关系抽取、事件关系抽取等。在标注过程中，需要识别文本中的实体，并标注实体之间的关系。

5. 3D 点云标注方法

3D 点云标注是自动驾驶和机器人导航领域中的重要技术，涉及对三维空间中的数据点进行分类和标记。

- 点云分割：将点云数据分割成不同的区域或物体。
- 点云分类：对点云中的每个点进行分类，如道路、车辆等。

6. 众包标注方法

众包是一种利用互联网上的大量用户来完成特定任务的方法，常用于数据标注。

- 任务分割：将大型标注任务分割成小块，分配给多个用户。
- 质量控制：通过比较不同用户的标注结果来控制标注质量。
- 激励机制：通过奖励机制鼓励用户参与和提高标注质量。

任务实施

Label Studio 标注平台的环境部署与启动的任务工单如表 4-1-1 所示。

表 4-1-1　任务工单

班级：		组别：		姓名：		掌握程度：	
任务名称	Label Studio 标注平台的环境部署与启动						
任务目标	Anaconda 软件的安装、Label Studio 环境安装、Label Studio 的启动						
操作系统	Win10、Win11						
工具清单	Anaconda、Label Studio						
操作步骤	步骤一：Label Studio 环境的安装，使用 conda 包管理工具创建 Label Studio 虚拟环境，在隔离的环境中安装 psycopg2 和 label-studio 库 步骤二：Label Studio 平台的注册与启动，使用 label-studio start 命令第一次启动 Label Studio 平台后，需要输入邮箱密码注册账号后，通过注册的账号登录到 Label Studio 平台并启动						
考核标准	登录 Label Studio 平台并启动						

4.1.6　Label Studio 标注平台环境搭建

步骤一　Label Studio 环境安装

（1）在所有应用中找到 Anaconda 下的 Anaconda Powershell Prompt，单击打开命令行操作图窗，在命令提示符下输入 conda create --name label-studio，按 Enter 键确认后，开始创建虚拟环境。在弹出的 Proceed（[y]/n）?提示下，输入 y，确认后继续创建，如图 4-1-3 所示。

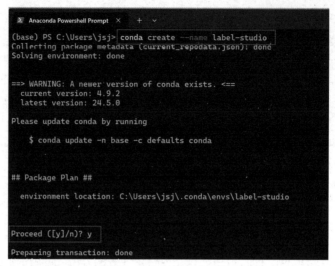

图 4-1-3　创建虚拟环境

（2）环境创建好后，依次输入以下命令，首先进入创建好的虚拟空间，然后安装 psycopg2 和 label-studio 安装包，最后通过 label-studio start 命令打开网页端平台，如图 4-1-4 所示。

```
conda activate label-studio
pip install psycopg2 -i https://pypi.tuna.tsinghua.edu.cn/simple
pip install label-studio -i https://pypi.tuna.tsinghua.edu.cn/simple
label-studio start
```

图 4-1-4　使用 label-studio start 命令打开网页端平台

步骤二　Label Studio 平台的注册与启动

（1）当第一次打开上图中的 Label Studio 网页端平台时，首先需要注册账号，单击"SIGN UP"标签，输入注册邮箱和密码后，单击"CREATE ACCOUNT"按钮创建账号，完成账号的注册，如图 4-1-5 所示。

图 4-1-5　注册账号

（2）用户完成账号注册后，就可以切换到 4-1-4 所示页面，输入注册账号的邮箱和密码，完成 Label Studio 平台的启动，如图 4-1-6 所示。

图 4-1-6　Label Studio 平台启动

任务小结

　　在人工智能领域，数据标注是提升机器学习模型性能的关键步骤。本任务详细介绍了数据标注的定义、流程、工具和方法。数据标注是将原始数据转换为机器可识别信息的过程，数据标注对象包括图像、文本、语音和视频等，每种类型都有其特定的标注需求和应用场景。数据标注流程包括数据收集、清洗、标注、验证、分析和部署等步骤。这一流程确保了数据的质量和机器学习模型的高性能。在工具选择上，Label Studio 因其开源、多功能和用户友好的特点，成为本任务使用的主要标注工具。它支持多种数据类型的标注，并提供了自动化功能和协作支持。最后，通过任务实施介绍了 Label Studio 平台使用的具体操作步骤，指导如何在 Windows 操作系统上部署和启动 Label Studio 标注平台，确保了理论知识与实践操作的紧密结合。

练习思考

练习题及答案与解析

实训任务

（1）深入理解数据标注的定义，并通过实例阐述其在机器学习中的关键作用，展示其对提升算法性能的贡献。（难度系数*）

（2）列举并解释不同数据类型（如图像、文本、语音和视频）的标注对象，介绍它们在实际应用中的标注场景。（难度系数**）

（3）详细描述数据标注的整个流程，包括数据收集、清洗、标注、验证、分析和部署，并解释每个步骤对于确保数据质量和模型性能的重要性。（难度系数**）

（4）列举市面上流行的数据标注工具，如 Label Studio、LabelImg 等，并简述它们的特色功能及适用的数据类型和场景。（难度系数**）

（5）深入学习不同数据类型的标注方法，包括图像的目标检测、文本的命名实体识别、语音的情感分析等，并探讨这些方法在特定应用场景下的实际应用。（难度系数***）

拓展提高

（1）访问 Python 官方网站，下载并安装 Python 环境，利用 Python 内置的 venv 模块，创建一个独立的虚拟环境，为后续的开发和标注任务提供隔离而稳定的运行空间。（难度系数****）

（2）在搭建的虚拟环境中，安装 LabelImg 标注工具，并启动标注界面。（难度系数*****）

任务 4.2　工业芯片缺陷图像数据标注

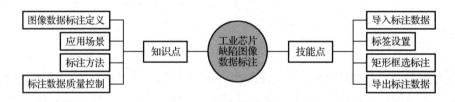

任务导入

中国半导体产业已经取得了一系列的成就和进步。在集成电路设计领域，中国拥有超过2000 家设计企业，涵盖了从通信、计算、消费电子到汽车电子、工业控制等各个细分市场的产品，其中不乏具有国际竞争力的龙头企业，如华为海思、紫光展锐、炬力集成等。在集成电路制造领域，中国拥有超过 100 家制造企业，其中中芯国际、华微电子、长江存储等企业已经实现了 14 纳米及以下工艺的量产，而长电科技、中芯南方等企业也在积极布局 7 纳米及以下工艺的研发和建设。

在半导体制造业中，芯片的质量问题可能导致整个电子设备的故障，芯片质量检测是生产中的关键环节。划痕是常见的表面缺陷，可能严重影响芯片的性能和稳定性。因此，及时准确地检测芯片表面是否存在划痕，对于确保产品质量至关重要。通过对芯片图像数据进行标注，可以为机器学习模型提供高质量的训练数据，使其能够自动判断芯片表面是否存在划痕，提高生产效率，保证芯片质量。

任务描述

本任务将提供 60 张芯片图像，利用 Label Studio 标注平台，完成芯片图像数据是否存在划痕及划痕位置的标注。部分芯片数据集如图 4-2-1 所示，其中，左边两张芯片存在较明显的划痕，右边两张不存在划痕缺陷。

图 4-2-1 部分芯片数据集

知识准备

4.2.1 图像数据标注定义

图像数据标注是一项关键的计算机视觉任务，它涉及将文本或标签分配给图像以描述图像中的对象、区域或特征。这个过程使计算机能够理解图像内容，为各种应用提供有关图像的重要信息。标注通常包括为图像中的元素分配类别标签、边界框或其他描述性信息，从而使计算机可以识别和分析图像中的内容。图像数据标注的主要目的是为机器学习模型提供监督式训练数据。通过将图像与相关标签相结合，模型可以学习如何识别不同对象、执行目标检测、进行图像分类、实现人脸识别等任务。标注数据的质量和准确性对于训练高性能的计算机视觉模型至关重要。

4.2.2 图像数据标注应用场景

图像数据标注是将文本或标签与图像相关联的过程。这些文本或标签可以描述图像中的对象、特征、场景或其他重要信息。标注使计算机能够理解图像，以便执行各种任务。图像数据标注在各种领域中具有广泛的应用，包括但不限于以下四个领域。

（1）计算机视觉。

● 图像分类：将图像分为不同的类别，如猫、狗、汽车等。

● 对象检测：识别图像中的对象，并确定它们的位置。

● 图像分割：将图像分成不同的区域，每个区域具有不同的语义信息。

（2）医学图像分析。

● 病灶检测：在医学图像中标注疾病病灶的位置和属性。

● 器官分割：将医学图像中的器官分割出来，以便进行进一步的分析。

（3）自动驾驶。

● 道路物体检测：标注道路上的车辆、行人、信号灯，以帮助自动驾驶汽车感知周围环境。

（4）媒体和广告。

● 图像推荐：标注图像以改进媒体和广告推荐系统。

标注数据是训练机器学习模型的关键，没有标注数据，模型将无法学习如何理解图像。图像数据标注有助于改进计算机视觉系统的性能，从而在自动驾驶、医学诊断和其他应用中提供更准确的结果。

4.2.3 图像数据标注方法

图像数据标注的方法可分为属性标注、关键点标注、矩形框标注和语义分割标注。图像数据标注不仅仅是为了给图像打上标签，它是一个复杂的过程，旨在为图像提供更深入的信息和上下文。根据应用领域和场景的不同，需要选择合适的图像数据标注方法，为机器学习模型提供训练数据，帮助机器更好地理解和解释图像内容。例如，对于简单的图像分类使用属性标注，而对于语义理解则要使用语义分割标注及属性标注。

1. 属性标注

在图像数据标注中，属性标注旨在为图像中的对象、场景或特征分配准确的标签，以便机器学习模型能够理解并分类这些图像。图像分类是其中一个主要应用领域，通过为图像赋予正确的类别属性标签，模型可以学习到在从未见过的图像中识别和分类物体的能力。

ImageNet挑战是一个著名的图像分类比赛，参与者需要训练模型对数百万张图像进行1000个不同类别的分类，而训练数据就来自于各类图像的属性标注数据集。ImageNet属性标注部分数据集如图4-2-2所示。该挑战推动了图像分类领域的发展，促使了一系列深度学习模型的涌现，如AlexNet、ResNet等。类似地，CIFAR10数据集（如图4-2-3所示）和MINIST数据集（如图4-2-4所示）都是对图像进行属性标注，为每个图像添加了类别标签，方便机器学习模型的训练与开发。

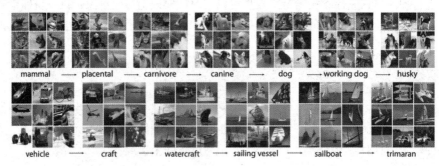

图 4-2-2　ImageNet 属性标注部分数据集

2. 关键点标注

在计算机视觉和机器学习领域，关键点标注是一项重要的任务，它涉及在图像中标记特定对象或特征的关键点。这些关键点通常用于定位和识别对象，如人脸、身体姿势、物体的关键部位等。关键点标注方法在很多视觉任务中有着实际的应用，包括但不限于以下视觉任务。

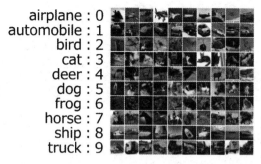

图 4-2-3 CIFAR10 属性标注部分数据集   图 4-2-4 MINIST 属性标注部分数据集

（1）人脸关键点：人脸是计算机视觉领域中的一个热门应用，而人脸关键点标注是实现高精度模型的重要步骤。通过标记人脸面部特征点，如眼睛、鼻子和嘴巴，实现人脸关键点的标注，如图 4-2-5 所示，分别用 12 个、9 个和 20 个关键点标记眼睛、鼻子和嘴巴。人脸关键点标注应用在多个领域中：在人脸识别中，标注人脸关键点有助于构建准确的人脸识别模型，从而用于身份验证和访问控制；在表情分析中，通过分析标注的关键点，可以识别人脸表情，如笑容、愤怒等；在虚拟现实和增强现实中，标注关键点可用于创建逼真的虚拟角色或增强现实效果；在美容应用行业，一些美容应用程序使用人脸关键点标注来进行美容效果的定制，如添加化妆或改变发型。

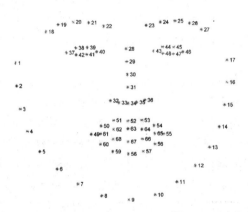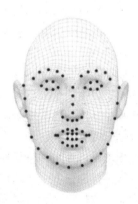

图 4-2-5 人脸关键点标注

（2）人体关键点：标注人体关键点，如肩膀、肘部、膝盖等，以估计人体的姿势和动作，如图 4-2-6 所示。人体关键点标注关注的是人体的一些重要的骨骼关节，如膝盖关节、肘关节、肩关节等。这些关键点的精确位置信息，对于人体姿势估计、动作识别、行为理解等任务具有重要意义。在人体关键点识别中，通常关键点数量可以为 14、17、18 等。每个关键点的定义一般包括静态元素（如头部位置、四肢关节等）和动态元素（如眨眼动作、嘴巴开合等）。人体关键点标注在多个领域中都有着应用：在人体姿势估计中，通过标注人体关键点，有助于估计人体的姿势、动作和姿态，可用于运动分析和人机交互；在个人行为分析中，通过跟踪人体关键点，可以识别和分析不同行为，如散步、跑步、举重等；在医学图像分析中，常用于标注肿瘤、器官和骨骼的关键点，以辅助医学诊断和研究；在人体建模中，主要用于创建虚拟人体模型，用于游戏开发、虚拟现实和动画制作。

图 4-2-6　人体关键点标注

（3）物体关键点：在图像数据标注中，物体关键点标注是一种常见的任务。它主要是在图像中对特定对象进行精细级的标注，包括标注物体的关键部位，它不仅可以帮助我们更好地理解图像中的物体结构，还可以用于训练机器学习模型来自动识别和定位物体，可应用在物体检测、图像匹配和视觉跟踪等领域，利于后续的深度学习模型分析和识别。在物体检测中，标注的关键点根据物体种类和需要解决的问题会有所不同。例如，对于汽车，可以选择车门、车窗、前灯、后灯等作为关键点。

3. 矩形框标注

矩形框标注又叫拉框标注，是一种常用的图像标注技术，可用于检测、目标识别和物体定位等任务。它的目标是为图像中的每个目标分配一个矩形框和属性标签，以标识目标的位置和大小。这种标注方法为机器学习模型提供了目标的位置和大小信息，使得模型能够更好地识别和定位目标。

矩形框标注旨在一张图像中，通过绘制矩形框，来框选出图像中感兴趣的目标或区域。矩形框标注结果可由四个顶点坐标表示，分别是左上角的$(x1, y1)$和右下角的$(x2, y2)$；也可由一个顶点坐标和矩形框的高宽度表示，分别为左上角的$(x1, y1)$、宽度 w 和高度 h。矩形框标注常用于标注自动驾驶下的人、车、物等。矩形框标注还需结合属性标注，通过属性标注出物体的类别。图像矩形框标注是训练目标检测模型所需的数据准备步骤，具有重要的研究和应用价值。例如，在水果检测任务中，通过矩形框标注出水果的类别及位置，如图 4-2-7 所示。

图像矩形框标注在计算机视觉领域中有着广泛的应用。在目标检测与识别任务中，通过图像矩形框标注，可以帮助目标检测和识别算法更准确地定位和识别图像中的目标。矩形框可以提供目标的位置和边界信息，从而得到更精确的目标检测和定位结果。在物体识别与分类任务中，通过标注不同类别的目标矩形框，可以帮助计算机视觉模型学习目标的特征和属性，从而实现对图像中不同类别目标的准确识别和分类。在图像分割与语义理解中，通过标注不同目标的矩形框，可以实现对图像中不同目标的区域划分和语义理解，从而为图像分割和场景理解提供更精确的信息支持。在视频分析与跟踪应用中，通过对视频序列中目标的矩形框标注，可以实现对目标在时间和空间上的跟踪和分析，从而实现对视频内容的理解和跟踪。

4. 语义分割标注

图像语义分割标注（Semantic Segmentation Annotation）是计算机视觉领域中的一项重要任务，旨在将图像划分为不同的语义区域，并为每个像素分配对应的语义标签。与简单的目标检测、图像分类等任务不同，语义分割关注于像素级别的精确识别。准确的图像标注是训练高效语义分割模型的关键。它为算法提供了真实世界的样本，帮助模型学习如何正确地将图像中的像素进行分类。根据实际应用需求，定义要识别的像素对象类别，并为每个类别分配一个唯一的标签。通过语义分割标注，我们可以实现对图像中不同目标和背景的像素级别的理解和区分，从而为计算机视觉算法和应用提供更精确和细致的图像信息。

传统的图像分割方法主要基于像素级的颜色、纹理和形状特征，但这些方法无法准确地捕捉到目标的语义信息。而语义分割通过将图像中的像素分配给不同的语义类别，能够实现对图像内容的更细粒度的理解。语义分割标注是训练语义分割模型所必需的数据准备步骤，具有重要的研究和应用价值。

图像语义分割标注在许多计算机视觉应用中发挥着重要作用。在目标检测与识别中，通过语义分割标注，可以实现对图像中不同目标的像素级别的定位和识别。在图像分割与编辑任务中，语义分割标注可以将图像分割为不同的语义区域，有助于实现对图像的分割、合成和编辑。通过标注不同的语义区域，我们可以在图像中进行像素级别的编辑操作，如背景替换、对象移除等。在自动驾驶与智能交通应用中，语义分割标注具有重要应用，通过对道路、车辆和行人等目标进行语义分割标注，可以帮助自动驾驶系统更准确地理解场景和识别交通对象，从而提高自动驾驶的安全性和性能。在医学图像分析过程中，通过对医学图像中的组织、器官和病变区域进行语义分割标注，可以帮助医生准确诊断和定位疾病，指导治疗和手术规划。如图 4-2-8 所示为道路的语义分割标注，通过对图像中的每个像素定义不同的颜色类别标签，实现不同区域的语义分割。

图 4-2-7　水果矩形框标注

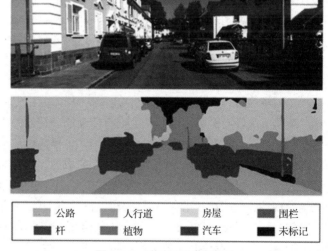

图 4-2-8　道路语义分割标注

4.2.4　图像数据标注质量控制

图像数据标注的质量控制是保证标注结果准确性和一致性的关键步骤。准确性反映标注结果是否与真实情况一致，例如是否正确标注了目标位置、类别等信息。一致性反映不同标注人员或多次标注同一样本结果的一致程度。在计算机视觉领域中，高质量的标注数据对于训练和评估模型的性能至关重要。在机器学习项目中，标注的数据质量决定了最终模型的性能。低质量的标注数据可能导致训练出的模型性能不稳定，无法泛化到新的数据集上。在大规模的图像数据标注任务中，如果标注数据存在错误或不一致性，将会导致机器学习模型的性能下降，从而影响到应用效果。为了保证标注结果的准确性和一致性，需要采取一系列的质量控制措施，包括制定图像数据标注标准，控制标准质量，并对标注结果进行评估。

1. 标注标准制定

制定明确的标注规范和准则是保证标注质量的基础。标注规范应包括对目标类别的定义、标注工具的使用说明、标注对象的边界标定方法等，通过准确的标注规范和准则，可以使标注人员在进行标注时有明确的目标，避免主观因素的干扰。

应根据不同的标注任务制定标准，如矩形框标注需要规定框的最小尺寸、位置限制等。对每个细节都应进行规定，如人体各个部位的标注、目标重叠区域的处理等。

2. 标注质量控制

图像数据标注的质量控制是保障标注质量和提高标注效率的一个重要部分，是确保构建有效的计算机视觉模型的关键。质量控制不仅包括对标注数据的检查与修正，还包括对整个标注过程的管理。

（1）标注人员培训。为了保证标注结果的一致性和准确性，需要对标注人员进行充分的培训。培训内容包括标注规范和准则的解读、标注工具的使用方法、常见问题的处理等。通过培训可以提高标注人员的专业水平和标注质量。

（2）标注任务分配。可以对标注的任务进行随机分配、专业分配及多人分配等相结合的灵活分配方式。随机分配指将标注任务随机分配给标注人员，这种方法简单易行高效，但可能会导致标注人员之间的标注结果存在差异，从而影响到标注数据的一致性。专业分配指将标注任务分配给具有相关专业背景的标注人员，这种方法可以提高标注数据的准确性和一致性，但可能会导致任务分配时间较长。多人分配指将同一标注任务分配给多个标注人员，这种方法可以确保标注结果的一致性和准确性，从而提高标注数据的质量。

（3）标注过程质检。可以随机选择部分样本，由专门的质检人员对标注结果进行复核和验证。质检人员需要对标注规范和准则有清晰的理解，并与标注人员进行交流和反馈。通过样本复核和验证，可以及时发现和纠正标注错误，提高标注结果的准确性。

（4）标注数据的校验及修正。在标注完成后，我们需要对标注数据进行校验，以确保标注数据的准确性。可以邀请第三方进行独立的标注，然后比较两者的结果，以确保标注的准确性。如果发现标注数据存在错误，需要及时进行修正，以确保标注数据的准确性。

（5）标注质量评估。使用定量评估指标来度量标注质量，例如，对于对象检测任务，可以使用准确率、召回率和 F1 值等指标进行评估；对于语义分割任务，可以使用 IoU（Intersection over Union）指标来衡量标注结果与真实标签的一致性。

（6）反馈机制和持续改进。建立良好的反馈机制，及时收集标注人员和质检人员的意见和反馈。通过定期的交流和讨论，可以发现标注流程中的问题和改进点，不断优化标注质量控制策略，提高标注结果的准确性和一致性。

3. 标注结果评估

对于不同类型的图像数据标注任务，有各种不同的定量评估指标可用来评估标注结果的质量。以下是一些常用的定量评估指标及其解析。

（1）准确率（Accuracy）：准确率是最常见的评估指标之一，用于衡量分类任务中标注结果与真实标签的一致性。它表示正确分类的样本数占总样本数的比例。准确率越高，表示标注结果越准确。

$$准确率=正确分类的样本数/总样本数$$

（2）召回率（Recall）：召回率也被称为查全率，用于衡量在目标检测任务中标注结果对真实目标的覆盖程度。它表示被正确检测到的目标数量占真实目标总数的比例。召回率越高，表示标注结果对真实目标的覆盖程度越好。

$$召回率=被正确检测到的目标数量/真实目标总数$$

（3）精确率（Precision）：精确率用于衡量在目标检测任务中标注结果的准确性。它表示被正确检测到的目标数量占标注结果中被检测为目标的样本数的比例。精确率越高，表示标注结果中被检测为目标的样本准确性越高。

$$精确率=被正确检测到的目标数量/标注结果中被检测为目标的样本数$$

（4）F1 值（F1-Score）：F1 值是综合考虑精确率和召回率的评估指标，用于衡量分类和目标检测任务中的综合性能。它是精确率和召回率的调和平均值，可以解决只关注精确率或召回率而忽视另一方面的问题。

$$F1 值=2*(精确率*召回率)/(精确率+召回率)$$

（5）IoU：IoU 是用于衡量语义分割和实例分割任务中标注结果与真实分割之间的重叠程度。它计算标注结果与真实分割的交集区域与它们的并集区域之间的比例。IoU 值越高，表示标注结果与真实分割越接近。

$$IoU=交集区域/并集区域$$

这些定量评估指标可以提供对标注结果质量的量化度量。需要根据具体任务和需求，选择适当的指标进行评估，并结合其他信息综合判断标注结果的质量。此外，还可以使用混淆矩阵、ROC 曲线、AP（Average Precision）等评估指标可以更全面地评估标注结果的质量。

任务实施

图像数据标注任务工单如表 4-2-1 所示。

表 4-2-1　任务工单

班级：		组别：		姓名：		掌握程度：	
任务名称	芯片图像划痕分类标注						
任务目标	完成芯片图像是否存在划痕缺陷的分类标注						
标注数据	芯片图像						
工具清单	Anaconda、Label Studio						
操作步骤	步骤一：打开 Anaconda Powershell Prompt 终端，使用 conda 命令激活虚拟标注环境，启动 Label Studio 数据标注平台 步骤二：使用 Label Studio 新建图像数据分类标注项目，设置标注标签，导入图像数据 步骤三：对芯片图像数据进行有无划痕的标注，检查及修改标注任务，完成所有图像数据的标注 步骤四：查看标注数据的结果，格式化并导出标注结果						
考核标准	1. Label Studio 标注平台的正确启动 2. 标注项目模板的正确选择及标签的设置 3. 标注结果的准确性						

4.2.5 图像数据标注实战

步骤一 启动数据标注平台

参照任务 4.1.6 Label Studio 标注平台环境搭建，进入 Label Studio 数据标注平台。

步骤二 导入标注数据

（1）单击数据标注平台页面上的"Create Project"按钮，就可以开始创建一个新的数据标注项目了，如图 4-2-9 所示。创建项目的过程中需要输入项目名称、标注类型、数据来源、数据格式等基本信息，并且可以根据需要进行高级设置和自定义配置，以满足不同的标注需求。

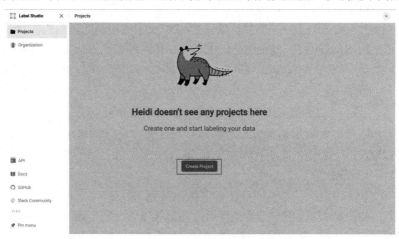

图 4-2-9 创建项目

（2）创建项目后，就可以填写项目名称，如图 4-2-10 所示，选择"Project Name"（项目名称）选项卡，在"Project Name"文本框中输入"芯片划痕分类数据标注"，在"Description"（项目描述）文本框中输入"对芯片图像数据集进行'有划痕'和'无划痕'分类标签的标注"，完成项目基本信息的设置。

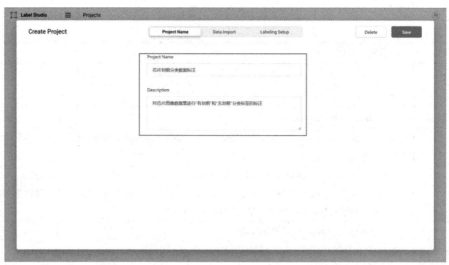

图 4-2-10 输入项目名称

（3）切换到"Data Import"（数据导入）选项卡，进入数据导入页面，准备将需要进行标注的数据文件导入该项目中。可以在"Add URL"（加入网址）标签左边的文本框中输入网址，添加线上网络数据，然后单击"Upload More Files"（上载文件）按钮导入本地文件。导入数据的流程较为简单，用户只需按照任务管理页面指示选择需要导入的数据文件即可，如图 4-2-11 所示，导入了芯片图像数据。

图 4-2-11　项目数据导入

（4）选择 Create Project 页面中的"Labeling Setup"（标注设置）选项卡，进入标注模板选择页面。先在左边标注类型中选择"Computer Vision"（计算机视觉）类型，再在右边出现的模板中选择"Image Classification"（图像分类），可以实现芯片图像分类，如图 4-2-12 所示。

图 4-2-12　标注模板选择

（5）选择"Image Classification"模板后，进入新的页面，单击"×"（删除标签）按钮，可清空"Choices"（标签选项）框中的所有标签，如图 4-2-13 所示，最后单击右上角的"Save"按钮，完成图像分类标注任务的创建。如图 4-2-14 所示，每一行为一个标注任务，对应一张待标注的图像数据。

图 4-2-13　标注任务保存

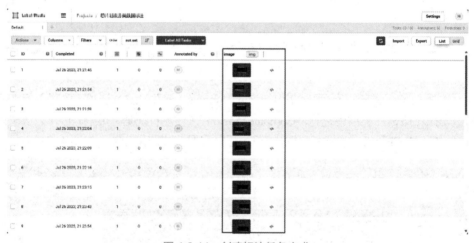

图 4-2-14　创建标注任务完成

步骤三　具体标注任务

使用数据标注平台完成了图像数据标注任务的创建后，接下来将利用数据标注平台按照图像数据标注的方法进行数据标注，具体步骤如下。

（1）在 Label Studio 标注平台首页选择刚刚创建"芯片划痕分类数据标注"任务，单击页面右上角的标注"Settings"按钮，如图 4-2-15 所示。进入标注设置页面后，选择"Labeling interface"（标注交互界面）选项，根据实际任务进行配置。在本次图像分类标注任务中，可将芯片图像分为"有划痕"和"无划痕"两类，每类对应一个中文标签。先清空标签框中的所有标签，然后在"Add label names"（添加标签名称）框中输入"有划痕""无划痕"两个标签，单击"Add"按钮完成标签的添加，最后单击"Save"按钮，完成标注标签的设置，如图 4-2-16 所示。

图 4-2-15　"芯片划痕分类数据标注"设置

图 4-2-16　标注标签设置完成

（2）回到芯片划痕分类数据标注项目界面，可以单击"Label All Tasks"按钮开始数据的标注，用户需要按照标注任务设置的标签和规则，对数据进行标注并提交标注结果。为了提高标注效率和准确性，用户还可以利用快捷键及数据预览、媒体播放等功能进行标注。标注完成后，用户可以对标注结果进行审核和修改，并导出标注数据以供后续分析和使用，如图 4-2-17所示。

图 4-2-17　标注所有图像任务

（3）除图像底部的标签之外，标注界面还可能显示其他元素，如数据来源、标注规则、标注说明等内容。用户需要详细了解这些信息，并在标注过程中严格按照规则进行操作，以确保标注结果的准确和一致性。对于图像标注任务，如果这张图像符合"无划痕"标签的要求，则勾选相应的复选框，表示该图像已经完成了"无划痕"的标注，如图 4-2-18 所示。

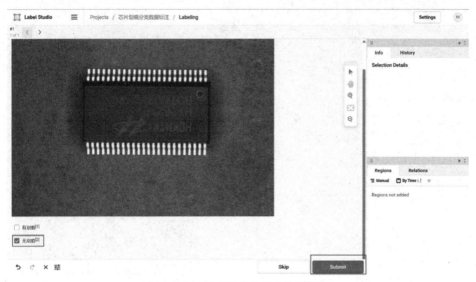

图 4-2-18　无划痕芯片图像数据标注

（4）除了勾选标签前面的复选框，还可以使用快捷键快速完成标注任务。在标注界面中，通常会有相应的快捷键说明，如"1"代表有划痕，"2"代表无划痕等。用户可以使用键盘上的数字键进行标注，按下对应数字键后"1"后，系统会自动帮助用户勾选"有划痕"标签，如图 4-2-19 所示。用户可以继续按快捷键完成其他任务，或单击"Submit"按钮提交标注结果。

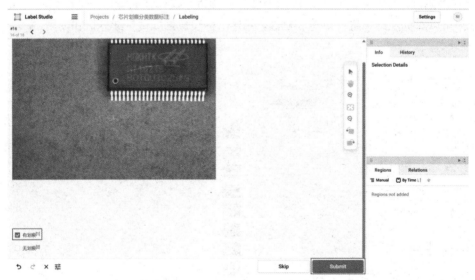

图 4-2-19　有划痕芯片图像数据标注

（5）提交成功后，系统会自动保存标注结果，并跳转到下一张图像数据。新的图像数据会显示在标注界面中，用户可以依照同样的方法进行分类数据的标注。将所有的数据标注完成后，返回到任务的首页，此时可以看到每个任务的标注时间、标签数量及跳过的标签数量。标注结果总览界面如图 4-2-20 所示，每个图像的总标注数量为 1，跳过的标注数量为 0。

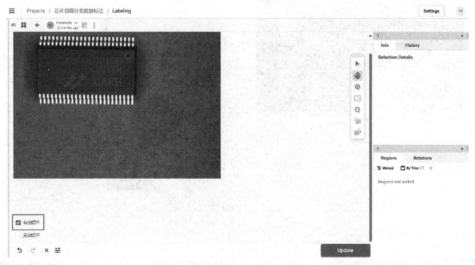

图 4-2-20 图像数据标注总览

步骤四 修改标注任务

（1）如果用户需要对某个已经标注过的图像进行更新修改，可以单击该图像对应的任务行进入该图像的标注任务编辑界面。在这个编辑界面中，用户可以对之前的标注结果进行修改或添加新的标注结果。修改完成后，用户需要保存并更新这次标注结果，这样后续的数据处理和分析才能使用正确的数据。

（2）在标注过程完成后，如果检查发现芯片划痕标注错误，如图 4-2-21 所示，芯片图像无划痕，被错误标记为"有划痕"的图像，则需要进行修改。

图 4-2-21 划痕数据标记错误

此时可在标注任务界面中，重新标注芯片图像划痕标签，如图 4-2-22 所示，再次选择一个正确的图像标签"无划痕"后，单击"Update"按钮，完成图像数据标注结果的修改。在完成更新后，系统会自动保存新的标注结果，覆盖之前的错误标注结果，以确保用户能够使用最新的标注结果进行后续的数据处理和分析。

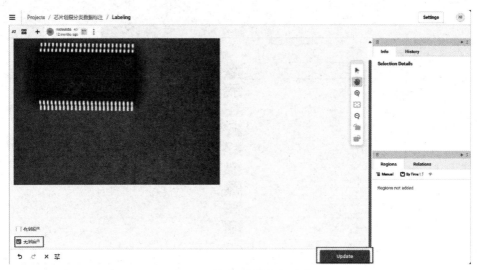

图 4-2-22　修改图像数据标注结果

（3）标注内容修改更新完成后，单击界面上方的"芯片划痕分类数据标注"项目名，如图 4-2-23 所示，可返回到图像数据标注项目首页，查看标注任务列表。如果还需要对某个图像标注任务进行修改，可再次单击该图像对应的任务行，进入标注任务界面。

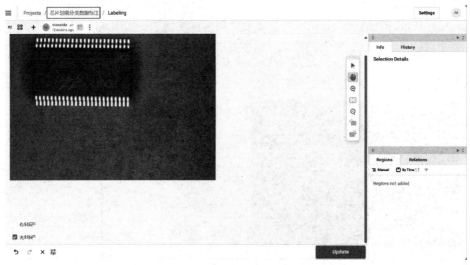

图 4-2-23　返回标注任务列表

步骤五　导出标注数据

数据标注最终的目的是用于后续的人工智能的应用。所以当数据标注结束后，需要导出标注结果用于后续的其他任务中。数据标注平台提供了多种格式数据导出的功能，满足不同情况下的数据格式。具体步骤如下。

（1）完成所有的数据标注，且检查无误后，单击标注任务行右侧的"</>"按钮，可以查看该图像的标注信息，如图 4-2-24 所示。

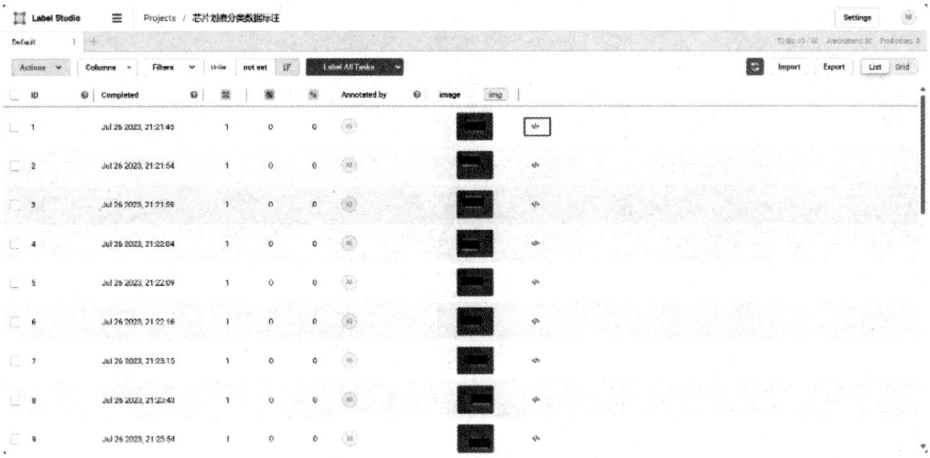

图 4-2-24 查看图像标注信息

（2）如图 4-2-25 所示为数据标注的结果，结果以 JSON 格式进行显示。下面以其中的核心模块为例进行说明。其中，第一个"id"对应值表示该图像标注的唯一编号，"image"表示待标注的图像来源。"results"模块表示标注结果信息，"choices"指标注结果，如"无划痕"。通过这些信息，用户可以了解每个标注图像的详细信息，并对标注结果进行进一步的分析和处理。此外，用户还可以通过查看标注信息来识别和纠正标注中存在的错误和不足之处，以提高数据的质量和精度。

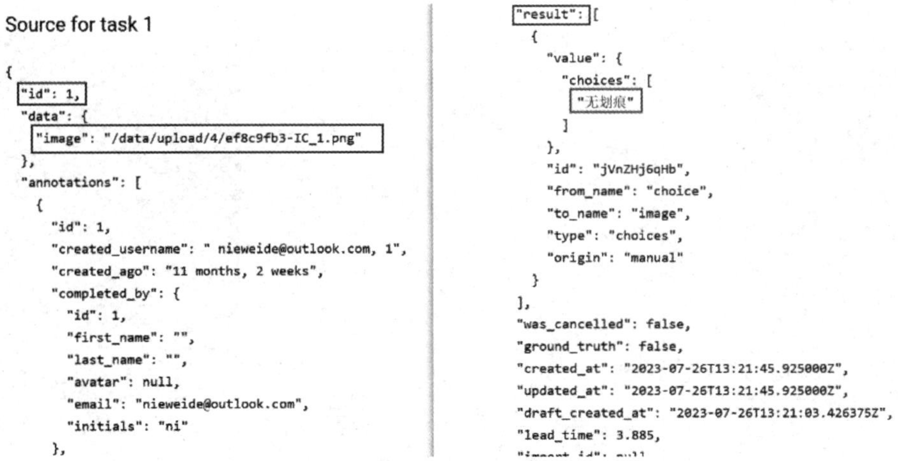

图 4-2-25 标注结果核心模块

（3）当用户完成对所有图片的标注工作并确认无误后，可以单击界面右上角的"Export"按钮，如图 4-2-26 所示，导出标注内容至指定位置。导出的格式通常为常用的数据格式，如 CSV 或 JSON 格式，并且可以根据用户的需求进行自定义设置。导出后的数据可以方便地被其他程序或系统所读取和使用，同时，导出的数据也可作为标注工作的备份，以便日后随时查阅和使用。

图 4-2-26　选择导出图像标注数据

（4）如果希望将标注内容以 JSON 格式导出，可以选择 JSON 格式并单击"Export"按钮，如图 4-2-27 所示。JSON 是一种轻量级的数据交换格式，具有结构清晰、易于阅读和解析的特点，因此在数据共享和交换中被广泛应用。导出的 JSON 格式文件包括图片的文件名、标注框的位置和标签信息等，并且可以按照一定的格式进行自定义设置。用户可以利用导出的 JSON 格式数据进行后续数据处理和分析，以满足各种不同的应用需求。

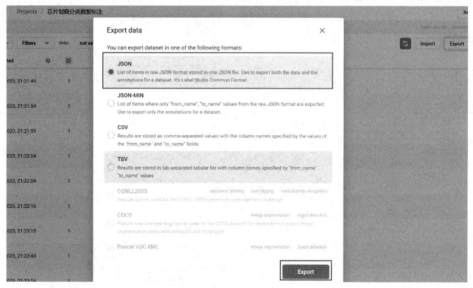

图 4-2-27　导出格式选择

（5）用户可以通过单击导出的 JSON 文件来查看所有标注信息。导出的 JSON 文件通常包含一份关于图像的信息清单和相应的标注信息，包括标注框的位置、标注框所对应的标签信息等，如图 4-2-28 所示。通过导出的 JSON 文件，用户可以快速地获取标注结果并进行使用和管理，同时，还可以根据需要对导出的 JSON 文件进行编辑和修正，实现更为精细化和个性化的标注需求。

```
{
    {
        "id": 514821,
        "annotations": [
            {
                "id": 303,
                "completed_by": 30,
                "result": [
                    {
                        "id": "j2LLs-mFRs",
                        "type": "choices",
                        "value": {
                            "choices": [
                                "有划痕"
                            ]
                        },
                        "origin": "manual",
                        "to_name": "image",
                        "from_name": "choice"
                    }
                ],
                "was_cancelled": false,
                "ground_truth": false,
                "created_at": "2023-01-31T16:24:48.964737+08:00",
                "updated_at": "2023-01-31T16:24:48.964755+08:00",
                "lead_time": 0.524,
                "prediction": {},
                "result_count": 0,
                "task": 514821,
                "parent_prediction": null,
                "parent_annotation": null
            }
        ],
        "file_upload": "776f478b-IC_1.png",
        "drafts": [],
        "predictions": [],
        "data": {
            "image": "\/data\/upload\/171\/776f478b-IC_1.png"
        },
        "meta": {},
        "created_at": "2023-01-31T16:01:07.898024+08:00",
        "updated_at": "2023-01-31T16:24:49.000182+08:00",
        "inner_id": 60,
        "total_annotations": 1,
        "cancelled_annotations": 0,
        "total_predictions": 0,
        "project": 171,
        "updated_by": 30
```

图 4-2-28 导出的标注信息

任务小结

本任务学习了图像分类的定义、图像分类的应用场景、图像分类数据标注的方法，希望通过识别和标注这些图像，使用标注工具进行芯片划痕分类数据标注的实现，为芯片生产行业提供更加精准和高效的检测手段。

在人工智能数据标注的工作中，图像标注不准确可能有严重的负面影响，如模型性能下降、误判率增加、鲁棒性降低、信任度下降等，所以确保图像标注的准确性至关重要。数据标注师需要具备专业的技能和经验，同时，企业也应加强数据标注的质量控制和审核流程，确保标注数据的准确性和一致性。

练习思考

练习题及答案与解析

（1）请简要解释什么是图像数据标注，并说明其在机器学习中的作用。（难度系数*）

（2）从计算机视觉、医学图像分析、自动驾驶和媒体广告中，选择一个你感兴趣的应用场景，并说明在该场景中图像数据标注的具体应用。（难度系数**）

（3）下载 10 张含有猫或狗的图片，对该组图片进行分类标注，为每张图片标记"cat"或"dog"。（难度系数***）

（4）下载 10 张包含汽车的图片，对该组图片使用矩形框标注，并标记其类别。（难度系数***）

在本书配套资源任务中的"拓展提高"文件夹中，提供了 3 种类型的水果，要求使用标注工具对 3 种类型的水果进行数据标注，并将标注结果导出为 JSON-MIN 格式。标注数据集如图 4-2-29 所示。（难度系数*****）

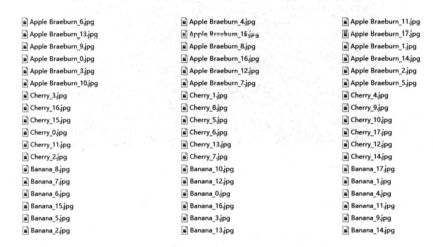

图 4-2-29　标注数据集

任务 4.3　交通视频数据标注

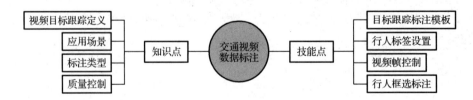

在构建智能交通系统的过程中，保护行人安全至关重要。由于行人在交通环境中相对脆弱，因此开发高效的行人检测与跟踪技术显得尤为重要。这类技术使得智能交通系统能够及时识别

行人的位置，并采取必要的安全措施，如发出预警信号或调整车辆行驶速度，从而显著降低行人与车辆发生碰撞的可能性，确保行人的生命安全得到有效保障。对于自动驾驶技术而言，精准的行人检测与跟踪不仅是提升道路安全的关键因素，也是实现自动驾驶汽车安全行驶的基石。通过在交通监控视频中对行人进行精确地跟踪标注，能够为机器学习模型提供大量高质量的训练数据。这些数据对于训练和优化行人检测与跟踪算法至关重要，使得智能交通系统能够在各种复杂环境下实现对行人的实时检测和准确跟踪，进一步提升系统的运行效率和安全性。

任务描述

本任务将提供一段视频，利用 Label Studio 标注平台，对视频中出现的行人进行跟踪标注。核心目标是在视频的每一帧中准确识别并标注出行人的位置和身份，确保机器学习模型能够从这些数据中学习到精确的行人行为模式。具体而言，本任务涉及的视频资料将展示一个动态的交通场景，其中包含三个行人的行动轨迹，截取视频中的部分帧如图 4-3-1 所示，最后一帧中行人慢慢走出视野。

图 4-3-1　视频中的部分帧

知识准备

4.3.1　视频目标跟踪标注定义

视频行人跟踪标注是智能交通系统中的一项关键技术，其技术核心在于对视频监控系统中的移动目标进行自动化的追踪与深入分析，通过对目标的运动轨迹和特征的细致分析，为目标识别、行为分析及安全预警等高级应用提供坚实的数据支持。行人跟踪作为目标跟踪技术的一个典型应用场景，如图 4-3-2 所示。目标跟踪标注过程通常由三个基本步骤构成：目标检测、目标跟踪和目标识别。

图 4-3-2　行人跟踪

首先，目标检测通过应用一系列图像处理技术，如背景建模、帧间差分和基于纹理特征的检测等，来自动识别目标的位置和大小，并将目标从背景中分离出来，这是跟踪和识别视频中特定目标的初步步骤。随着深度学习技术的发展，基于 RCNN、YOLO、SSD 等深度学习算法的目标检测方法因其高准确率和强大的泛化能力，已成为该领域的主流技术。

其次，目标跟踪负责在目标发生移动或被遮挡的情况下，维持对目标的持续追踪，并准确估计其运动状态。传统的目标跟踪方法如模板匹配、卡尔曼滤波和粒子滤波等，已被证明在某些情况下非常有效；而深度学习的目标跟踪算法，如 Siamese Network 和 MOT 等，因其高鲁棒性和强大的适应性，在处理复杂场景时展现出更大的优势。

最后，目标识别是对已跟踪目标进行深入分析的过程，通过提取目标的特征并进行分类，实现对目标的自动识别。传统的图像处理算法，如 SIFT、HOG 等，在特征提取方面发挥了重要作用；而深度学习的目标识别算法，如 CNN、RNN、GAN 等，凭借其出色的表征能力和泛化性能，已成为目标识别的核心技术。

综上所述，视频行人跟踪标注通过这三个步骤的紧密协作，为智能交通系统提供了精确的行人行为数据，从而极大地提高了系统的安全性和效率。

4.3.2 视频目标跟踪标注应用场景

数据标注行业是为人工智能服务的，目标跟踪标注（Object Tracking Annotation）是指在视频中对某个目标的轨迹进行跟踪和标记的过程。它主要应用于交通管理、商业、安防、娱乐、医疗等领域，在提高生产效率、保障人民安全、优化服务质量等方面发挥着重要作用。

1. 目标跟踪标注在交通管理领域的应用

目标跟踪标注在交通管理领域有着广泛的应用。通过对交通路口或道路上车辆的跟踪标注，可以为交通管理提供丰富的数据支持和分析基础。目标跟踪标注在交通管理领域具体有以下应用。

（1）交通流量统计：通过目标跟踪标注，可以准确计算道路上的车辆数量和流量。这些统计数据对于交通规划、拥堵研究和道路资源配置非常重要。交通管理人员可以根据这些数据进行智能信号灯控制，优化道路交通流动，提高通行效率。

（2）交通事故分析：目标跟踪标注可以提供交通事故发生前的行驶轨迹和车辆动态信息。这些数据可以帮助交通管理人员重现事故过程，分析事故原因，提供事故处理的依据。此外，通过对事故车辆的标注，还可以快速定位和跟踪事故车辆，提供实时的救援和处理。

（3）交通违法监测：通过目标跟踪标注，可以对交通违法行为进行监测和记录如超速、闯红灯、逆向行驶等违法行为。可以通过跟踪标注进行实时监测和记录，提供有效的证据用于交通违法处罚和监管。

（4）交通运行状态监控：目标跟踪标注可以实时监测道路交通的运行状况，包括车辆密度、车速、行驶轨迹等。这些信息可以帮助交通管理人员及时判断和处理交通拥堵、事故等突发情况，提高对交通运行状态的感知和应对能力。

（5）车辆轨迹分析：通过对目标跟踪数据的标注，可以分析车辆的行驶轨迹和行为模式。这对于交通管理人员来说是非常有价值的，可以帮助他们了解车辆的通行规律和偏好，优化道路规划和交通管理策略。

2. 目标跟踪标注在商业领域的应用

随着计算机视觉、机器学习和人工智能的发展，目标跟踪标注已经被逐渐应用到商业领域，并发挥着越来越重要的作用，可以帮助企业提高效率、改善客户体验及推动业务增长。目标跟踪标注在商业领域具体有以下应用。

（1）零售业：随着新零售的发展，目标跟踪标注在零售业中的应用逐渐显现其价值。例如，通过使用目标跟踪标注技术，零售商可以分析店铺中客户的行为和购物路径，进一步了解其购物习惯和喜好，以便进行产品布局调整和精准营销。同时，通过目标跟踪标注也可以提高商品库存管理的准确性和效率，对缺货和滞销商品进行实时监控，为库存管理提供数据支持。

（2）物流和供应链管理：在物流和供应链领域，目标跟踪标注可以用于实时跟踪和管理货物的运输过程。通过标注货物和车辆，可以实时监控货物的位置和状态，并进行路线优化、配送调度及库存管理，提高物流效率和透明度。同时，也可以对仓库中的货物进行目标跟踪和标注，提高库存管理的准确性和效率。

（3）广告和市场营销：目标跟踪标注可用于广告和市场营销活动中的目标客户识别和触达。通过目标跟踪标注发现潜在客户或目标群体，可以更精确地分析他们的兴趣、需求和行为特征，进而有针对性地进行广告投放、个性化推荐和精准营销，提高广告投资回报率。例如，在监控视频中，通过目标跟踪标注技术，可以对人物、物品等目标进行精细化标注和跟踪，寻找广告最佳投放点及投放时间，提高广告效果。

（4）客户服务与支持：目标跟踪标注可用于客户服务和支持中的实时监控和反馈分析。通过跟踪目标的行为、情绪或面部表情，可以及时发现客户的需求、满意度及问题所在。这样，企业可以更好地了解客户，提供个性化的服务和支持，增强客户忠诚度和满意度。

（5）公共安全与监控：在公共安全领域，目标跟踪标注可以用于实时监控和事件响应。通过标注人员、车辆或异常行为，可以帮助警方或安保部门迅速识别潜在风险和犯罪行为，采取相应的措施保护公共安全。比如，通过目标跟踪和识别，我们可以实现车辆的自动识别和跟踪，对非法车辆进行有效监控。同时，也可跟踪人物行为，当其行为达到预设的规则时生成报警，有效防止违法犯罪行为。在银行、超市等公共场所设置监控摄像头，通过目标跟踪标注技术实现实时监控和预警，可以大幅提高防范风险的能力，进而保护人身财产安全。

3. 目标跟踪标注在娱乐领域的应用

目标跟踪标注在娱乐领域有着广泛的应用，可以提升娱乐体验的互动性、视觉效果和创意表达。目标跟踪标注在娱乐领域具体有以下应用。

（1）影视制作：目标跟踪标注在影视制作中被广泛使用。通过标注电影或电视剧中的人物、道具和特效元素，可以实现后期制作中的精确跟踪和编辑。标注人物的运动和位置，可以在后期制作中添加特效、改变背景或实现角色替换。此外，通过标注特殊效果元素，如爆炸、火焰、粒子效果等，可以在后期制作中进行精确的视觉特效处理，增强观众的观影体验。在特定角色周围添加光环效果，或在角色手中使光剑等虚构道具动态出现，都需要通过目标跟踪标注技术来完成。目标跟踪标注为影视制作提供了更多的后期处理手段，使得电影和电视剧能够呈现出更加逼真、震撼的视觉效果。

（2）虚拟现实和增强现实：目标跟踪标注在虚拟现实和增强现实应用中扮演着关键角色。通过实时标注用户的手势、面部表情和身体动作，可以实现与虚拟场景的交互。用户可以通过手势来进行虚拟界面的操作，与虚拟对象进行互动，或将虚拟元素与现实世界进行叠加。标注现实环境中的物体和区域，可以实现增强现实应用中的虚实融合效果，让用户在真实场景中感受到增强的互动体验。通过目标跟踪标注，虚拟现实和增强现实应用能够提供更加沉浸式、逼真的用户体验。

（3）舞台演出：目标跟踪标注在舞台演出中也有很多应用。通过标注舞者的身体动作和姿势，可以实现实时的舞蹈动作跟踪和对音乐的同步控制。这有助于创造出更加流畅和精确的舞蹈表演效果。此外，标注舞台上的灯光和视觉效果，可以实现与舞台演出的精确配合，营造出令人惊艳的视觉盛宴。通过目标跟踪标注，舞台演出能够实现更加精准、华丽的舞蹈和视觉效果，为观众呈现出独特的舞台魅力。

（4）展览展示：在现代的博物馆和艺术展览中，寻常的参观体验已经无法满足人们越来越高的需求。通过目标跟踪标注，可以实现丰富的交互效果。例如，当参观者靠近某个展品时，相关的内容、历史信息等将会自动出现在适当的位置，让参观者更容易一次性掌握全部信息。

（5）社交媒体：在社交媒体应用，如抖音、快手等短视频平台中，利用目标跟踪标注技术可以帮助用户创作富有趣味性和引人入胜的内容。例如，通过这项技术，媒体应用可以运算出用户面部的位置和表情变化，改变或增添预设的滤镜效果，甚至把虚拟道具和特效添加进实时视频，丰富用户发布的内容和交互体验。

（6）趣味娱乐应用：目标跟踪标注也可以被应用于各种趣味娱乐应用中。例如，通过标注用户的动作和表情，可以实现面部识别、身体变形或特殊效果的应用，让用户在娱乐过程中获得更多的乐趣和创意体验。此外，利用目标跟踪标注还可以开发各种增强现实游戏、虚拟换装应用、移动表情包等有趣的应用，为用户带来更丰富多样的娱乐选择。通过目标跟踪标注，趣味娱乐应用能够实现更加个性化、创新的用户体验，提供更多的娱乐方式和互动形式。

4.3.3　视频目标跟踪标注类型

在进行目标跟踪标注之前，需要知道有哪些目标跟踪标注的类型。目标跟踪标注涉及多种类型，其中 2D 物体标注和关键点标注是常见的两种标注类型。

图 4-3-3　矩形框标注

（1）2D 物体标注：对图像或视频中的目标物体进行边界框标注，通常使用矩形框来表示目标的位置和边界。这种标注方法适用于需要跟踪目标物体位置、识别对象或进行目标检测等任务。矩形框标注是一种常见的目标跟踪标注类型，如图 4-3-3 所示，通过在图像或视频帧中选择目标对象，用鼠标或其他工具在目标对象周围绘制一个矩形框，框选出目标的位置，确定矩形框的位置和尺寸，通常用矩形框的左上角坐标和宽度、高度来表示。在每一帧中都要更新矩形框的位置，以跟踪目标对象的运动。矩形框标注可以用于目标跟踪、行人计数等计算机视觉任务中。使用矩形框标注可以简单直观地标注出目标的位置和边界，为后续的目标跟踪算法提供训练数据。此外，矩形框标注还可用于评估目标跟踪算法的性能。

（2）关键点标注：是一种在图像或视频中标注出特定目标的关键点位置的标注类型。这些关键点通常是目标的重要部位或特征点，通过标注关键点可以精确地描述目标的形态、姿态或其他属性。关键点标注被广泛应用于计算机视觉领域的各种任务，如人脸关键点标注、姿态估计、手势识别等。它可以帮助我们理解目标的结构和形态，提取有用的信息，从而实现更精确的分析和处理。

4.3.4　视频目标跟踪标注规则

目标跟踪技术是计算机视觉领域的重要研究方向，可以被应用于视频监控、智能驾驶、无人机等多个领域。而目标跟踪标注作为目标跟踪技术的重要数据源之一，其规范化十分重要。下面将从标注区域、目标位置、目标属性、标注质量、标注格式和标注统一性六个方面详细介绍目标跟踪标注的规则。

（1）标注区域：指标注出来的目标框或其他形状所覆盖的区域。在进行目标跟踪标注时，标注区域必须精确地覆盖住目标，不能超出目标范围。对于有明显边缘的目标，如车辆或行人，标注人员需要将其完整地包围在标注框内；对于没有明显边缘的目标，如雾霾、云彩等，需要根据目标的边缘特征进行合理地标注。此外，标注区域的大小也需要适当，不要过大或过小。

（2）目标位置：指标注出来的目标在图像中的位置，它是目标跟踪中最基本的数据。在进行目标跟踪标注时，标注的目标位置应该准确地反映出目标在图像中的位置，避免偏差过大。对于运动目标，如车辆、行人等，需要标注目标的位置随时间的变化情况。对于静态目标，如建筑物、交通标志等，需要标注其在图像中的准确位置。一般来说，可以使用矩形框或多边形等方式标注目标的位置。在标注时需要注意避免遮挡、错位等问题，以确保标注的准确性。

（3）目标属性：目标属性是指根据任务需要，需要标注目标的一些属性信息，如目标类型、颜色、大小等。这些属性信息对于目标跟踪算法的训练和优化具有重要作用。例如，在针对车辆的目标跟踪任务中，需要标注车辆的类型、品牌、颜色等信息，以便更好地区分不同的车辆。而在针对行人的目标跟踪任务中，则需要标注行人的性别、衣着等信息。

（4）标注质量：指标注结果的准确度和可靠性，它直接影响到目标跟踪算法的效果。在进行目标跟踪标注时，需要保证标注的质量。对于单个标注人员，需要进行多次验证和修正，避免出现偏差。对于多人协作标注，需要保证标注的统一性，即每个标注人员对同一个目标的标注结果一致。此外，在进行目标跟踪标注时，还需要记录下标注的准确度和可靠性，以便后续的数据分析和算法优化。

（5）标注格式：指标注数据的组织形式。在进行目标跟踪标注时，常见的标注格式有 XML、JSON 等。这些格式都有其特定的标记语言和标注规范，需要按照规定格式进行标注。例如，在 XML 格式中，需要定义目标框的位置、大小、类别等信息，并用特定的 XML 标签进行表示。

（6）标注统一性：指在多人协作标注时，需要保证各个标注人员对同一个目标的标注结果一致。在进行目标跟踪标注时，可能会出现不同标注人员对同一个目标进行标注时，由于主观因素或其他原因，导致标注结果存在差异的情况。为了保证标注的统一性，需要制定相应的标注规范和流程，并提供标准的训练和评估机制，帮助标注人员更好地理解标注任务和标注标准。

任务实施

视频数据标注的任务工单如表 4-3-1 所示。

表 4-3-1　任务工单

班级：		组别：		姓名：		掌握程度：	
任务名称	视频目标跟踪标注						
任务目标	完成视频中出现的多目标人物的跟踪标注						
标注数据	行人视频						
工具清单	Anaconda、Label Studio						
操作步骤	步骤一：打开 Anaconda Powershell Prompt 终端，使用 conda 命令激活虚拟标注环境，启动 Label Studio 数据标注平台 步骤二：使用 Label Studio 新建视频目标跟踪标注项目，设置标注标签，导入视频数据 步骤三：对视频数据进行逐帧标注，通过控制视频帧，在每一帧图像中，标注目标对象标签，并用矩形框定位目标对象的位置，完成所有视频帧图像数据的标注 步骤四：查看视频标注数据的结果，格式化并导出标注结果						
考核标准	1. Label Studio 标注平台的正确启动 2. 视频目标跟踪标注项目模板的正确选择，标签设置及目标对象的框选定位标注 3. 标注结果的准确性						

4.3.5　视频数据标注实战

步骤一　启动数据标注平台

参照任务 4.1.6 Label Studio 标注平台环境搭建，进入 Label Studio 数据标注平台。

步骤二　创建视频数据标注任务

（1）进入数据标注平台后，创建一个新的数据标注项目，填写项目名称"视频行人跟踪标注"和项目描述"视频数据标注，对视频中出现的行人进行跟踪标注"，完成项目基本信息的设置。

（2）在"Data Import"选项卡中，导入需要进行标注的数据文件（3 个本地视频文件），如图 4-3-4 所示。

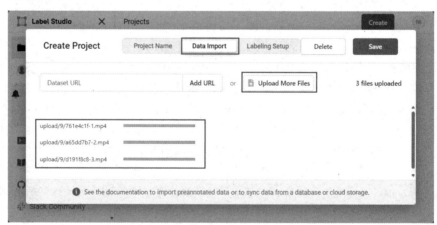

图 4-3-4　项目数据导入

（3）在"Labeling Setup"选项卡中，先在左边标注类型中选择"Video"类型，再在右边出现的模板中选择"Video Object Tracking"（视频目标跟踪），如图 4-3-5 所示。

图 4-3-5　标注模板选择

（4）选择"Video Object Tracking"模板后，进入新的页面，如图 4-3-6 所示，单击右上角的"Save"按钮，完成视频行人跟踪标注任务的创建。保存后会返回到视频行人跟踪标注项目界面，如图 4-3-7 所示。

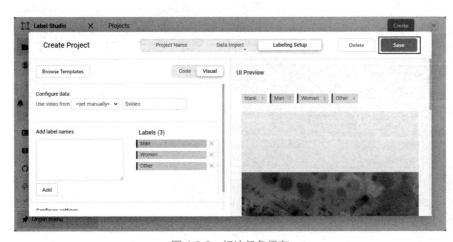

图 4-3-6　标注任务保存

图 4-3-7　视频行人跟踪标注项目界面

步骤三 具体标注任务

使用数据标注平台完成了视频数据标注任务的创建,接下来将利用数据标注平台按照视频数据标注的规则进行数据标注,具体步骤如下。

(1)在 Label Studio 标注平台首页选择刚刚创建"视频行人跟踪标注"任务,单击页面右上角的标注"Settings"按钮。进入标注设置页面后,选择"Labeling interface"选项,根据实际任务进行配置。在本次任务视频数据标注任务中,最多人数为 3 人,每个人需要一个对应的标签,按照视频中第一个出现或走在最前面的人为"行人甲",以此给每个人设定标签。先清空标签框中的所有标签,然后在"Add label names"框中输入"行人甲""行人乙""行人丙"三个标签,单击"Add"按钮完成标签的添加,如图 4-3-8 所示。最后单击"Save"按钮,完成标注标签的设置。

图 4-3-8 添加标注标签

(2)回到视频行人跟踪标注项目界面,可以看到每段视频被作为一个单独的样本,需要分别对每个样本进行标注。单击"Label All Tasks"按钮,对上传的所有数据进行标注,如图 4-3-9 所示。

图 4-3-9 标注所有视频任务

(3)进入视频数据标注界面,如图 4-3-10 所示。观察整个标注界面,行人标签在本段视频的上方,其中"blank"表示当前帧没有目标对象。视频下方左边显示当前帧数和总帧数,分别为 1 和 216，视频下方中间显示有视频播放控制按钮，视频下方右边显示视频当前时间和总时间。为了标注得更加精确，可以使用"Shift+鼠标滚轮"来对视频进行放大缩小，使用"Shift+鼠标左键"来移动视频。首先需要找到标注目标，如果目标过小，可将标注目标放大到合适的尺寸。如果视频开始无标注目标，可以单击"播放/暂停"按钮，来到标注目标出现的那一帧。

图 4-3-10　视频数据标注界面

（4）进行视频行人跟踪标注分为两个步骤。首先选择行人标签，然后使用标签框框选标注。通过观察数据样本，视频中共出现三个行人，对三个行人使用三个不同的标签，按照画面中先出现的第一个人或在最前面的第一个人为"行人甲"的规则，给三个行人选择不同的标签框选，框选要尽量与行人贴合。

同时为了使得标注更加便捷，平台也提供了每个标签的快捷键，如"行人甲"的快捷键为"2"，"行人乙"的快捷键为"3"，"行人丙"的快捷键为"4"。选择行人标签后，使用鼠标左键框选行人目标，完成当前帧出现的所有行人的标签及位置的矩形框选标注。当某个标签框标注得不够贴合时，可以单击那个标签框来调整，使其更加贴合。视频第一帧行人目标标注的结果如图 4-3-11 所示。

图 4-3-11　视频第一帧行人目标标注

（5）完成了视频第一帧的行人目标标注后，可以单击"播放/暂停"按钮来播放视频帧，当行人走动得与标签框不一致时，可暂停视频，如图 4-3-12 所示。

图 4-3-12　行人目标不在标签框内

（6）将视频暂停后，可对当前帧再次矫正标注行人目标。选择相应的标签框来调整，使相应的行人目标与矩形框贴合，如图 4-3-13 所示。重复此步骤来将这个视频的剩余部分标注完。

图 4-3-13　行人目标重新标注

（7）如果通过单击"播放/暂停"按钮跳过了你想要的帧，则可单击"后退一帧按钮"和"前进一帧按钮"进行调整，如图 4-3-14 所示。

图 4-3-14　前进或后退一帧

（8）需要注意每个行人的标签框，要跟踪到视频的最后一刻，当行人目标只部分显示时，也需要使用标签和标签框进行标注，如图 4-3-15 所示。

图 4-3-15 行人目标部分显示时标签框

（9）在视频结束前，即使行人已经走出画面，对应的标签框也要标出画面，不能停留在画面中，如图 4-3-16 所示。

图 4-3-16 行人甲走出画面

（10）当视频的最后一帧标注完成，可单击"播放/暂停"按钮来查看标注效果，检查是否有漏标的情况。当在查看的过程中发现标签框与行人目标相差较大时，可选择相应帧的行人标签框进行调整。确认视频中所有标注无误后，单击"Submit"按钮完成本视频的标注，如图 4-3-17 所示。标注成功提交后，会自动跳转到下一个视频数据，按照同样的方法进行标注。

（11）以同样的方法，将所有的视频段标注完成后，返回到任务的首页，此时可以看到每个任务的标注时间、标签数量及跳过的标签数量。标注结果总览界面如图 4-3-18 所示，每个视频段的总标注数量为 1，跳过的标注数量为 0。

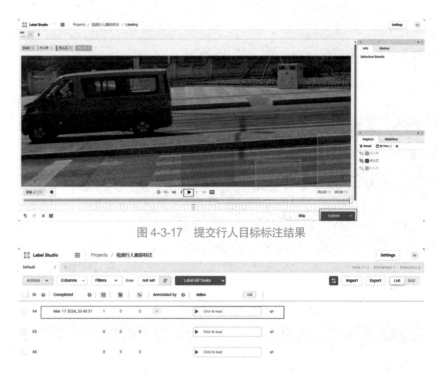

图 4-3-17　提交行人目标标注结果

图 4-3-18　视频数据标注结果总览

步骤四　修改标注任务

（1）如果要对某个视频标注任务进行修改，打开视频数据标注项目的首页，可以看到任务列表，单击该视频对应的任务行，可以进入标注任务编辑界面。

（2）若在标注过程中，不小心多标注了一个标签框，则可以单击这个标签框，再单击标注页面左边栏的"删除"按钮，将标签框删除，如图 4-3-19 所示。删除错误标注框后，为确保新的标注结果能够覆盖之前的错误标注结果，需要单击"Update"按钮，完成视频数据标注结果的修改。在完成更新后，系统会自动保存新的标注结果，覆盖之前的错误标注结果。

图 4-3-19　删除标签框

（3）若在视频的某一帧中，出现行人目标不在对应的标签框中，可选中视频标注任务行后，进入任务编辑界面，例如，修改"行人乙"的标签框后，单击"Update"按钮，完成视频数据标注结果的修改并保存，如图 4-3-20 所示。

图 4-3-20 修改"行人乙"的标签框

步骤五 导出标注数据

（1）完成所有的数据标注，且检查无误后，单击标注任务行右侧的"</>"按钮，可以查看该视频的标注信息。

（2）如图 4-3-21 所示为数据标注的结果，结果以 JSON 格式进行显示。下面以其中的核心模块为例进行说明。其中，第一个"id"对应值表示该视频标注的唯一编号，"video"表示该视频的存储路径。"results"模块表示标注结果信息，"type"指标注类型为视频矩形框标注（"videorectangle"），"lables"表示标注行人标签为"行人甲"，"sequence"表示"行人甲"的矩形框标注结果，其中"x,y,width,height"分别为矩形框的左上角、宽度和高度，"time"指此标注框持续的时间为 0.04 秒。

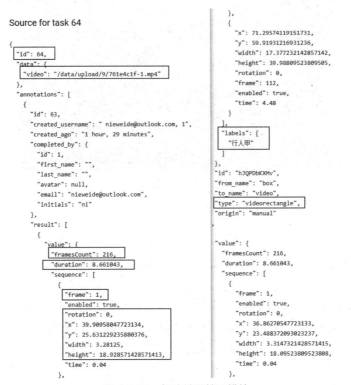

图 4-3-21 标注结果核心模块

（3）如果用户希望将标注内容以 JSON 格式导出，可以选择 JSON 格式，并单击"Export"按钮。

（4）导出的 JSON 文件通常包含一份关于视频片段的信息清单和相应的标注信息，包括标注框的位置、标注框所对应的标签信息等，如图 4-3-22 所示。

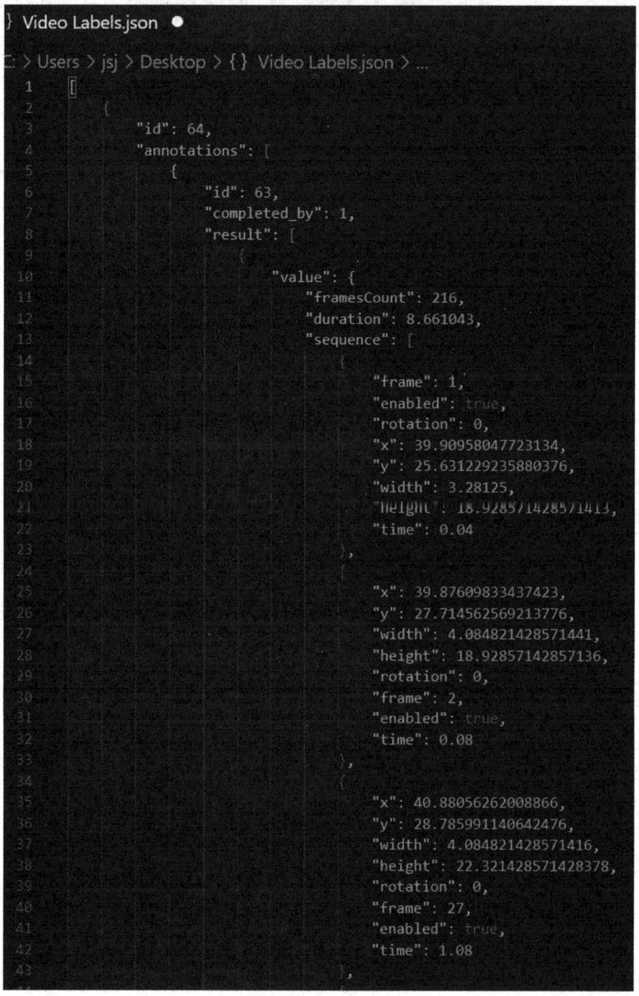

图 4-3-22　导出的标注信息

任务小结

　　目标跟踪技术是计算机视觉领域的关键组成部分，其核心任务是在连续的视频帧中识别、定位并持续追踪特定目标。通过深入学习本任务，学生对目标跟踪的概念有了透彻的理解，并且掌握了目标跟踪标注在不同应用场景中的实用价值。学习过程中，重点介绍了利用先进数据标注平台的方法，尤其是在行人目标跟踪标注方面的应用，为实践操作提供了平台。这种将学习与实践相结合的方法，有助于在智能交通系统等领域中，为目标跟踪标注技术的应用打下坚实的基础。

练习思考

练习题及答案与解析

实训任务

（1）请简述智能交通系统中行人检测与跟踪技术的重要性，并说明其在保障行人安全中的作用。（难度系数*）

（2）请简要解释视频目标跟踪的定义，并列举出目标跟踪过程中的三个基本步骤。（难度系数**）

（3）下载一段包含一辆汽车的短视频，使用矩形框标注汽车。（难度系数***）

（4）下载三段视频，对视频进行分类标注。（难度系数****）

拓展提高

在本书配套资源任务中的"拓展提高"文件夹中，提供了行人追踪数据集，在该数据集中，找到4人作为标注跟踪对象，设置为"行人甲""行人乙""行人丙""行人丁"，要求使用标注工具对数据集进行标注，并将标注结果导出为JSON-MIN格式。（难度系数*****）

任务 4.4　中文语音数据标注

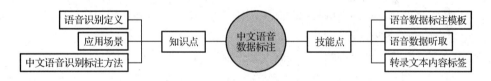

任务导入

随着人工智能技术的飞速发展，中文语音识别已经成为了人机交互的重要技术之一。在智能助手、自动翻译、语音搜索等领域，中文语音识别技术发挥着至关重要的作用。然而，中文的多样性和复杂性，包括多样的方言、声调的变化及语速的差异，都对语音识别技术的准确性提出了更高的要求。为了提升中文语音识别的准确率和用户体验，高质量的语音数据标注成为了不可或缺的一环。

任务描述

中文语音识别技术的核心目标是将人类的口头语言转换为机器可解读的文本信息，从而实现高效的信息处理和智能的交互操作。在本次标注任务中，我们将专注于对中文语音数据集进行标注工作，以提升语音识别系统的性能。经过语音数据的预处理和清洗，本次数据集已被优化以适应标注任务的需求。数据集包含 8 个高质量的 MP3 格式的音频文件，每个文件均包含一段独立的中文语音内容，其中一段语音的可视化如图 4-4-1 所示。这些文件代表了 8 个独特的数据条目，每一条数据都是一个待标注的语音样本。

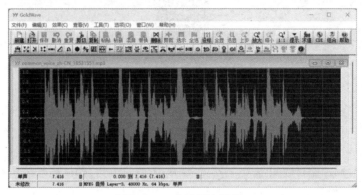

图 4-4-1   中文语音数据

4.4.1   语音识别定义

语音识别技术旨在解决人类语言的自动理解和转换问题，通过分析语音信号的波形特征，提取关键信息，并利用先进的算法模型，将这些信息转换为可读、可理解的文本数据。这一过程涉及声音的采集、预处理、特征提取、声学模型匹配、语言模型应用等多个环节，每个环节都是确保识别准确性的关键。

广义上的自动语音识别，即 Automatic Speech Recognition（ASR），其作用是将人类语音中的词汇内容转换为计算机可读的输入。这些输入不局限于文本形式，还包括二进制编码等其他计算机可识别的数据格式。ASR 技术的应用范围极为广泛，从智能助手、自动翻译、语音控制系统到无障碍辅助设备等，都离不开 ASR 技术的支持。

狭义上的语音识别，通常指的是语音转文本识别（Speech To Text，STT），即将语音信号直接转换为文字描述的过程。STT 技术使得语音数据得以文本的形式被记录、存储和分析，为后续的信息检索、内容摘要、情感分析等处理提供了便利。STT 技术与语音合成（Text To Speech，TTS）技术相辅相成，后者将文本信息转换为语音输出，两者共同构成了现代语音交互系统的基石。

语音识别技术的实现，依赖于强大的声学模型和语言模型。声学模型负责处理语音信号的声音特征，通过分析声音的频率、能量、时长等属性，识别出语音中的基本单元，如音素、音节等。而语言模型则基于语言学原理，通过统计分析大量的文本数据，建立起词汇和语法的统计关系，从而在识别过程中提供语境信息，帮助系统更准确地识别语音内容。随着深度学习等机器学习技术的发展，语音识别技术也在不断进化。深度神经网络（Deep Neural Networks，DNNs）和卷积神经网络（Convolutional Neural Networks，CNNs）等模型在语音识别任务中取得了显著的成果。这些模型能够自动学习语音信号的复杂特征，极大地提高了识别的准确率和鲁棒性。此外，端到端（End-to-End）的语音识别系统也在近年来得到了广泛的关注。这种系统通过从声音信号到文本直接的映射，简化了传统的识别流程，减少了中间环节的误差，进一步提升了识别性能。

随着技术的不断进步和应用的不断拓展，语音识别将在未来的智能化世界中扮演更加关键的角色，为人类社会带来更多的便利和价值。

4.4.2　语音识别标注应用场景

在人工智能技术的飞速发展中，中文语音识别标注技术已成为连接人类语言与机器智能的桥梁。该技术不仅推动了语音识别系统的进步，而且在多个行业中发挥着至关重要的作用。以下是中文语音识别标注技术在实际应用中的五个具体场景，通过这些场景，我们可以深入了解该技术如何改变我们的工作和生活。

1. 智能客服系统：提升服务效率与质量

在商业服务领域，智能客服系统正逐渐成为企业与客户沟通的主要渠道。通过集成中文语音识别技术，智能客服能够实时理解客户的语音咨询，并提供相应的解答和建议。这一技术的应用极大地提高了客户服务的效率和质量。例如，在银行、电信、电商等行业，客户可以通过语音与智能客服进行交互，完成账户查询、服务办理、投诉建议等操作。智能客服系统通过不断学习和优化，能够更准确地识别用户的意图和需求，提供更加个性化的服务。此外，系统还能对客户的反馈进行分析，帮助企业改进产品和服务。

2. 车载语音控制系统：保障驾驶安全与便捷

随着汽车智能化的发展，车载语音控制系统成为提升驾驶体验和安全的重要工具。驾驶员可以通过简单的语音命令来控制导航、调整音响系统、接打电话等，而无需分心操作物理按钮。中文语音识别标注技术在此过程中发挥着关键作用，它通过提高系统对不同口音、语速和车内噪声的适应性，确保了语音控制系统的准确性和可靠性。这不仅提升了驾驶的便利性，也显著增加了行车安全。例如，驾驶员可以在保持视线注视前方的情况下，通过语音命令切换歌曲或调整车内温度，从而专注于驾驶。

3. 医疗语音记录与分析：提高医疗记录的准确性和效率

在医疗行业，医生和护士常常需要在忙碌的工作中记录大量的患者信息和诊断信息。传统的手写或打字记录方式不仅耗时，而且容易出错。中文语音识别标注技术可以帮助医务人员通过语音输入快速完成病历记录，系统会自动将语音转换为文本记录，极大地提高了记录的效率和准确性。此外，语音识别技术还可以辅助医学研究人员分析大量的临床对话，挖掘潜在的医学知识和治疗策略。例如，在手术过程中，医生可以通过语音记录系统实时记录手术步骤和发现，这些记录后续可用于教学和研究。

4. 法庭语音记录与转写：确保司法公正与透明

法庭记录的准确性对于确保司法公正至关重要。中文语音识别标注技术可以实时地将法官、律师和证人的语音陈述转换为文字记录，确保了庭审过程记录的完整性和可追溯性。这一技术的应用不仅提高了法庭记录的效率，也为案件审理和法律研究提供了可靠的数据支持。例如，在复杂的案件审理中，语音识别系统可以准确地记录证人的证词，这些记录对于法官做出公正判决和律师进行有效辩护都具有重要意义。

5. 在线教育评估与反馈：个性化学习体验

在线教育平台需要对学习者的语音作业进行评估和反馈。中文语音识别标注技术可以自动对学生的语音回答进行转写和评分，提供即时的反馈和建议。这一技术的应用不仅为教师节省了大量的时间，也为学生提供了更加个性化的学习体验。例如，在语言学习应用中，学生可以通过语音回答问题，系统通过语音识别技术评估学生的发音准确性和流利度，帮助学生提高语言水平。此外，教师也可以通过分析学生的语音作业，了解学生的学习进度和存在的问题，从而提供更加针对性的教学。

4.4.3 中文语音识别标注方法

为了构建一个高效、准确的中文语音识别系统，我们必须依赖于大量经过精心标注的语音数据。这些数据构成了训练语音识别模型的基础，其质量直接影响到模型的性能。下面详细介绍中文语音识别标注的全过程，包括音频数据准备、音频数据预处理、音频信号切分、标注工具选择、音频片段识别标注、标注结果质量检查等关键步骤。

1. 音频数据准备

音频数据准备是整个标注流程的起点。这一阶段的目标是收集足够多的、具有代表性的中文语音数据。以下是音频数据准备的几个关键点。

- 多样性：确保数据集包含不同的方言、性别、年龄和语速，以提高系统的泛化能力。
- 真实性：模拟真实使用场景，包括不同的背景噪声和录音环境，以提高模型的鲁棒性。
- 合法性：遵守相关的法律法规，尊重个人隐私，确保数据的合法合规采集。

音频数据可以通过多种方式采集，包括录音棚、移动设备、电话系统等。录音棚可以提供高质量的录音环境，而移动设备和电话系统则可以采集到更加自然和多样化的语音数据。

2. 音频数据预处理

采集到的原始音频数据通常包含噪声、静音段、音量不均等问题，由于录音问题等原因需要先对音频数据进行清洗和预处理。其中常见的音频数据清洗和预处理方法包括以下几种。

- 去除静音区域：音频文件中有可能包含许多没有声音的空白时间，这些静音区域会影响语音识别，因此需要将无意义的静音区域剔除。
- 降噪：语音录制过程中往往会受到环境噪声的干扰，如风扇声、机器噪声等。噪声往往也会对标注和模型训练造成影响，因此降噪也是必需的预处理过程。
- 消除重叠通道：当两个或多个人同时说话时，语音信号会出现交叉，导致混淆和识别错误，因此需要将多个信号分离成单独的通道，使得每个通道中只包含一个说话者的声音。
- 增益控制：调整音量，可以使所有音频样本的响度保持一致。

预处理可以使用专业的音频编辑软件如 Audacity 进行，也可以通过编程实现自动化处理，如使用 Python 的 librosa 库进行音频的读取、切分和音量调整。

3. 音频信号切分

音频信号切分是将预处理后的音频进一步切分成更小的单元，这一步骤对于后续的特征提取和模型训练非常重要。在语音识别中，这个过程通常是必不可少的，因为长时间的录音文件需要较长的处理时间和更大的计算资源，而且人和机器学习模型往往难以处理太长的音频片段。音频数据切分是通过找到每个音频信号的起始点和结束点，进而将其切分成较短的片段。为了保证每个音频片段之间的连续性，可能需要将相邻的片段留有一定的重叠部分。切分后的音频数据结果是短音频数据片段的列表。这些片段可以用于后续的模型训练或作为语音识别标注的输入数据。音频信号切分可以使用开源工具，如 HTK，也可以自己实现算法，通常包括以下步骤。

- 语音/非语音检测：使用声音检测算法区分出语音段和非语音段。
- 端点检测：确定语音段的起始点和结束点，进行精确切分。

4. 标注工具选择

在中文语音识别标注的精细化工程中，高效且精确的标注工具扮演着举足轻重的角色。这些工具不仅极大地提升了标注人员处理数据的速度和精确度，而且通过对标注结果的深入统计与分析，进一步确保了数据的可靠性与有效性。在众多标注工具的选择上，以下几个核心要素尤为关键。

（1）标注格式兼容性：工具必须适应并兼容多样化的标注格式，以保证标注工作的流畅性和高效性。不同项目对标注细节的需求各异，因此工具的多功能性和适应性是确保工作顺利进行的基础。

（2）音频波形可视化能力：这一特性对于音频数据的标注至关重要。通过直观的波形图，标注人员可以更准确地捕捉到语音的细微特征，如音调变化、语调模式及声音的持续时间，从而大幅提升标注的准确性。

（3）协作与审查机制：为了维护标注结果的高质量，工具应支持团队协作，并内嵌审查流程。这不仅允许多个标注人员协同工作，而且通过审查机制确保了标注的一致性和准确性。

（4）可扩展性：随着语音识别技术的不断进步，标注工具也应具备相应的灵活性和扩展性。这表示工具能够通过二次开发或插件扩展来适应新的标注需求，满足科研和开发过程中出现的新的挑战。

（5）技术支持与社区：优质的技术支持和活跃的用户社区对于解决使用中遇到的技术难题非常有帮助。

（6）经济效益：工具的选购需考虑其价格与性能的平衡，同时根据项目的预算和需求选择最合适的服务方案。成本效益分析应综合考量购买成本、维护开销及潜在的时间成本。

5. 音频片段识别标注

音频片段识别标注是整个标注流程中的核心步骤。标注人员需要听取每个音频片段，并将其内容逐字逐句转写为文本。这一步骤需要标注人员具备以下能力。

- 良好的听力：能够准确分辨不同的语音特征，如声调、韵律等。
- 扎实的语言知识：熟悉中文的语法规则，能够正确理解语音内容。
- 细心和耐心：标注工作烦琐重复，需要标注人员具备细心和耐心。

6. 标注结果质量检查

标注完成后，需要对标注结果进行严格的质量检查，以确保数据集的质量。质量检查通常包括以下步骤。

- 一致性检查：确保不同标注人员对同一音频的标注结果一致。
- 准确性检查：通过回放录音，对照文本，检查标注的准确性。
- 完整性检查：确保所有音频片段都已标注，没有遗漏。

质量检查通常由经验丰富的标注专家完成，他们对语音识别有深入的理解。此外，也可以使用自动化工具辅助质量检查，如使用声学模型检测漏标和错误标注。

在中文语音识别标注领域，为了确保数据集质量，对标注结果的评估至关重要。评估过程不仅能够揭示标注中存在的问题，还能为语音识别系统的训练和优化提供指导。以下是对标注结果进行评估时需考虑的几个关键指标。

- 识别错误率：识别错误率是衡量标注准确性的直接指标，它反映了错误标注的语音数量占总标注数量的比例。一个低错误率意味着标注过程的高准确性，这对于训练出一个鲁棒的语音识别模型至关重要。
- 标注完整性：标注完整性关注的是标注结果是否全面，包括所有必要的语音信息，如音素、音调、停顿等。遗漏关键语音特征会影响模型对语音内容的理解和识别，因此完整性是评估标注数据可用性的重要指标。
- 标注一致性：标注一致性评估的是不同标注人员对同一语音材料的标注结果是否一致。一致性问题可能导致模型学习到错误的语音模式，影响识别准确率。因此，确保标注一致性对于提升数据集的质量和语音识别系统的性能至关重要。
- 上下文相关性：语音识别不仅依赖于单个音素的识别，还依赖于上下文信息。评估时应考虑标注是否考虑了语音的上下文相关性，这对于提高识别准确率和系统的整体性能至关重要。

7. 持续优化与迭代

标注是一个持续优化和迭代的过程。随着时间的推移，标注人员的能力会提高，标注工具和方法也会不断改进。因此，需要定期对标注流程进行评估和优化，以提高标注的效率和质量。

- 标注人员培训：定期对标注人员进行培训，提高其语音识别和语言理解能力。
- 标注工具升级：根据标注人员的使用反馈，不断升级标注工具，提高其易用性和功能。
- 标注方法改进：根据最新的研究成果，不断改进标注方法，如引入新的声学模型、语言模型等。

任务实施

中文语音识别标注的任务工单如表 4-4-1 所示。

表 4-4-1　任务工单

班级：		组别：		姓名：		掌握程度：	
任务名称	中文语音识别标注						
任务目标	听取中文语音数据，转录为中文文字						
标注数据	MP3 格式的语音数据						
工具清单	Anaconda、Label Studio						

续表

操作步骤	步骤一：打开 Anaconda Powershell Prompt 终端，使用 conda 命令激活虚拟标注环境，启动 Label Studio 数据标注平台 步骤二：使用 Label Studio 新建中文语音识别标注项目，导入中文语音数据 步骤三：进行语音标注，听取语音文件，转录为准确的中文文本内容，检查及修改标注任务，完成所有中文语音数据的标注 步骤四：查看标注数据的结果，格式化并导出标注结果
考核标准	1. Label Studio 标注平台的正确启动 2. 标注项目模板的正确选择及设置 3. 标注结果的准确性

4.4.4　语音数据标注实战

步骤一　启动数据标注平台

参照任务 4.1.6 Label Studio 标注平台环境搭建，进入 Label Studio 数据标注平台。

步骤二　创建语音数据标注任务

（1）进入数据标注平台后，创建一个新的数据标注项目，填写项目名称"中文语音识别标注"和项目描述"语音数据标注，听取一段中文语音数据，标记出中文文本内容"，完成项目基本信息的设置。

（2）在"Data Import"选项卡，导入需要进行标注的数据文件 13 份本地音频文件，如图 4-4-2 所示。

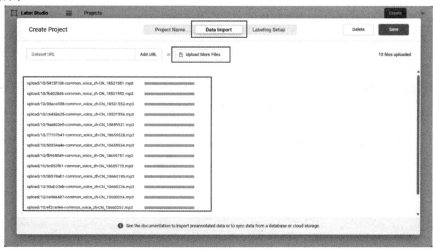

图 4-4-2　项目数据导入

（3）在"Labeling Setup"选项卡中，先在左边标注类型中选择"Audio/Speech Processing"类型，再在右边出现的模板中选择"Automatic Speech Recognition"（自动语音识别），如图 4-4-3 所示。

（4）选择"Automatic Speech Recognition"模板后，进入新的页面，如图 4-4-4 所示，单击右上角的"Save"按钮，完成中文语音识别标注任务的创建。保存后会返回到中文语音识别标注项目界面，如图 4-4-5 所示。

189

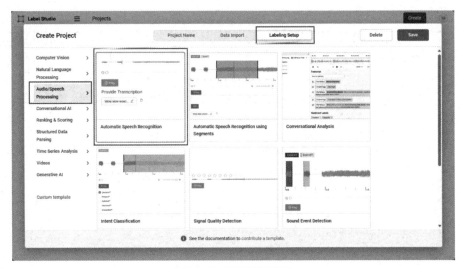

图 4-4-3　标注模板选择

图 4-4-4　标注任务保存

图 4-4-5　中文语音识别标注项目界面

步骤三　具体标注任务

使用数据标注平台完成了语音数据标注任务的创建后，接下来将利用数据标注平台按照语音数据标注的规则进行数据标注，具体步骤如下。

（1）在中文语音识别标注项目界面，可以看到每个 MP3 文件被作为一个单独的样本，需要分别对每个样本进行单独标注。单击"Label All Tasks"按钮，对上传的所有数据进行标注。

（2）进入语音数据标注界面，如图 4-4-6 所示。观察整个标注界面，音频数据以波的方式可视化显现，音频数据的总时长为 7s426ms。"Provide Transcription"（提供转录）标签文本框在语音文件的下方，其中暂时为空白，需要标注人员听取声音文件后，将对应中文准确填入。在标注前需要首先分析数据是否满足标注的要求，如果数据本身存在缺失，或者语音数据不符合标签的内容，则可以直接单击下方的"Skip"按钮进入下一条数据。

图 4-4-6　语音数据标注界面

（3）进行中文语音识别标注分为三个步骤。首先，单击"播放/暂停"按钮播放音频。然后，在"Provide Transcription"标签文本框中记录下音频文本内容。可反复听取音频内容，保证听取的文本内容准确可靠。最后，单击"Add"按钮，完成对这段音频的标注。输入的这段话就是该音频的标签，如图 4-4-7 所示。

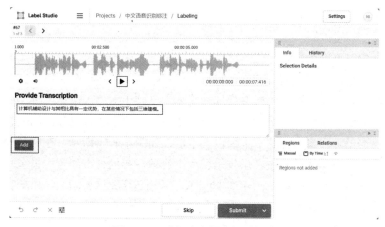

图 4-4-7　进行中文语音识别标注

（4）单击"Add"按钮后，标签文本框内的文本内容显示为标签形式，单击"Submit"按钮，提交该音频的标注结果，如图 4-4-8 所示。提交成功后，会自动跳转到下一条音频数据，按照同样的方法进行第二个语音数据片段的标注。

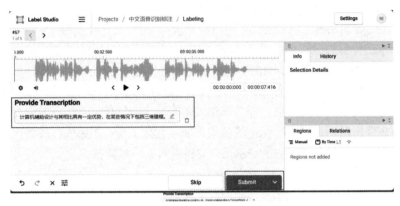

图 4-4-8　提交音频标注结果

（5）完成所有的数据标注后，返回任务的首页，此时可以看到每个任务的标注时间、标签数量及跳过的标签数量。标注结果总览如图 4-4-9 所示，每个音频片段的总标注数量为 1，跳过的标注数量为 0。

图 4-4-9　音频数据标注结果总览

步骤四　修改标注任务

（1）如果要对某个音频数据的标注任务进行修改，返回中文语音识别标注项目的首页，可以看到任务列表，单击该音频对应的任务行，可以重新进入标注任务编辑界面。

（2）若在标注过程完成后，检查发现标注文本中某些中文输入错误，可在标注任务编辑界面中，单击文本标签右边的符号笔图标，可以对原有标注文本进行修改，如图 4-4-10 所示。

（3）单击符号笔后，进入标注文本编辑文本框，如图 4-4-11 所示。在原有的文本"本列表违背了中华人民共和国第一任大使名录"基础上，修改内容为"本列表为贝宁驻中华人民共和国第一任大使名录"。修改完成后，单击"Update"按钮。在完成更新后，系统会自动保存新的标注结果，覆盖之前的错误标注结果，保证后续数据处理的准确性。

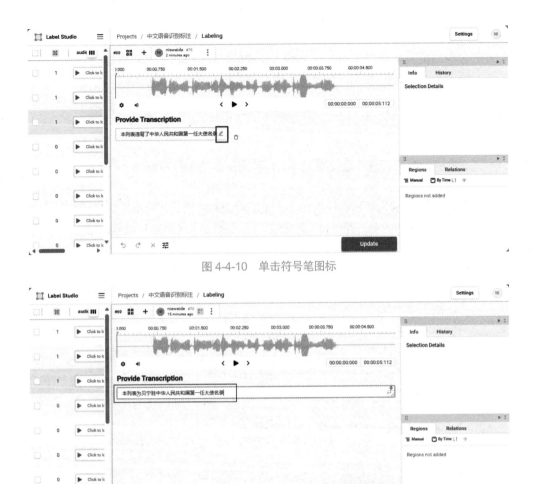

图 4-4-10　单击符号笔图标

图 4-4-11　修改标注文本内容

（4）若在标注过程完成后，发现标注文本内容错误太多，可在标注任务界面中，单击文本标签右边的删除图标，删除已标注的文本内容，如图 4-4-12 所示。

图 4-4-12　删除错误标注内容

（5）删除错误标注内容后，可重新对音频内容进行标注。例如，删除原有文本标注内容"观光者可在楼顶参与拍摄的自费体验"，重新输入正确的标注内容"旅客可以在楼顶进行拍摄的自费活动"，然后单击"Add"按钮，完成标注内容的删除与添加，最后单击"Update"按钮，覆盖之前的错误标注结果。

步骤五　导出标注数据

（1）完成所有的数据标注，且检查无误后，单击标注任务行右侧的"</>"按钮，可以查看该音频的标注信息。

（2）如图 4-4-13 所示为数据标注的结果，结果以 JSON 格式进行显示。下面以其中的核心模块为例进行说明。其中，第一个"id"对应值表示该音频标注的唯一编号，"audio"表示该音频的存储路径。"results"模块表示标注结果信息，"text"指标注的文本结果，如"大石桥位于山东省济宁市市中区古槐街道"，"type"指标注类型为文本内容（"textarea"）。

```
Source for task 68
{
  "id": 68,
  "data": {
    "audio": "/data/upload/10/13455049 common_voice_zh-CN_18531552.mp3"
  },
  "annotations": [
    {
      "id": 69,
      "created_username": " nieweide@outlook.com, 1",
      "created_ago": "10 hours, 17 minutes",
      "completed_by": {
        "id": 1,
        "first_name": "",
        "last_name": "",
        "avatar": null,
        "email": "nieweide@outlook.com",
        "initials": "ni"
      },
      "result": [
        {
          "value": {
            "text": [
              "大石桥位于山东省济宁市市中区古槐街道"
            ]
          },
          "id": "cWjHmSIlsN",
          "from_name": "transcription",
          "to_name": "audio",
          "type": "textarea",
          "origin": "manual"
        }
```

图 4-4-13　标注结果核心模块

（3）如果用户希望将标注内容以 JSON 格式导出，可以选择 JSON 格式，并单击"Export"按钮。

（4）导出的 JSON 文件通常包含一份关于音频片段的信息清单和相应的标注信息，如图 4-4-14 所示。

```
[
    {
        "id": 67,
        "annotations": [
            {
                "id": 68,
                "completed_by": 1,
                "result": [
                    {
                        "value": {
                            "text": [
                                "计算机辅助设计与其相比具有一定优势，在某些情况下包括三维建模。"
                            ]
                        },
                        "id": "enss5odyWl",        "enss": Unknown word.
                        "from_name": "transcription",
                        "to_name": "audio",
                        "type": "textarea",
                        "origin": "manual"
                    }
                ],
                "was_cancelled": false,
                "ground_truth": false,
                "created_at": "2024-03-23T03:09:17.875591Z",
                "updated_at": "2024-03-23T09:02:42.941434Z",
                "draft_created_at": "2024-03-23T03:02:06.162330Z",
                "lead_time": 3592.679,
                "prediction": {},
                "result_count": 0,
                "unique_id": "f89a028b-fd38-4e15-ba35-25a3a0a0adff",
                "import_id": null,
                "last_action": null,
                "task": 67,
                "project": 10,
                "updated_by": 1,
                "parent_prediction": null,
                "parent_annotation": null,
                "last_created_by": null
            }
        ],
        "file_upload": "80f06a5e-common_voice_zh-CN_18531551.mp3",
        "drafts": [],
```

图 4-4-14　导出的标注信息

任务小结

中文语音识别技术作为人工智能领域的关键组成部分，专注于将人类的口头语言转换为计算机系统能够解析和执行的文本或指令。在本任务的学习中，学生深入理解了中文语音识别的基本概念，探索其在智能客服、车载系统、医疗记录、法庭记录及在线教育等多个领域的广泛应用。同时，学生将掌握利用数据标注平台进行中文语音识别标注的具体流程和技巧。为了达到更高的标注质量，学生需要不断地练习和应用所学知识，通过"做中学，学中做"的教学理念，将理论与实践紧密结合。

练习思考

练习题及答案与解析

实训任务

（1）列举中文语音识别技术在至少三个不同领域的应用，并简述其在每个领域的具体作用。（难度系数*）

（2）解释 ASR 和 STT 的区别，并说明声学模型和语言模型在语音识别中的作用。（难度系数**）

（3）研究并比较两款不同的语音数据标注工具，重点分析它们在音频波形可视化、协作与审查机制、可扩展性等方面的优劣。（难度系数***）

（4）使用编程库（如 Python 的 librosa 库），对一段音频进行预处理，包括去除静音、降噪、增益控制等，并记录预处理的步骤和结果。（难度系数****）

拓展提高

在本书配套资源任务中的"拓展提高"文件夹中，提供了语音数据集，要求使用标注工具对该数据集进行语音识别标注，将标注的结果以 JSON-MIN 的格式导出。（难度系数*****）

任务 4.5　情绪分析文本数据标注

项目导入

在数字化时代，文本情绪识别技术已成为企业决策、市场分析和用户反馈处理的重要工具。例如，某大型餐饮连锁企业为了了解其品牌形象的健康状况及消费者对旗下产品的情感倾向，该企业收集了大量的在线评论，包括社交媒体上的帖子、顾客在餐厅评论区的留言及第三方评价平台上的反馈。该企业启动文本情绪识别项目，数据标注工程师对收集到的文本数据进行情绪标注，将每一条评论标注为积极、消极或自然情感倾向，然后利用机器学习算法对标注数据进行训练，构建了一个文本情绪识别模型。这个模型能够自动分析新的文本数据，并预测其情感倾向。通过这个项目，企业得到了丰富的情感分析结果。他们发现，大部分顾客对餐厅的服务和菜品持积极态度，但也有部分顾客对餐厅的环境和价格表示不满。基于这些结果，企业制定了相应的改进措施，如提升餐厅环境、优化菜品价格等，从而提升了顾客满意度和品牌形象。

任务描述

本任务将提供一个 txt 文本文件，文本文件的每行代表一条数据，共 30 条。利用 Label Studio 标注平台，对文本数据进行情绪识别标注。标注人员通过文本内容进行分析和处理，识别出与情感相关的信息。规定需要标注标签：积极、消极和自然。将数据上传后，对数据进行文本情绪识别标注，最后将标注的结果导出为 JSON 格式。文本情绪识别标注数据样例如图 4-5-1 所示。

宿舍要民汉合宿了为毛都大三了还要折腾我

早上的我，竟然也变成了一个无理取闹的人……

多年来，周天先生率智多星的律师、策划师团队走出巴蜀，挺进海西，在厦门特区的发祥地安营扎寨。

伊川基地伊川生产基地坐落于世界著名文化遗产洛阳龙门石窟南15公里处。

明太祖洪武十年（1377年），改变圜丘礼制，定每年孟春正月合祀天地于南郊，建大祀殿，以圜形大屋覆盖祭坛。

睡得好好的，要去别的学校听课，天啊！

管理学真是水，努力的想听，依然坚持不过一分钟……考研怎么办呀

想去日本台湾冰岛英国北欧，签证说no，小短假也说no

为何这么晚了还那么有精神呢，明天还要上班呢能乖乖 么

知道去年的分就能去中传我tm快炸了

我觉得在地铁里蹭别人的电视剧看，而且还笑的那么夸张的人简直太可爱了。噗哈哈哈

在他看来，以太不一定是单一的物质，因而能传递各种作用，如产生电、磁和引力等不同的现象。

平时汤景之和妈妈有说不完的话，"队里的训练了，人员关系了，和我说很多话。

我的胃又怎么了吃了什么又疼

早安^ ^今天中午最高温可以到32度，都快12月了，我想這真是暖冬噢…

ISO9000有个啥求意义啊，人都要整疯，浪费纸

图 4-5-1　文本情绪识别标注数据样例

知识准备

4.5.1　文本情绪识别定义

文本情绪识别，是指通过自然语言处理技术，对文本中所表达的情感或情绪进行自动分类和识别的过程。它涉及计算机科学中的机器学习、深度学习等领域，是人工智能情感分析的重要组成部分。随着信息时代的到来，文本数据呈现爆炸式增长，而情感信息往往隐藏在大量的文本之中。通过对这些文本进行情绪识别，我们可以更好地了解公众对某些事件、产品或服务的看法和态度，为企业决策、市场分析和舆情监控提供有力支持。以一个在线购物平台的评论为例，文本情绪识别可以自动分析用户的评论内容，判断其是正面评价、负面评价还是中性评价。例如，对于评论"这款手机的屏幕很清晰，拍照效果也很好"，文本情绪识别技术可以识别出用户的正面情绪；而对于评论"电池续航太短，不满意"，文本情绪识别技术可以识别出用户的负面情绪。这些分析结果可以为商家提供改进产品的依据，提高用户满意度。

4.5.2　文本情绪识别标注应用场景

文本情绪识别标注不仅能够帮助机器更准确地识别人类情感，还能为各行各业提供深刻的洞察力。下面将深入探讨文本情绪识别标注在不同行业中的应用场景，以及如何通过这一技术提升决策质量和用户体验。

1. 在智能客服系统中的应用

智能客服系统是文本情绪识别标注最直接的应用之一。通过实时分析客户在对话中的情绪，智能客服可以提供更为精准和个性化的服务。例如，当客户表达不满或愤怒时，系统可以立即通知客服团队介入，以避免问题的进一步升级。此外，情绪识别还可用于优化客服机器人的回答脚本，使其能够根据客户的情绪状态调整回复的语气和内容。

在智能客服系统中，首先需要收集客户与客服机器人的交互数据，包括文本记录和相关的元数据。这些数据可能来自在线聊天、电子邮件、社交媒体互动等渠道。标注人员需要对每条文本进行情绪分类，如正面、负面、中性，以及更具体的情绪状态，如愤怒、满意、失望等。标注结果将用于训练和优化智能客服系统的情绪识别模型。通过不断地学习和调整，模型可以

更准确地识别和响应客户的情绪状态。此外，标注结果还可用于分析客户情绪的模式和趋势，为客服团队提供有价值的洞察力。例如，如果发现某个产品或服务频繁引起客户的负面情绪，客服团队可以及时通知相关部门，采取措施进行改进。

2. 在社交媒体分析中的应用

社交媒体是情绪表达的宝库。通过分析用户在社交媒体上的帖子和评论，企业和组织可以了解公众对品牌、产品或事件的情绪态度，从而指导公关策略和市场活动。在社交媒体分析中，需要从社交媒体平台采集用户生成的内容。这些数据可能来自不同的社交媒体渠道，如微博、微信、论坛等。在进行情绪识别标注时，需要考虑文本的上下文信息，如用户之间的关系、话题的背景等。

文本情绪识别标注在社交媒体分析中的应用非常广泛。例如，企业可以分析用户对新产品的评论，了解用户的喜爱和不满之处，从而优化产品特性和营销策略。在公共事件中，机构组织可以分析社交媒体上的舆论情绪，评估事件的影响和公众的反应，从而制定应对措施。此外，情绪识别标注还可用于研究社交媒体上的情绪传播规律，为舆论引导和危机管理提供支持。

3. 在心理健康辅助中的应用

在心理健康领域，文本情绪识别标注可以辅助专业人员分析患者的对话记录，识别其情绪波动。这对于及时发现患者的心理健康问题，提供更及时和适当的干预措施具有重要意义。例如，它可用于分析患者的咨询记录，识别其情绪变化，为治疗提供参考。在一些在线心理健康服务平台中，情绪识别标注还可用于监测患者的互动行为，及时发现潜在的风险。此外，标注结果还可用于研究不同心理疾病的情绪特征，为疾病的诊断和分类提供支持。

4. 在内容推荐系统中的应用

内容推荐系统可以根据用户的情绪状态推荐个性化的内容，如音乐、视频、新闻等。通过文本情绪识别标注，系统可以更准确地捕捉用户的情绪需求，提供更贴心的推荐服务。例如，在音乐推荐中，可以根据用户的情绪状态推荐不同风格的歌曲，如在用户感到悲伤时推荐舒缓的乐曲。此外，情绪识别标注还可用于分析用户对推荐内容的反馈，以优化推荐算法，提升推荐效果。

5. 在教育培训规划中的应用

在教育培训领域，文本情绪识别标注可用于分析学生在课堂讨论、在线互动等场景下的情绪反应。教师可以根据这些信息调整教学策略，提高教学质量，增强学生的学习体验。

在传统的课堂教学中，教师很难实时了解每个学生的情绪状态。通过文本情绪识别标注，可以从学生的发言和互动中捕捉到情绪信息，如兴趣、困惑、焦虑等。教师可以根据这些信息调整教学节奏和内容，如在发现学生普遍感到困惑时，可以放慢讲解速度，或用更生动的方式进行阐释。在在线学习平台中，文本情绪识别标注可用于分析学生的讨论帖子、作业反馈等文本。通过这些信息，教师可以了解学生的学习难点和兴趣点，从而提供个性化的教学资源和建议。此外，文本情绪识别标注还可用于评估在线教学的效果，如通过分析学生的互动情绪，评估教学活动的吸引力和参与度。

6. 在人力资源管理中的应用

在人力资源管理中，文本情绪识别标注可以用于分析员工的工作满意度和团队氛围。企业可以根据这些信息进行人力资源规划，提高员工的工作积极性和团队合作效率。

通过分析员工满意度调查的文本反馈，可以识别员工的普遍情绪，如满意、不满、焦虑等。这些信息可以帮助人力资源部门了解员工的工作环境和心理状态，从而采取相应的措施，如改善工作条件、提供培训和辅导等。在一些企业中，文本情绪识别标注还可以用于分析内部沟通渠道，如电子邮件、会议记录等。通过分析员工的沟通情绪，可以了解团队的氛围和协作状况，及时发现潜在的问题和冲突。在人才招聘过程中，文本情绪识别标注可用于分析求职者的文本回复，评估其情绪稳定性和适应能力。例如，通过分析求职者在面试过程中的言语，可以了解其对工作压力的应对方式，以及与他人的沟通和协作能力。

4.5.3　文本情绪识别标注方法

在对话情绪识别的专业领域，文本标注工作是构建高效情绪识别系统的核心环节。这一过程不仅是对文本数据进行分类和归纳的基础操作，它实质上是一项将原始文本与情绪标签进行精确匹配的高阶任务。标注的精确度和对细节的关注程度，直接决定了机器学习模型训练的成效及预测分析的可靠性。为了标准化和优化标注流程，以下是文本情绪识别标注的规范化方法，包含文本数据准备、文本数据预处理、文本标注规范、标注工具选择、文本情绪标注、标注质量控制和标注结果评估等关键步骤。

1. 文本数据准备

在构建用于文本情绪识别的标注数据集时，首要任务是获取丰富的、具有代表性的文本数据。数据的来源非常广泛，主要包括以下四类。

- 社交媒体平台：如微博、微信、抖音等，这些平台上的用户言论、帖子、动态等富含真实、即时且多样化的感情表达，是情绪识别数据的重要来源。可以通过官方 API 接口或第三方数据抓取工具合法合规地进行数据采集。
- 在线论坛：如知乎、豆瓣、天涯等社区平台，用户在讨论话题、分享观点时，会自然流露出各种情绪色彩，这类文本具有较高的情感分析价值。
- 产品评价网站：如淘宝、京东等电商平台的用户评价，包含了消费者对商品或服务的真实感受，情感倾向鲜明，有利于构建具有商业应用背景的标注数据集。
- 新闻评论：新闻网站或新闻应用的读者评论，反映了公众对新闻事件的情绪反应，有助于捕捉社会热点问题引发的公众情绪波动。

在采集过程中，务必遵循相关法律法规，尊重用户隐私，如必要，应取得数据提供方或用户的授权，并确保数据匿名化处理。

2. 文本数据预处理

原始文本数据通常需要进行初步清洗和筛选，以剔除非相关信息，提升数据质量。

- 去噪处理：去除广告、无效字符（如乱码、HTML 标签、特殊符号）、URL 链接等无关内容。

- 文本完整性检查：剔除过短（如仅含一两个词）或过长（可能包含冗余信息）的文本，确保保留有实质性内容的文本。
- 情绪显著性筛选：根据关键词、表情符号、情感词汇、强烈语气词等特征，筛选出具有明显情绪表达的文本。同时，考虑数据的多样性，确保涵盖不同情感类别（如喜悦、悲伤、愤怒、惊讶、恐惧、厌恶等）和强度，以及各类话题背景，以提高模型泛化能力。
- 文本标准化：将所有文本转换为统一的形式，如 UTF-8，包括小写转换和去除停用词。

3. 文本标注规范

清晰、统一地定义标注任务中涉及的情感类别，这是确保标注质量的基础。情感类别可以根据研究需求定制，常见的包括以下三种类别。

- 基本情绪：喜、怒、哀、惧、爱、恶、惊等七种基本情绪。
- 极性分类：正面、负面、中性三类情感极性。
- 细粒度情绪标签：如满意、失望、愤怒、焦虑、惊讶、喜欢、讨厌等具体情绪状态。

制定详细的标注准则，包括情感判断依据、标注方法、标注格式等，确保标注人员对各情感类别的理解和应用标准一致。准则主要包含以下三方面内容。

- 情感判断依据：强调基于文本内容、语境、情感词汇、语气、情感触发词、上下文关联等因素综合判断情绪类别。
- 模糊情况处理：对于情感倾向不明显、存在混合情绪、情感表达复杂或隐晦的文本，规定处理原则，如以主要情感为主、标注最强烈情绪、标注最能体现文本主旨的情绪等。
- 标注格式与约定：明确标注标签的表示方式（如数字编码、字符串标签等），以及标注结果的存储格式（如 JSON、CSV 等）。

4. 标注工具选择

好的标注工具可以提高标注效率和准确率，在选用文本标注工具时，可以考虑以下几点。

- 用户界面：评估工具的易用性、可视化效果、交互设计等。
- 功能特性：关注是否支持情绪标注、多标签标注、关系标注、序列标注等需求。
- 数据管理：考查数据导入/导出、版本控制、项目管理等功能。
- 多人协作：评价工具的协作模式（如并行标注、轮流标注等）、冲突解决机制、权限管理等。
- 定制化与扩展性：评估工具是否支持自定义标注模板、插件开发、API 集成等高级功能。

5. 文本情绪标注

文本情绪标注是流程中的核心环节。标注人员需根据指南对文本进行情绪分类，注意上下文信息和情绪表达的细微差别。同时，应定期对标注人员进行培训，以应对新出现的标注挑战。标注文本情绪的具体步骤如下。

- 登录标注工具：注册、登录标注平台，进入指定的标注项目。
- 阅读标注指南：仔细研读标注规范、情感类别定义、标注示例等内容，确保理解无误。
- 进行情绪标注：按照标注准则，逐条对文本进行情绪标注，注意观察文本细节，准确捕捉情感线索。

● 提交标注结果：完成标注后，按照规定格式保存并提交标注结果，等待审核或进一步处理。

6. 标注质量控制

确保标注质量是情绪识别标注的关键，质量控制的关键策略如下。

● 交叉检查：不同的标注人员对相同的文本进行标注，然后比较结果。这样可以发现不一致之处，并进行纠正。

● 标注人员培训：提供定期的培训，确保标注人员了解最新的标注指南和最佳实践。

● 自动化质量检查：使用自动化工具来检查标注质量，包括语法检查、情绪类别的一致性检查等。

● 反馈机制：建立反馈机制，让标注人员能够分享经验，讨论标注过程中遇到的问题，并提出改进建议。

7. 标注结果评估

在完成情绪标注后，需要对标注结果进行评估。评估的关键指标如下。

● 准确率（Precision）：衡量标注结果中正确标注样本的比例。

● 召回率（Recall）：衡量所有实际为某一情感类别的样本中被正确标注的比例。

● F1 分数（F1 Score）：综合考虑准确率和召回率，提供一个单一的评价指标。

● 混淆矩阵（Confusion Matrix）：展示各类别间的预测结果与真实标签的对应关系，直观反映模型在各类别上的表现，包括真正例（True Positive，TP）、假正例（False Positive，FP）、真反例（True Negative，TN）、假反例（False Negative，FN）。

任务实施

中文对话情绪识别标注的任务工单如表 4-5-1 所示。

表 4-5-1　任务工单

班级：		组别：		姓名：		掌握程度：	
任务名称	中文对话情绪识别标注						
任务目标	阅读中文对话文本数据并进行情绪分析，完成情绪识别的标注						
标注数据	中文对话文本数据						
工具清单	Anaconda、Label Studio						
操作步骤	步骤一：打开 Anaconda Powershell Prompt 终端，使用 conda 命令激活虚拟标注环境，启动 Label Studio 数据标注平台						
	步骤二：使用 Label Studio 新建文本分类标注项目，设置标注标签，导入文本数据						
	步骤三：对每条文本数据进行情绪识别标注，检查及修改标注任务，完成所有中文对话的情绪识别标注						
	步骤四：查看标注数据的结果，格式化并导出标注结果						
考核标准	1. Label Studio 标注平台的正确启动						
	2. 标注项目模板的正确选择及情绪标签的设置						
	3. 标注结果的准确性						

4.5.4　文本数据标注实战

步骤一　启动数据标注平台

参照任务 4.1.6 Label Studio 标注平台环境搭建，进入 Label Studio 数据标注平台。

步骤二　创建文本数据标注任务

（1）进入数据标注平台后，创建一个新的数据标注项目，设置项目名称为"中文对话情绪识别标注"，项目描述"输入一句中文对话的文本内容，标注出情绪状态"，完成项目基本信息的设置。

（2）在"Data Import"选项卡中导入了 1 份文本数据。

（3）在"Labeling Setup"选项卡的左边标注类型中选择"Natural Language Processing"类型，然后在右边出现的模板中选择"Text Classification"选项，如图 4-5-2 所示。

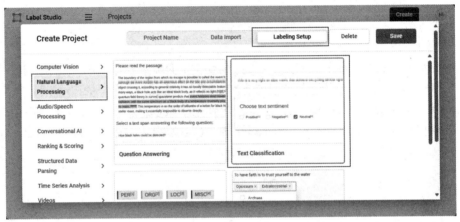

图 4-5-2　标注模板选择

（4）选择"Text Classification"模板后，进入新的页面，如图 4-5-3 所示，单击"Save"按钮，完成中文对话情绪识别标注任务的创建。如图 4-5-4 所示，原数据文档中的每一行文本数据设为一个标注任务。

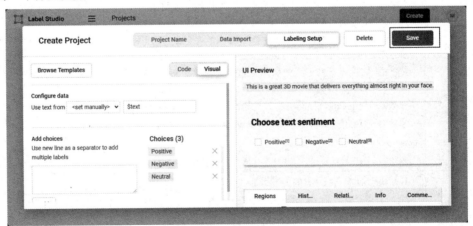

图 4-5-3　标注任务保存

图 4-5-4 创建标注任务完成

步骤三 具体标注任务

使用数据标注平台完成了文本数据标注任务的创建后，接下来将利用数据标注平台按照文本数据标注的规则进行数据标注，具体步骤如下。

（1）在 Label Studio 标注平台首页选择刚刚创建"中文对话情绪识别标注"任务，单击页面右上角的"Settings"按钮。进入标注设置页面后，选择"Labeling interface"类别，根据实际任务进行配置。在本次情绪识别标注任务中，可将情绪分为"积极""消极""自然"三类，每类对应一个中文标签。先清空标签框中的所有标签，然后在"Add choices"框中输入"积极""消极""自然"三个标签，单击"Add"按钮完成标签的添加，如图 4-5-5 所示。最后单击"Save"按钮，保存对标注标签的设置。

图 4-5-5 添加标注标签

（2）回到数据标注任务首面，可以看到一行文本被作为一个单独的样本，需要分别对每个样本进行标注。单击"Label All Tasks"按钮，对上传的所有数据进行标注，如图 4-5-6 所示。

（3）进入任务标注界面，如图 4-5-7 所示。观察整个标注界面，在文本的下方显示设置的三个标签。在标注前需要先分析数据是否满足标注的要求，如果数据本身存在缺失或者不符合标签的内容，则可以直接单击"Skip"按钮进入下一条数据。

（4）通过观察这句话，如果发现文本表达的情绪是消极的，则可直接勾选"消极"前面的框，或者按快捷键 2，完成对这句话情绪的标注，如图 4-5-8 所示。标注完成后，单击"Submit"按钮提交。

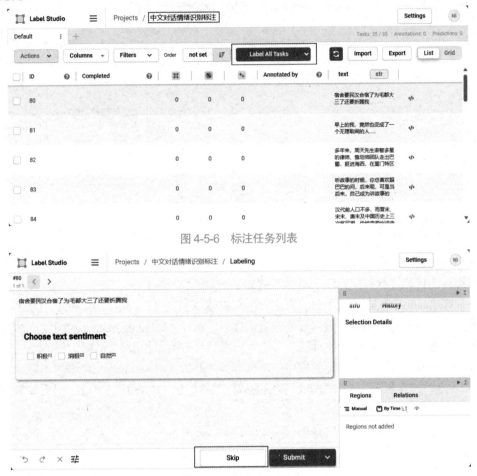

图 4-5-6　标注任务列表

图 4-5-7　任务标注界面

（5）提交完成后会自动跳转到第二条文本数据，按照同样的方法进行标注并提交，依次对所有文本进行情绪识别标注。

图 4-5-8　提交标注结果

（6）完成所有的数据标注后，返回到标注任务首页，此时可以看到每个任务的标注时间、标签数量及跳过的标签数量。标注结果总览如图 4-5-9 所示，每行文本的总标注数量为 1，跳过的标注数量为 0。

图 4-5-9　标注结果总览

步骤四　修改标注任务

（1）标注过程完成后，检查中文对话情绪标注是否有错误，例如，如图 4-5-10 所示，对话语句为"睡得好好的，要去别的学校听课，天啊！"，被标记为"积极"情绪。

图 4-5-10　情绪标记错误

（2）可在任务标注界面中重新标注情绪标签，如图 4-5-11 所示，选择正确的情绪标签"消极"后，单击"Update"按钮，完成标注结果的修改。

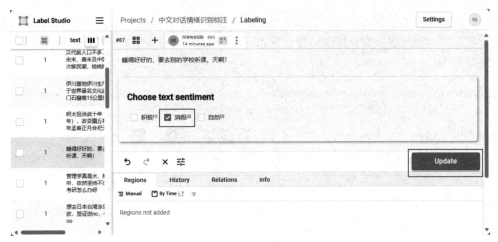

图 4-5-11　修改情绪标签

步骤五　导出标注数据

（1）完成所有的数据标注，且检查无误后，单击标注任务行右侧的"</>"按钮，可以查看该文本的标注信息。

（2）如图 4-5-12 所示为数据标注的结果，结果以 JSON 格式进行显示。下面以其中的核心模块为例进行说明。其中，第一个"id"对应值表示该文本标注的唯一编号，"text"表示待标注的文本内容，"results"模块表示标注结果信息，"choices"指标注结果。

```
Source for task 81
{
    "id": 81,
    "data": {
        "text": "早上的我，竟然也变成了一个无理取闹的人……"
    },
    "annotations": [
        {
            "id": 74,
            "created_username": " nieweide@outlook.com, 1",
            "created_ago": "22 minutes",
            "completed_by": {
                "id": 1,
                "first_name": "",
                "last_name": "",
                "avatar": null,
                "email": "nieweide@outlook.com",
                "initials": "ni"
            },
```

```
    },
    "result": [
        {
            "value": {
                "choices": [
                    "消极"
                ]
            },
            "id": "9x-sqtLoWL",
            "from_name": "sentiment",
            "to_name": "text",
            "type": "choices",
            "origin": "manual"
        }
    ],
    "was_cancelled": false,
    "ground_truth": false,
    "created_at": "2024-03-23T14:57:13.545377Z",
    "updated_at": "2024-03-23T14:57:13.545377Z",
    "draft_created_at": "2024-03-23T14:55:34.518567Z"
```

图 4-5-12　标注结果核心模块

（3）如果用户希望将标注内容以 JSON 格式导出，可以选择 JSON 格式，并单击"Export"按钮。

（4）导出的 JSON 文件通常包含一份关于文本内容的信息清单和情绪标注结果，如图 4-5-13 所示。

```
1    [
2      {
3        "id": 80,
4        "annotations": [
5          {
6            "id": 73,
7            "completed_by": 1,
8            "result": [
9              {
10                "value": {
11                  "choices": [
12                    "消极"
13                  ]
14                },
15                "id": "pXHw2Qvv7w",
16                "from_name": "sentiment",
17                "to_name": "text",
18                "type": "choices",
19                "origin": "manual"
20              }
21            ],
22            "was_cancelled": false,
23            "ground_truth": false,
24            "created_at": "2024-03-23T14:55:00.931586Z",
25            "updated_at": "2024-03-23T14:55:00.931586Z",
26            "draft_created_at": "2024-03-23T14:51:38.595777Z",
27            "lead_time": 900.469,
28            "prediction": {},
29            "result_count": 0,
30            "unique_id": "c96ebbfe-27d8-4805-bbcb-5e10ba50296e",
31            "import_id": null,
32            "last_action": null,
33            "task": 80,
34            "project": 11,
35            "updated_by": 1,
36            "parent_prediction": null,
37            "parent_annotation": null,
38            "last_created_by": null
39          }
40        ],
41        "file_upload": "58af68c1-data.txt",
42        "drafts": [],
43        "predictions": [],
44        "data": {
45          "text": "宿舍要民汉合宿了为毛都大三了还要折腾我"
46        },
47        "meta": {},
```

图 4-5-13 导出的标注信息

任务小结

本次任务涉及文本情绪识别标注，旨在通过自然语言处理技术对文本数据进行情感倾向的自动分类和识别。使用 Label Studio 标注平台，对 30 条文本数据进行情绪分析，将其标注为积极、消极或自然。这一过程不仅要求对文本内容进行细致分析，还需考虑语境、情感词汇等因素，以确保标注的准确性。标注结果将用于训练机器学习模型，构建文本情绪识别模型，从而帮助企业更好地理解消费者对其产品或服务的情感态度，为决策提供支持。通过本任务的实施，标注人员对情绪识别标注的流程、工具选择、质量控制和结果评估有了深入的理解和实践，为后续类似任务的开展奠定了基础。

练习思考

练习题及答案与解析

实训任务

（1）简述文本识别标注的基本概念及其在人工智能和情感分析中的重要性。（难度系数*）

（2）阐述文本情绪识别技术在企业决策、市场分析和用户反馈处理中的应用价值。（难度系数**）

（3）根据文本情绪识别标注的方法，绘制一个流程图，展示从文本数据准备到标注结果评估的整个流程。（难度系数***）

（4）选择另外一种文本标注工具，找到一段评论数据，进行文本分类识别标注，并导出标注结果。（难度系数****）

拓展提高

在本书配套资源任务中的"拓展提高"文件夹中，提供了若干中文新闻文本数据集，包括财经、房产、家居、教育这四种类型。要求使用标注工具对该新闻文本数据进行标注，并将标注结果导出为 JSON-MIN 格式。（难度系数*****）

项目 5　数据可视化

数据可视化，作为数据处理与分析的关键一环，扮演着至关重要的角色。它不仅能够以直观、易懂的方式展现数据特征，帮助人们快速洞察数据背后的规律和趋势，还能够促进跨学科之间的交流与合作，让复杂的数据分析过程变得更加生动有趣。因此，掌握数据可视化技术，对于每一位涉足数据分析、人工智能领域的学者和实践者来说，都是不可或缺的基本技能。

数据可视化的应用场景极为广泛。在商业领域，数据可视化工具能够分析市场趋势、消费者行为等关键数据，为商业决策提供有力的支持。此外，在科学研究、医疗诊断、金融分析、环境保护、气象预测及公众健康等领域，数据可视化也发挥着不可替代的作用。在众多数据可视化工具中，Matplotlib、Seaborn 和 Pyecharts 等以其强大的功能、灵活的接口及广泛的应用领域，成为了学习数据可视化时的热门选择。Matplotlib 作为 Python 最受欢迎的绘图库之一，提供了丰富的图表类型和高度可定制的选项。Seaborn 则以其精美的图表样式和灵活的色彩映射系统，为用户带来了极佳的视觉体验。而 Pyecharts 则支持数据的动态更新和交互操作，使得用户能够实时跟踪数据的最新状态，进行更加深入地分析和探索。

本项目将围绕这三个可视化工具展开，通过实践绘制基础的数据可视化图形来掌握其基本用法，并综合运用这些可视化技巧来更深入地理解数据集，为后续的数据分析和机器学习任务提供有力支持。通过学习，学生不仅能够掌握数据可视化的技术知识，更能够在思想上得到提升，学会如何在数据采集的实践中坚持社会主义核心价值观，培养成为具有社会责任感和专业素养的新时代青年。通过实际应用场景的学习和讨论，学生将更加深刻地理解数据采集在社会发展中的作用，以及作为数据采集者应承担的社会责任。

任务列表

任　务　名　称	任　务　内　容
任务 5.1 Matplotlib 数据可视化	学习和掌握 Matplotlib 操作技术，根据数据特点制作可视化图表
任务 5.2 Seaborn 数据可视化	学习和掌握 Seaborn 操作技术，根据数据特点实现高级、美观的数据可视化
任务 5.3 Pyecharts 数据可视化	学习和掌握 Pyecharts 操作技术，根据数据特点实现交互式的数据可视化

知识&技能图谱

任务 5.1　Matplotlib 数据可视化

项目导入

在当今这个数据驱动的时代，信息如同潮水般涌来，而如何从海量数据中提取有价值的信息，成为了各行各业面临的重要挑战。数据可视化，作为数据处理与分析的关键一环，扮演着至关重要的角色。它不仅能够以直观、易懂的方式展现数据特征，帮助人们快速洞察数据背后的规律和趋势，还能够促进跨学科之间的交流与合作，让复杂的数据分析过程变得更加生动有趣。因此，掌握数据可视化技术，对于每一位涉足数据分析、人工智能领域的学者和实践者来说，都是不可或缺的基本技能。

作为 Python 编程语言中最为流行的绘图库之一，Matplotlib 提供了丰富的图表类型，包括但不限于折线图、柱状图、散点图、饼图、热力图等，几乎覆盖了所有常见的数据可视化需求。更重要的是，Matplotlib 高度可定制，用户可以根据需要对图表的颜色、线型、标签、图例等进行精细调整，以满足特定的展示需求。此外，Matplotlib 与 Pandas、NumPy 等数据处理库的无缝集成，更是极大地简化了数据预处理到可视化的工作流程，使得整个数据分析过程更加高效流畅。

任务描述

本任务将以 Matplotlib 这一基础且功能强大的可视化工具为起点，学习如何绘制基础的数据可视化图形。Matplotlib 作为 Python 最受欢迎的绘图库之一，提供了丰富的图表类型和高度可定制的选项，能够直观地展示数据的特征和趋势，掌握 Matplotlib 的基本用法，将为后续的高级、交互可视化奠定坚实的基础。

为了实践数据可视化的技能，本次任务将使用鸢尾花（Iris）数据集。Iris 也称鸢尾花卉数据集，是多重变量分析领域中的经典数据集。该数据集通过花萼长度、花萼宽度、花瓣长度和花瓣宽度这四个属性来预测鸢尾花卉属于 Setosa（山鸢尾）、Versicolour（杂色鸢尾）或 Virginica（维吉尼亚鸢尾）这三个种类。具体而言，鸢尾花数据集包含四个属性列：sepal length（花萼长度）、sepal width（花萼宽度）、petal length（花瓣长度）、petal width

（花瓣宽度），所有属性的单位都是厘米。数据集共包含 150 个样本，每个品种各有 50 个样本。

　　本次任务根据鸢尾花数据集的性质和可视化的目的，选择合适的图表类型来展示数据，这可能包括柱状图、折线图、直方图、饼图、箱线图、散点图和热力图等。每种图表类型都有其独特的优势，适用于展示不同类型的数据和关系。在选择图表类型时，需要考虑数据的分布、特征之间的关系以及希望通过可视化传达的信息。此外，颜色和布局设计也是至关重要的。选择适合的颜色方案可以突出关键数据和信息，使图表更加易于理解和记忆。同时，设计合理的布局可以确保图表中的元素不会相互干扰，使得可视化结果更加清晰和易于阅读。通过综合运用这些可视化技巧，将能够更深入地理解鸢尾花数据集，并为后续的数据分析和机器学习任务提供有力支持。

知识准备

5.1.1　需求分析

　　（1）明确可视化目标，在开始数据可视化之前，需要明确可视化的目的和想要传达的信息，这有助于确定可视化所需的数据类型、图表类型及整体的设计风格。

　　（2）识别关键数据：分析数据集，确定哪些数据是关键的、重要的，这些数据将直接影响可视化的焦点和呈现方式。了解用户需求，考虑目标受众的需求和期望，以确保可视化能够满足他们的理解和使用要求。图形的基本元素如图 5-1-1 所示。

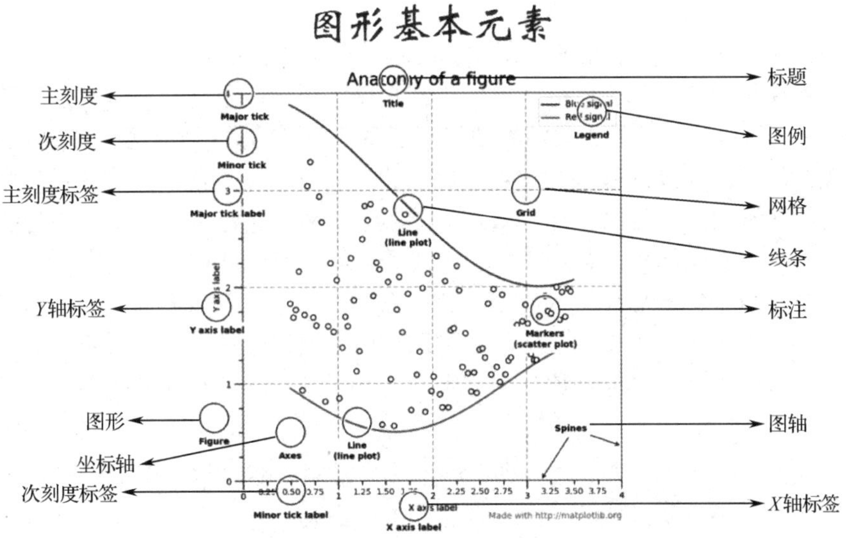

图 5-1-1　图形基本元素

5.1.2　数据处理

　　（1）数据清洗：去除重复、错误或无关的数据，确保数据的准确性和一致性。

　　（2）数据转换：根据可视化需求，对数据进行必要的转换，如聚合、分类或计算新的指标。

（3）数据标准化：对数据进行标准化处理，以便在可视化时能够更好地展示数据的特征和规律。

5.1.3　可视化设计

1.　选择合适的图表类型

（1）理解数据特性。

定量数据：数值型数据，可以进行加减乘除等数学运算。

定性数据：分类数据，表示不同的类别或属性。

时间序列数据：在不同时间点收集的数据，用于展示随时间的变化。

空间数据：具有地理位置信息的数据，如经纬度坐标。

（2）确定分析目标。

比较：展示不同类别或时间点的数据大小。

分布：展示数据的分布情况，如集中趋势、离散程度。

组成：展示各部分对整体的贡献或比例。

关系：展示变量之间的关系，如相关性或因果关系。

（3）图表类型选择指南。

条形图：条形图使用水平条形展示不同类别的数据，每个条形代表一个类别，其长度表示该类别的数据值。特别适用于类别标签较长或需要强调类别名称时。条形图常用于比较不同类别的数据大小，如销售额、投票结果或满意度调查等。它使得长标签易于阅读，同时便于比较不同类别之间的差异。

柱状图：柱状图是条形图的垂直版本，使用垂直条形展示数据。适用于比较少量类别，因为垂直条形在视觉上更易于区分和比较。柱状图常用于展示几个关键类别的数据对比，如月度销售额、季度增长率等。它清晰地展示了每个类别的数据值，便于快速比较和解读。

折线图：折线图通过连接各数据点形成连续的线段，展示数据随时间或有序类别的变化趋势。折线图适用于展示时间序列数据，如股票价格、气温变化或销售额趋势等。它清晰地展示了数据的变化趋势，帮助用户识别数据中的峰值、低谷和转折点。

饼图：饼图将整体数据表示为一个完整的圆，各部分数据以扇形区域的形式展示，每个扇形的面积代表该部分占整体的比例。饼图常用于展示数据的组成关系，如市场份额、预算分配或调查结果的各部分占比。它直观地展示了各部分与整体的关系，便于用户理解数据的分布情况。

直方图：直方图将数据分成一系列连续的区间（桶），并统计每个区间内的数据点数量，以条形图的形式展示。直方图用于展示数据的分布情况，包括数据的集中趋势、分散程度和异常值等。它帮助用户了解数据的形状和特征，是数据分析中常用的可视化工具。

散点图：散点图使用坐标点展示两个变量之间的关系，每个点代表一个数据对（x, y）。散点图用于观察两个变量之间是否存在相关性或趋势。它帮助用户识别数据中的模式、集群和异常值，是探索性数据分析中常用的工具。

热力图：热力图通过颜色变化展示矩阵数据中的数值大小，颜色深浅表示数值的高低。热力图适用于展示复杂数据集的模式和关联。它帮助用户快速识别数据中的热点区域和趋势，是数据分析和可视化中常用的高级工具。

树图：树图以嵌套的矩形展示层次结构数据，每个矩形代表一个节点，其大小表示该节点的数据值。树图用于展示部分与整体的关系，以及数据的层次结构。它帮助用户理解数据的组成和分解，是数据分析中常用的可视化工具。

雷达图：雷达图（又称蜘蛛网图）将多个定量变量的值表示为从中心向外辐射的轴上的点，并连接这些点形成多边形。雷达图用于比较多个定量变量的值，以及评估对象的综合性能。它帮助用户识别对象的优势和劣势，是多维数据比较中常用的工具。

地图：地图将地理空间数据以图形化的方式展示在地图上，包括点、线、面等元素。地图用于分析地理位置相关的信息，如人口分布、交通流量或环境污染等。它帮助用户理解数据的空间分布和关联，是地理分析和可视化中常用的工具。

箱型图：箱型图通过五个统计量（最小值、第一四分位数、中位数、第三四分位数和最大值）展示数据的分布情况，以及可能的异常值。箱型图用于展示数据的分布特征，包括数据的集中趋势、分散程度和异常值等。它帮助用户识别数据中的极端值和分布形态，是数据分析中常用的可视化工具。

（4）考虑数据量和复杂度。

对于大量数据，选择能够突出数据总体趋势和分布特征的图表，如折线图或热力图。

对于较少的数据点，选择能够清晰展示每个数据点的图表，如散点图或条形图。

2. 色彩设计

（1）理解色彩原理。

色相：色彩的基本属性，如红、绿、蓝。

饱和度：色彩的纯度，饱和度高色彩更鲜艳，饱和度低色彩更柔和。

亮度：色彩的明暗程度。

（2）确定色彩目标。

区分：使用色彩区分不同的数据类别或组。强调：通过色彩突出重要的数据点或趋势。引导：用色彩引导观众的视线，形成视觉流。

选择色彩方案：单色方案：使用同一色相的不同亮度和饱和度，创造统一和谐的效果。类似色方案：使用色轮上相邻色彩，营造柔和的渐变效果。对比色方案：使用色轮上相对位置的色彩，如互补色，产生强烈的对比和视觉冲击。

（3）考虑文化和象征意义。

不同文化对色彩的理解和情感反应可能不同，选择合适的色彩以避免误解。考虑色彩的象征意义，如红色常用于表示警告或危险。颜色对比度：确保文本和背景间有足够的对比度，符合无障碍设计标准。

色盲友好：使用色盲用户也能区分的色彩组合。

（4）色彩与数据的关系。

定量数据：使用渐变色表示数值的大小，如从低到高亮度增加。定性数据：为不同的类别分配不同的色彩。利用色彩心理学知识，如蓝色常用于表示平静和信任，绿色与自然和生长相关联。

（5）设计工具和软件。

使用专业的设计软件（如 Adobe Color CC）创建和测试色彩方案。利用在线色彩选择器和调色板工具。在整个可视化项目中使用一致的色彩方案，避免色彩混乱。创建色彩标准指南，确保团队成员遵循统一的色彩使用规则。

3. 布局规划

（1）确定布局目标。明确可视化的目的，比如是引导用户注意特定的数据点，还是提供一个全面的数据分析视角。理解数据和信息层次，识别数据中的不同层次和重要性，确定哪些信息是核心，哪些是辅助。考虑用户的阅读习惯，如西方文化中从左到右、从上到下的阅读顺序。

（2）利用网格系统。使用网格系统来组织内容，它可以帮助创建清晰的视觉层次，并且确保设计的一致性。根据展示的数据量和复杂度，选择单图布局、多图布局或仪表板布局。

（3）核心视觉区域。确定页面的核心视觉区域，将最重要的图表或信息放置于此以吸引用户注意。设计时考虑用户的视线流动，使用对齐、对比和空间关系引导用户的注意力。

（4）信息分组。将相关信息进行分组，使用空白、边框或颜色区分不同的数据集或分析区域。

（5）标注和图例。合理放置标注和图例，确保它们与相关图表紧密联系，同时不干扰视觉焦点。在整个布局中保持一致的设计风格，如字体、颜色和图表样式，同时利用重复元素加强节奏感。

（6）交互元素布局。如果包含交互元素，如按钮、滑块等，确保它们的布局直观且易于操作。考虑到不同设备和屏幕尺寸，设计灵活的布局，确保在各种条件下都能良好展示。

（7）导航和过滤。对于复杂的仪表板或报告，设计清晰的导航系统和过滤选项，使用户能够快速找到所需信息。留白是布局中的重要元素，它可以帮助突出重点，减少视觉混乱。

4. 字体和标签设计

（1）可读性优先。选择易读的字体，特别是在小尺寸显示时仍能保持清晰。根据可视化的风格和目标受众选择合适的字体族。例如，无衬线字体（如 Arial, Helvetica）适合现代、简洁的设计，而衬线字体（如 Times New Roman）则更适合传统或正式的文档。为不同的文本元素（如标题、副标题、正文、标签）设置合理的字号大小，以确保层级清晰。

（2）字重和样式。使用不同的字重（如粗体）来强调重要信息，但避免过度使用。利用斜体来区分或强调特定文本，但要谨慎使用，以免影响可读性。

（3）标签内容。确保标签内容简洁明了，避免冗长或不必要的信息。合理布局标签，避免遮挡重要数据或图形元素。确保标签与其对应的数据点或图形紧密关联，一目了然。

（4）对齐和间距。使用恰当的文本对齐方式（如左对齐、居中对齐）来组织信息。确保文本行之间及文本与图形元素之间有足够的间距，避免拥挤。

（5）色彩对比。文本颜色应与背景形成足够的对比，以确保在不同背景下的可读性。考虑目标受众的文化背景，选择适合的字体和标签风格。

（6）交互文本。对于交互式元素，如按钮或链接，使用明确的提示文本，指导用户如何操作。确保在不同设备和分辨率上，文本和标签都能保持良好的可读性和布局。考虑视觉障碍用户，确保文本和标签的大小、颜色和对比度符合无障碍设计标准。

（7）设计一致性。在整个可视化项目中保持字体和标签设计的一致性，增强品牌识别度。使用设计软件（如 Adobe Illustrator、Sketch）来设计和调整字体和标签。记录字体和标签设计的规范，包括字体类型、大小、颜色和布局规则。

（8）版权和授权。确保所使用的字体具有授权，以避免版权问题。

5.1.4　方案实施与优化

1. 可视化组件开发

开发可复用的可视化组件，确保它们具有良好的封装性和可扩展性。确保组件能够处理不同规模和类型的数据。在数据可视化领域，有多种工具和库可供选择，每种工具或库都有其特点和优势。

（1）Matplotlib：Python 的一个绘图库，广泛用于学术和商业领域。特点是适合生成静态、动态和交互式图表；具有丰富的图表定制选项。

（2）Seaborn：基于 Matplotlib，提供更高级接口的 Python 数据可视化库。集成了更多的统计图表绘制功能，如热力图、小提琴图等。

（3）Plotly：一个交云端的交云动图表库，支持 Python、R 和 JavaScript。生成交互式图表，支持丰富的图表类型，如 3D 图表、流线图等。

（4）D3.js：一个用 JavaScript 编写的 HTML5 图表库。非常灵活，可以创建高度定制化和交互式的图表；适用于 Web 应用。

（5）Microsoft Power BI：商业分析工具，提供数据集成、数据仓库、报告和数据可视化功能。易于使用的界面；与 Microsoft Office 产品集成良好。

（6）Apache ECharts (ECharts)：由百度团队开发的一个开源数据可视化库。丰富的图表类型，如关系图、地图、热力图；支持 Canvas 和 SVG。选择可视化工具和库时，需要考虑以下因素：项目需求：所需的图表类型、交互性、定制化程度；技术栈兼容性：与现有技术栈的兼容性；用户体验：目标用户的技术背景和使用习惯；性能：图表的加载速度和渲染性能；可维护性：库的更新频率和社区支持；成本：是否为开源免费或需要商业许可。每种工具和库都有其特定的使用场景，选择时应结合具体需求和资源进行综合考量。

（7）Pyecharts：一个基于 Python 的 ECharts 可视化库。Pyecharts 使得 Python 开发者能够轻松地使用 ECharts 的强大功能，生成高质量的数据可视化图表。它提供了简洁的 API 和丰富的图表类型，同时支持图表的定制化和交互性。Pyecharts 的出现，使得 Python 开发者能够在保持代码简洁和可读性的同时，实现复杂的数据可视化需求。

2. 用户界面设计

设计直观、易用的用户界面，包括布局、导航、颜色和字体等。实现响应式设计，确保在不同设备上都能提供良好的用户体验。数据可视化中的用户界面（UI）设计是确保用户能够有效地与数据交互并从中获得洞察的关键环节。

（1）用户研究。了解目标用户群体的需求、行为和偏好。进行用户访谈、问卷调查和可用性测试，收集反馈。设计信息结构，确保数据逻辑清晰，易于用户理解和导航。使用卡片分类或树状结构来组织信息。

（2）布局设计。利用网格系统和布局框架来创建视觉层次和平衡。确保布局响应式，适应不同设备和屏幕尺寸。设计直观的导航系统，帮助用户在不同视图和数据集之间切换。使用面包屑导航、侧边栏或下拉菜单等导航元素。

（3）图表和图形元素。选择适合数据特性和分析目标的图表类型。设计一致的图表样式，如颜色、形状和大小。选择适合数据区分和符合用户认知的颜色方案。

考虑色盲用户的可访问性，使用足够的颜色对比度。

（4）字体选择。选择易读的字体，确保文本信息清晰可辨。为不同的文本元素（如标题、副标题、正文）设置合适的字号和字重。设计交互元素，如按钮、滑块、下拉菜单，以提高用户参与度。使用交互动效，如渐变、弹出提示，增强用户体验。

（5）数据过滤和排序。提供数据过滤和排序选项，使用户能够根据需要定制视图。设计直观的控制元件，如日期选择器、范围滑块。

（6）工具提示和信息面板。使用工具提示显示数据点的详细信息。设计可展开的信息面板，展示数据的详细信息和分析。

5.1.5 Matplotlib 绘图库简介

1. Matplotlib 简介

Matplotlib 是一个基于 Python 的 2D 绘图库，被广泛用于数据可视化、科学计算和统计分析等领域。它提供了一个类似于 Matlab 的绘图框架，允许用户轻松创建高质量的图表和图形。Matplotlib 的设计目标是成为一个灵活且强大的绘图工具，能够满足从简单到复杂的各种绘图需求。它支持多种输出格式，包括屏幕显示、图像文件和矢量图形，且能够与 Python 的其他科学计算库（如 NumPy、Pandas 和 SciPy）无缝集成。

2. 基本绘图流程

使用 Matplotlib 进行绘图的基本流程包括准备数据、创建图形和子图、绘制图表，以及设置标签和标题。

（1）准备数据：在绘图之前，首先需要准备和格式化数据。这通常包括从数据源（如 CSV 文件、数据库或网络 API）中读取数据，以及对其进行必要的清洗和转换。

（2）创建图形和子图：使用 figure 函数可以创建一个新的图形窗口，而 subplot 函数则用于在图形中创建子图（即多个图表）。这些函数允许用户控制图形的尺寸、分辨率和布局。

（3）绘制图表：Matplotlib 提供了多种函数来绘制不同类型的图表，如 plot 用于绘制折线图，scatter 用于绘制散点图，bar 用于绘制条形图，以及 hist 用于绘制直方图等。

（4）设置标签和标题：为了提高图表的可读性，需要为轴添加标签，为图表添加标题，以及添加图例来区分不同的数据系列。

3. 自定义图表样式

Matplotlib 允许用户通过多种方式自定义图表的样式，以满足特定的可视化需求。

（1）颜色与线型：用户可以设置线条的颜色、线型（如实线、虚线、点线等）以及标记样式（如圆点、方点、星号等）。这些属性可以通过函数参数或样式字典进行设置。

（2）字体与样式：Matplotlib 支持多种字体样式和大小，用户可以根据需要调整轴标签、标题和图例的字体属性。此外，还可以使用全局样式设置（如 rcParams）来统一调整整个图形的样式。

（3）布局与网格：通过调整子图的布局、添加网格线以及设置轴的范围和刻度，用户可以进一步优化图表的视觉效果和可读性。

4. 自定义图表样式

Matplotlib 支持将图表保存为多种格式的文件，以便在其他应用程序中使用。

（1）保存为图像文件：使用 savefig 函数可以将图表保存为图像文件，如 PNG、JPEG、TIFF 等。用户还可以指定文件的分辨率、背景颜色等参数。

（2）导出为矢量图形：Matplotlib 还支持将图表导出为高质量的矢量图形文件，如 PDF、SVG 等。这些文件可以无损放大或缩小，且不会丢失细节。

5. 高级功能与扩展

除基本绘图功能外，Matplotlib 还提供了许多高级功能和扩展，以满足更复杂的可视化需求。

（1）交互式图表：Matplotlib 的交互式后端允许用户创建交互式图表，如缩放、平移和选择数据点等。此外，还可以结合其他库（如 IPython widgets）来实现更高级的交互功能。

（2）三维绘图：使用 mplot3d 工具包，Matplotlib 可以创建三维图表，如三维散点图、三维曲面图和三维条形图等。这些图表对于展示三维数据关系非常有用。

（3）自定义函数与样式表：用户可以编写自定义绘图函数来简化重复性工作，并创建样式表来统一调整整个图形的样式。这些自定义功能可以大大提高绘图的效率和一致性。

此外，Matplotlib 的社区和生态系统也非常活跃，提供了大量的示例代码、教程和插件来帮助用户更好地掌握和使用这个强大的绘图工具。

任务实施

Matplotlib 数据可视化基础的任务工单如表 5-1-1 所示。

表 5-1-1　任务工单

班级：		组别：		姓名：		掌握程度：	
任务名称	数据可视化基础						
任务目标	使用 Matplotlib 数据可视化库进行基础的数据图表制作						
图表类型	折线图、柱状图、直方图、散点图、饼图、箱线图、热力图						
工具清单	Matplotlib、Sklearn 等						
操作步骤	步骤一：Matplotlib 数据可视化环境搭建。利用 Anconda3 配置 Python 的版本、安装相关模块						
	步骤二：使用 plot 函数制作折线图						
	步骤三：使用 bar 函数制作柱状图						
	步骤四：使用 hist 函数制作直方图						
	步骤五：使用 scatter 函数制作散点图						
	步骤六：使用 pie 函数制作饼图						
	步骤七：使用 boxplot 函数制作箱线图						
	步骤八：计算相关系数矩阵并使用 imshow 函数制作热力图						
考核标准	1. 使用 Matplotlib 库函数创建基本的图表，如折线图、柱状图、饼图等						
	2. 并对图表进行基本的定制，如修改颜色、添加标题和标签						

5.1.6 Matplotlib 数据可视化实战

步骤一 数据可视化环境搭建

（1）在 Windows 的"开始"菜单中找到 Anaconda3 下的 Anaconda Prompt，如图 5-1-2 所示，单击打开 Anaconda Prompt 终端。

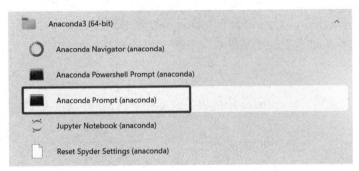

图 5-1-2 Anaconda Prompt

（2）在 Anaconda Prompt 终端输入以下命令创建虚拟环境：

```
conda create --name visualization python=3.8
```

进行到如图 5-1-3 所示界面时，输入：y。

```
The following NEW packages will be INSTALLED:

  ca-certificates    pkgs/main/win-64::ca-certificates-2024.9.24-haa95532_0
  libffi             pkgs/main/win-64::libffi-3.4.4-hd77b12b_1
  openssl            pkgs/main/win-64::openssl-3.0.15-h827c3e9_0
  pip                pkgs/main/win-64::pip-24.2-py38haa95532_0
  python             pkgs/main/win-64::python-3.8.20-h8205438_0
  setuptools         pkgs/main/win-64::setuptools-75.1.0-py38haa95532_0
  sqlite             pkgs/main/win-64::sqlite-3.45.3-h2bbff1b_0
  vc                 pkgs/main/win-64::vc-14.40-h2eaa2aa_1
  vs2015_runtime     pkgs/main/win-64::vs2015_runtime-14.40.33807-h98bb1dd_1
  wheel              pkgs/main/win-64::wheel-0.44.0-py38haa95532_0

Proceed ([y]/n)?
```

图 5-1-3 创建虚拟环境中途确认命令

当出现如图 5-1-4 所示显示结果，则正确创建了一个 Python 版本为 3.8 的虚拟环境。

```
Preparing transaction: done
Verifying transaction: done
Executing transaction: done
#
# To activate this environment, use
#
#     $ conda activate visualization
#
# To deactivate an active environment, use
#
#     $ conda deactivate

C:\Users\jsj>
```

图 5-1-4 虚拟环境创建成功示意图

（3）配置所需模块。

激活虚拟环境：conda activate visualization。如图 5-1-5 所示，图中最左边的状态由（base）转变为（visualization）。

图 5-1-5　激活虚拟环境

安装 matplotlib 模块：

```
pip install matplotlib -i https://pypi.tuna.tsinghua.edu.cn/simple
```

如图 5-1-6 所示为成功安装 matplotlib 模块后的终端显示。

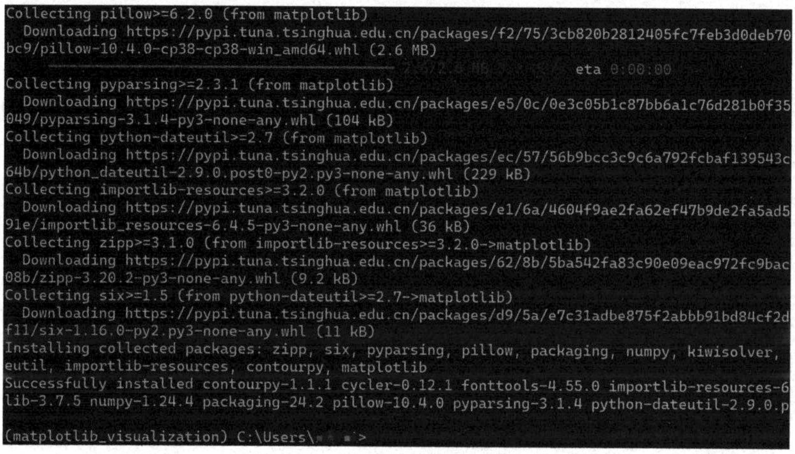

图 5-1-6　成功安装 Matplotlib 模块

安装 sklearn 模块：

```
pip install scikit-learn -i https://pypi.tuna.tsinghua.edu.cn/simple
```

成功安装后的终端显示如图 5-1-7 所示。

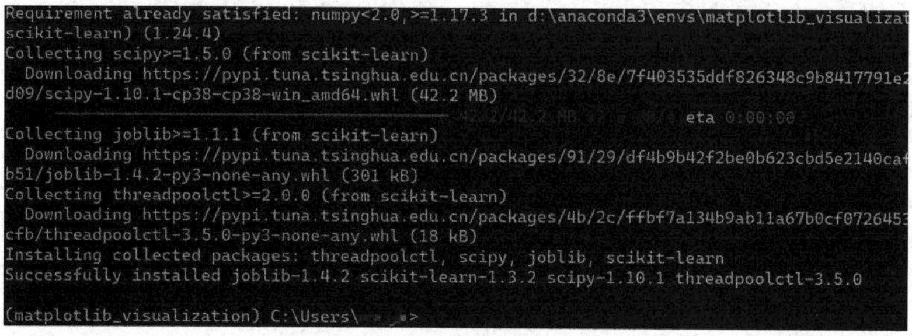

图 5-1-7　成功安装 sklearn 模块

使用 Pycharm 时切换环境为 visualization 环境。

步骤二　折线图

完整代码请参考本书配套资源中的"人工智能数据服务/工程代码/任务 5-1/line_chart.py"。

（1）导入必要的库。导入绘制图表所需的 matplotlib.pyplot 模块，用于数据可视化的 sklearn.datasets 模块，以及用于数据处理和数组操作的 numpy 库。

```
import matplotlib.pyplot as plt
from sklearn import datasets
import numpy as np
```

（2）加载鸢尾花数据集。

```
iris_data = datasets.load_iris()
```

鸢尾花数据集（Anderson's Iris data set）是一个经典的机器学习分类实验数据集，由 R.A. Fisher 于 1936 年发布，包含 150 个均匀分为 3 类（每类 50 个）的数据样本。每个样本具有 4 个特征：花萼长度、花萼宽度、花瓣长度和花瓣宽度（均以厘米为单位），以及一个指示样本所属鸢尾花品种（Setosa、Versicolor 或 Virginica，分别对应标签 0、1 和 2）的目标变量，使其非常适合用于数据可视化实验。

使用 sklearn.datasets 模块中的 load_iris 函数来加载鸢尾花数据集。这个函数会返回一个类似于字典的对象，包含数据集的特征、目标值、特征名称等信息。

（3）准备数据。

```
# 为每组数据依顺序设置一个序号
x = np.arange(1, len(iris_data.data)+1, 1)
# 花萼长度数据
y1 = iris_data.data[:,0]   # 从数据集中提取花萼长度的数据
# 花萼宽度数据
y2 = iris_data.data[:,1]   # 从数据集中提取花萼宽度的数据
```

为了绘制折线图，需要准备两个数据集：花萼长度和花萼宽度。同时，还需要一个序号数组，用于在 X 轴上表示每个数据点的位置。

（4）设置图表属性。

```
plt.title("鸢尾花数据集每组中花萼长度和宽度折线图")   # 设置图表标题
plt.rcParams['font.sans-serif'] = ['SimHei']        # 设置字体为 SimHei，中文显示
plt.xlabel('数据序号')          # 设置 X 轴标题
plt.ylabel('花萼长/宽度')       # 设置 Y 轴标题
```

在绘制图表之前，需要设置一些图表属性，如标题、字体、X 轴和 Y 轴的标题等。

（5）绘制折线图。

```
plt.plot(x, y1, marker='o', markersize=3)   # 绘制花萼长度的折线图
plt.plot(x, y2, marker='o', markersize=3)   # 绘制花萼宽度的折线图
```

使用 plt.plot 函数来绘制花萼长度和花萼宽度的折线图，为每条折线添加了圆形标记，并设置了标记的大小。

（6）添加图例。

```
plt.legend(['花萼长度', '花萼宽度'])
```

为了区分两条折线，需要为图表添加图例。图例会显示每条折线对应的名称。

（7）显示图表。

```
plt.show()
```

最后，使用 plt.show 函数来显示绘制好的图表。这个函数会打开一个窗口，展示绘制的折线图，如图 5-1-8 所示。

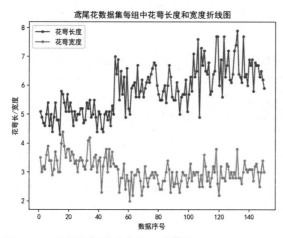

图 5-1-8 鸢尾花数据集每组中花萼长度和宽度折线图

步骤三 柱状图

依旧加载鸢尾花数据集，计算 150 组数据中四个特征的平均值（包括花萼长度、花萼宽度、花瓣长度和花瓣宽度），并使用柱状图进行可视化。完整代码请参考本书配套资源中的"人工智能数据服务/工程代码/任务 5-1/ bar_chart.py"。

（1）设置特征名称和计算平均值。为了绘制柱状图，需要知道每个特征的名称，并计算每个特征在所有样本中的平均值。特征名称是一个列表，平均值是一个通过 numpy.mean 函数计算得到的数组。

```
# 设置特征名称
x = ['花萼长度', '花萼宽度', '花瓣长度', '花瓣宽度']
# 150 条数据每个特征的平均值
y = np.mean(iris_data.data, 0)  # 0 表示沿着第一个轴（即样本轴）计算平均值
```

（2）绘制柱状图。使用 matplotlib.pyplot.bar 函数绘制柱状图，其中 x 是特征名称列表，y 是平均值数组，width 参数设置柱状的宽度。

```
# 绘制柱状图
plt.bar(x, y, width=0.5)
```

（3）添加数据标签。为了更直观地显示每个特征的平均值，需要在每个柱状顶部添加标签。使用 matplotlib.pyplot.text 函数，通过遍历 x 和 y 的配对值来添加标签。标签的位置稍微高于柱状顶部（通过 b + 0.05 调整），并设置标签的水平和垂直对齐方式（ha='center' 和 va='bottom'），以及字体大小。

```
for a, b in zip(x, y):
    plt.text(a, b + 0.05, '%.2f' % b, ha='center', va='bottom', fontsize=10)
```

（4）设置图表属性并显示图表。在绘制图表之前，还需要设置一些图表属性，如标题、字体、X 轴和 Y 轴的标题等。这里特别设置字体为 SimHei，以支持中文显示。最后，使用 matplotlib.pyplot.show 函数显示绘制好的图表。这个函数会打开一个窗口，展示绘制的柱状图。

```
plt.title("鸢尾花数据集各特征平均值")  # 设置标题
plt.rcParams['font.sans-serif'] = ['SimHei']  # 设置字体为SimHei，中文显示
plt.xlabel('特征名称')     # 设置X轴标题
plt.ylabel('均值')        # 设置Y轴标题
plt.show()
```

通过以上步骤从鸢尾花数据集中提取了特征名称和平均值，并使用 Matplotlib 库绘制了它们的柱状图，如图 5-1-9 所示。这个图表可以帮助用户直观地观察和分析鸢尾花数据集中每个特征的平均水平。

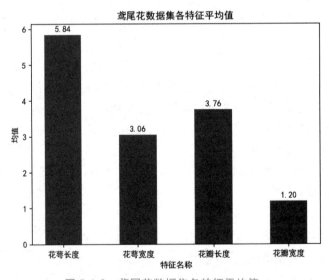

图 5-1-9　鸢尾花数据集各特征平均值

步骤四　直方图

下面读取鸢尾花数据集中 150 组数据中的花萼长度，使用直方图对其进行可视化。完

整代码请参考本书配套资源中的"人工智能数据服务/工程代码/任务 5-1/ histogram.py"。

（1）提取花萼长度数据。

```
y = iris_data.data[:,0]
```

iris_data.data 是一个二维数组，包含了 150 个样本的 4 个特征（花萼长度、花萼宽度、花瓣长度、花瓣宽度）。

iris_data.data[:,0] 表示选取所有样本的第 0 列，即花萼长度数据。

（2）绘制直方图。

```
arr = plt.hist(y, bins=10, rwidth=0.8, align='left')
```

plt.hist 函数用于绘制直方图。

y 是要绘制直方图的数据。

bins=10 表示将数据分成 10 个箱（区间）。

rwidth=0.8 表示柱子的宽度为 0.8 倍。

align='left'表示柱子与箱的对齐方式为左对齐。

arr 是一个元组，arr[0]是每个箱中的样本数，arr[1]是箱的边缘值。

（3）添加数据标签。

```
for i in range(10):
    plt.text(arr[1][i]*0.985, arr[0][i], str(arr[0][i]))
```

循环遍历每个箱，在直方图的顶部添加标签。

arr[1][i]*0.985 计算标签的 X 坐标，这里乘以 0.985 是为了稍微偏移，避免标签与柱子重叠。

arr[0][i]是 Y 坐标，即每个箱中的样本数。

str(arr[0][i])将样本数转换为字符串，作为标签的内容。

（4）设置图表可视化。

```
plt.title("鸢尾花数据集花萼长度数据数据直方图")  # 设置标题
plt.rcParams['font.sans-serif'] = ['SimHei']  # 显示汉字
plt.xlabel('箱数')  # x 轴标题
plt.ylabel('数值')  # y 轴标题
plt.show()
```

plt.title()设置图表的标题。

plt.rcParams['font.sans-serif'] = ['SimHei'] 设置字体为 SimHei，以支持中文显示。

plt.xlabel() 和 plt.ylabel() 分别设置 X 轴和 Y 轴的标题。

通过以上步骤绘制鸢尾花数据集中花萼长度的直方图，并在每个柱子上添加了对应的样本数标签，如图 5-1-10 所示。

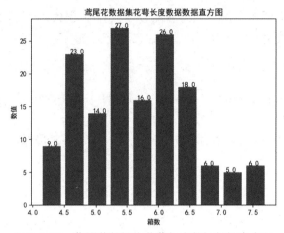

图 5-1-10　鸢尾花数据集花萼长度数据数据直方图

步骤五　散点图

接下来，利用鸢尾花数据集中的数据绘制散点图，展示 150 组数据样本中花萼长度与宽度的分布情况。鸢尾花数据集中每个数据样本均包含一个目标变量（或称标签、类别），用于指明该样本所属的鸢尾花品种。目标变量的取值分别为 0、1 和 2，依次代表 Setosa（山鸢尾）、Versicolor（变色鸢尾）和 Virginica（维吉尼亚鸢尾）这三种不同的鸢尾花品种。通过散点图中不同的颜色区分，以及颜色条上自定义的鸢尾花种类名称标签，来揭示不同品种鸢尾花的花萼长度与宽度的分布特征和差异。完整代码请参考本书配套资源中的"人工智能数据服务/工程代码/任务 5-1/ scatter_plot.py"。

（1）设置特征和格式化函数。

```
x_index = 0  # X轴数据特征索引，代表花萼长度
y_index = 1  # Y轴数据特征索引，代表花萼宽度
formatter = plt.FuncFormatter(lambda i, *args: iris_data.target_names
[int(i)])
```

- 设置 X 轴和 Y 轴数据的特征索引。

- 定义一个格式化函数 formatter，用于将颜色条上的数字标签转换为鸢尾花的种类名称。

（2）绘制散点图。

```
plt.figure(figsize=(5, 4))
plt.scatter(iris_data.data[:, x_index], iris_data.data[:, y_index], c=iris_
data.target)
```

创建一个新的图形，并设置大小为 5×4 英寸。

使用 plt.scatter 函数绘制散点图，X 轴为花萼长度，Y 轴为花萼宽度，颜色根据目标变量 iris_data.target 区分。

（3）添加颜色条和轴标签，调整布局并显示图形，如图 5-1-11 所示。

```
plt.colorbar(ticks=[0, 1, 2], format=formatter)
```

```
plt.xlabel(iris_data.feature_names[x_index])
plt.ylabel(iris_data.feature_names[y_index])
plt.tight_layout()
plt.show()
```

添加颜色条，并设置颜色条上的刻度标签为鸢尾花的种类名称。

设置 X 轴和 Y 轴的标签为花萼长度和宽度的名称。

使用 plt.tight_layout()自动调整子图参数，使之填充整个图像区域。

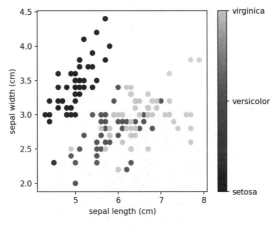

图 5-1-11　鸢尾花数据集散点图

步骤六　饼图

该步骤从鸢尾花数据集中提取信息，并绘制一个饼图来展示不同品种鸢尾花的数量分布。完整代码请参考本书配套资源中的"人工智能数据服务/工程代码/任务 5-1/pie_chart.py"。

（1）计算唯一元素及其出现次数。

```
unique_elements, counts = np.unique(iris_data.target, return_counts=True)
```

使用 numpy 的 unique 函数，计算 iris_data.target（即鸢尾花品种标签）中唯一元素的数量和每个唯一元素的出现次数。unique_elements 存储了唯一元素，counts 存储了对应的出现次数。

（2）定义品种名称。

```
labels = ['山鸢尾', '变色鸢尾', '维吉尼亚鸢尾']
```

定义一个列表 labels，用于存储鸢尾花的品种名称。这些名称的顺序应与 unique_elements 中的顺序一致。

（3）绘制饼图。

```
plt.pie(counts, labels=labels, autopct='%1.1f%%', radius=1.2, colors=
("y","m","b"))
```

使用 Matplotlib 的 pie 函数,根据 counts(各品种数量)和 labels(品种名称)绘制了一个饼图。autopct 参数用于在每个饼图扇区上显示百分比,radius 参数设置了饼图的半径,colors 参数指定了扇区的颜色。

(4)设置显示参数并显示饼图。

```
plt.rcParams['font.sans-serif'] = ['SimHei']
plt.title("鸢尾花数据集各品种数据量占比")
plt.show()
```

设置了 Matplotlib 的字体参数,并为饼图设置标题,最后使用 plt.show 函数显示了图形,如图 5-1-12 所示。

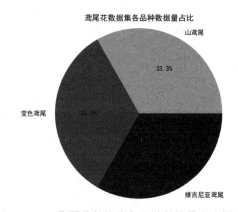

图 5-1-12 鸢尾花数据集各品种数据量占比饼图

步骤七 箱线图

利用鸢尾花数据集,使用 plt.boxplot 函数来绘制箱线图。这个函数的输入参数 iris_data.data 包含了鸢尾花数据集的所有特征值。设置 vert=True,意味着绘制的箱线图是垂直方向的(如果设置为 False,则箱线图会水平显示)。patch_artist=True 参数允许为箱体填充颜色。完整代码请参考本书配套资源中的"人工智能数据服务/工程代码/任务 5-1/box_plot.py"。

在 plt.boxplot 函数中,还通过 boxprops 和 medianprops 参数自定义了箱体和中位数的样式。boxprops=dict(facecolor='skyblue')将箱体的填充颜色设置为天蓝色,而 medianprops=dict(color='red')则将中位数的颜色设置为红色。这些设置使得箱线图更加美观且易于理解。箱线图可直观地展示鸢尾花数据集各个特征值的分布情况,更好地理解数据的统计特性。

```
# 使用 matplotlib 的 boxplot 函数绘制箱线图
# vert=True: 表示箱线图是垂直的(水平方向为 False)
# patch_artist=True: 表示填充箱体的颜色
plt.boxplot(iris_data.data, vert=True, patch_artist=True,
        # boxprops 参数用于设置箱体的属性
        # facecolor='skyblue': 设置箱体的填充颜色为天蓝色
        boxprops=dict(facecolor='skyblue'),
```

```
# medianprops 参数用于设置中位数的属性
# color='red'：设置中位数的颜色为红色
medianprops=dict(color='red'))
```

```
plt.xlabel('鸢尾花各特征序号')        # 设置 X 轴的标签
plt.ylabel('特征值分布')            # 设置 Y 轴的标签
plt.title('鸢尾花各特征值分布箱线图') # 设置图表的标题
plt.rcParams['font.sans-serif'] = ['SimHei']  # 显示汉字
plt.show()# 显示图形
```

通过以上步骤，不仅使用 Matplotlib 绘制箱线图，还了解了如何自定义图表的样式和设置中文标，代码运行结果如图 5-1-13 所示。

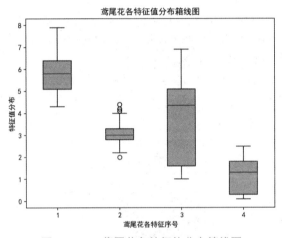

图 5-1-13　鸢尾花各特征值分布箱线图

步骤八　热力图

从鸢尾花数据集中提取特征，并计算这些特征之间的相关系数矩阵。随后，使用 Matplotlib 的 imshow 函数将相关系数矩阵以热力图的形式可视化。完整代码请参考本书配套资源中的"人工智能数据服务/工程代码/任务 5-1/ heatmap.py"。

（1）提取特征数据。

```
X = iris_data.data
```

X = iris_data.data：从 iris_data 中提取特征数据，存储在二维数组 X 中。每一行代表一个样本，每一列代表一个特征。

（2）计算相关系数矩阵。

```
correlation_matrix = np.corrcoef(X.T)
```

correlation_matrix = np.corrcoef(X.T)：使用 numpy 的 corrcoef 函数计算特征之间的相关系数矩阵。由于 corrcoef 期望输入的是变量（特征）作为列，因此需要对 X 进行转置（X.T）。

（3）设置图形窗口并显示热力图。

```
plt.rcParams['axes.unicode_minus'] = False
plt.rcParams['font.sans-serif'] = ['SimHei']
plt.figure(figsize=(4, 4))
plt.imshow(correlation_matrix, cmap='viridis', interpolation='nearest')
plt.title('鸢尾花数据集各特征之间的相关系数矩阵热力图')
plt.show()
```

plt.figure(figsize=(4, 4))：创建一个新的图形窗口，并设置其大小为 4×4 英寸。

plt.imshow(correlation_matrix)：使用 imshow 函数显示相关系数矩阵。由于未指定 interpolation 参数，它将使用默认的插值方法。但在此场景下，使用 interpolation='nearest' 可能是更合适的选择，以清晰地显示矩阵的离散值。

plt.title('鸢尾花数据集各特征之间的相关系数矩阵热力图')：设置图形的标题。

plt.rcParams['axes.unicode_minus'] = False：配置 Matplotlib 以正确显示负号。

plt.rcParams['font.sans-serif'] = ['SimHei']：配置 Matplotlib 以支持中文字符显示。

plt.show()：调用 show 函数显示图形。

该任务代码段通过加载鸢尾花数据集、提取特征、计算相关系数矩阵，并利用 Matplotlib 库将矩阵以热力图的形式可视化，从而直观地展示了鸢尾花数据集各特征之间的相关性，代码执行结果如图 5-1-14 所示。

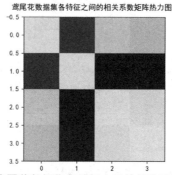

图 5-1-14　鸢尾花数据集各特征之间的相关系数矩阵热力图

任务小结

本次任务聚焦于利用 Matplotlib 这一基础且功能强大的 Python 可视化工具，通过实践绘制基础的数据可视化图形来掌握其基本用法。我们以经典的鸢尾花数据集为实践对象，该数据集包含四个属性列，共 150 个样本，用于预测鸢尾花卉的种类。在选择图表类型时，我们根据数据的性质和可视化的目的，综合考虑了数据的分布、特征之间的关系及希望通过可视化传达的信息，灵活运用了柱状图、折线图、直方图、饼图、箱线图、散点图和热力图等多种图表类型。同时，注重颜色和布局的设计，以突出关键数据和信息，使图表更加直观易懂。通过本次任务，我们不仅深入理解了鸢尾花数据集，还为后续的数据分析和机器学习任务奠定了坚实的可视化基础。

练习思考

练习题及答案与解析

实训任务

1. 请在单一图表内，利用折线图形式展示鸢尾花数据集中的花萼长度、花萼宽度、花瓣长度和花瓣宽度这四个特征。（难度系数*）

2. 请针对鸢尾花数据集中的 150 组样本，使用直方图精准地描绘花瓣长度的分布情况。（难度系数*）

3. 请利用 Matplotlib 库中的 pie 函数，并设置 wedgeprops={'width': 0.5}参数，来制作一个圆环图，直观展示不同品种鸢尾花的数量分布。（难度系数**）

拓展提高

利用网络爬虫技术，从二手房交易网站上系统性地抓取房源信息，具体包括房价、房屋面积、实际成交价以及看房次数等关键数据。随后，基于所收集的数据，选择恰当的可视化图表类型，如柱状图、折线图、散点图或饼图等，来直观地展示和分析这些数据，从而实现数据的可视化呈现。

任务 5.2　Seaborn 数据可视化

项目导入

在大数据和信息爆炸的时代背景下，数据可视化技术扮演着至关重要的角色。它不仅能够帮助我们从海量的数据中提取有价值的信息，还能够以直观、易懂的方式呈现数据的特征和趋势，从而加速决策过程并提高决策的准确性。Seaborn，作为一个基于 Matplotlib 的高级数据可视化库，凭借其美观的默认样式、高级的绘图接口及对统计数据的良好支持，成为了数据分析师、科研人员以及商业人士的首选工具。通过 Seaborn，我们可以轻松地将复杂的数据转化为易于理解的图表，进而揭示数据背后的故事和规律。

在实际应用场景中，Seaborn 的应用范围广泛且深远。在教育领域，它可以帮助教师制作精美的教学图表，直观地展示学科知识和数据，从而激发学生的学习兴趣和探索欲望。在商业领域，Seaborn 可以帮助企业分析市场趋势、消费者行为等关键数据，为商业决策提供有力的支持。此外，在科学研究、医疗诊断、金融分析等领域，Seaborn 也发挥着不可替代的作用。同时，在学习 Seaborn 的过程中，我们也要注重培养数据分析和可视化的严谨态度，以及对美的追求和创新能力，这些都是新时代人才所必备的素养。

任务描述

任务聚焦于 Seaborn 数据可视化库的代码实践，旨在通过一系列绘图任务，深入了解和掌握 Seaborn 在数据可视化中的强大功能。实训内容涵盖了从基础图形绘制到高级统计图形的创建，包括散点图、柱状图、热力图以及成对关系图等多种图形类型。

在实训过程中，将利用 Seaborn 库加载并处理鸢尾花数据集，通过绘制折线图、条形图等基础图形，熟悉 Seaborn 的基本绘图流程。随后，将进一步探索 Seaborn 在统计图形绘制方面的优势，如使用小提琴图展示数据的分布形态和潜在结构，通过热力图揭示数据之间的关联性和分布模式，以及利用成对关系图理解数据集中各变量之间的关系。最终，综合运用所学知识和技能，完成多个复杂的数据可视化任务，包括绘制多个分布的图形网格、定制化的成对关系图等，以提升数据分析和可视化的综合能力。通过本次实训，将能够熟练掌握 Seaborn 数据可视化库，为未来的数据分析和科学研究工作奠定坚实的基础。

知识准备

5.2.1　Seaborn 基础简介

1. Seaborn 简介

Seaborn 是一个基于 Python 的数据可视化库，它建立在 Matplotlib 这一底层绘图库之上，提供了更为高级和简洁的接口。Seaborn 的全名是"Statistical Data Visualization"（统计数据可视化），其设计目标是使数据可视化过程更加简单、直观和有效。通过提供一系列美观的默认样式和高级绘图功能，Seaborn 使得用户能够轻松创建各种统计图形，从而更好地理解和分析数据。

Seaborn 提供了多种类型的统计图形，如散点图、柱状图、箱线图、热力图、小提琴图等，这些图形在数据分析和可视化中扮演着重要角色。此外，Seaborn 还支持与 Pandas 等数据处理库的集成，使得数据处理和可视化可以无缝衔接。

Seaborn 的图表设计注重美观性和可读性，通过精心选择的颜色、字体和布局，使得图表不仅易于理解，而且极具吸引力。这种设计有助于用户更快速地理解数据中的模式和趋势，从而做出更明智的决策，如图 5-2-1 所示。

图 5-2-1　Seaborn 官网可视化图例

2. Seaborn 相对于 Matplotlib 的优势

与 Matplotlib 相比，Seaborn 在数据可视化方面具有以下优势。

（1）更高级的接口和更美观的默认样式。

Seaborn 作为一个基于 Matplotlib 的高级绘图库，为数据可视化提供了更为简洁和直观的绘图接口。传统的 Matplotlib 虽然功能强大，但其接口较为底层，需要用户编写较为复杂的代码才能实现复杂的图表。而 Seaborn 则通过封装 Matplotlib 的功能，提供了更高级别的绘图接口，极大地简化了绘图命令。例如，在使用 Matplotlib 绘制一个简单的散点图时，用户可能需要手动设置坐标轴、图例、标题等多个参数，而 Seaborn 则通过 scatterplot 函数一键生成，用户无须关心底层的实现细节，只需关注数据的传递和参数的配置即可

此外，Seaborn 还提供了一套美观的默认样式，这些样式经过精心设计，使得生成的图形更具视觉吸引力。传统的 Matplotlib 生成的图表往往较为朴素，需要用户手动进行美化，如调整颜色、字体、线条样式等。而 Seaborn 则通过预设的多种样式（如 darkgrid、whitegrid、dark、white 和 ticks 等），使得生成的图表在默认情况下就具有良好的视觉效果。例如，使用 seaborn.set_style("whitegrid") 可以将图表的背景设置为带有白色网格的样式，这种样式不仅美观大方，而且能够清晰地展示数据的分布和趋势，极大地减少了用户手动美化图表的工作量。

（2）对统计数据有更好的支持和展现形式。

Seaborn 作为一个专注于统计图形的高级绘图库，内置了许多统计模型的可视化功能，极大地便利了用户在进行数据分析时创建各种统计图形。传统的数据可视化工具往往只能展示数据的原始形态，而难以直接展示数据的统计特性。而 Seaborn 则通过整合多种统计方法和图形类型，为用户提供了更为全面和深入的数据可视化解决方案。

Seaborn 提供了丰富的统计图形类型，这些图形在展示数据分布、变异性和关系方面具有独特的优势。例如，小提琴图（violin plot）是一种结合了箱线图（box plot）和核密度估计（KDE）的图形类型，它不仅能够展示数据的分布形态（如对称性、峰度等），还能够揭示数据的潜在结构和变异模式。在对比不同组别数据的分布时，小提琴图能够直观地展示各组数据的差异和相似之处，从而帮助用户更好地理解数据的统计特性。

另一个例子是箱线图（box plot），它是一种用于展示数据分布和变异性的重要工具。箱线图通过绘制数据的四分位数（即 25%、50% 和 75% 分位数）及最小值和最大值，来直观地展示数据的分布情况。在对比不同组别数据的变异性时，箱线图能够清晰地展示各组数据的离散程度和异常值情况，从而帮助用户识别数据中的潜在问题和规律。

此外，Seaborn 还支持绘制热力图（heatmap）、成对关系图（pairplot）等多种统计图形类型，这些图形在展示数据之间的关系和趋势方面也具有独特的优势。例如，热力图可以通过颜色的深浅来表示数据值的大小，从而直观地展示数据之间的关联性和分布模式。成对关系图则能够同时展示多个变量之间的关系和趋势，帮助用户发现数据中的潜在规律和模式。

（3）易于上手和快速原型设计。

Seaborn 在 API 设计上追求简洁明了，这一特点使得它对于初学者来说更加友好。相较于其他数据可视化库，Seaborn 的接口更加直观和易于理解，用户无须具备深厚的编程背景或数据可视化经验，就能快速上手并创建出高质量的图表。

例如，对于一个初学者来说，使用 Seaborn 绘制一个简单的条形图可能只需要几行代码。通过调用 seaborn.barplot 函数，并传入相应的数据参数，就可以快速生成一个美观且

信息丰富的条形图。这种简洁的 API 设计降低了学习成本，使得初学者能够更快地掌握 Seaborn 的使用技巧，并将其应用于实际的数据分析和可视化任务中。

此外，Seaborn 能够快速生成美观的图表，这一特点使得它非常适合用于快速原型设计和数据探索。在数据分析和可视化过程中，用户通常需要快速生成多个图表来对比和验证数据的特征和趋势。Seaborn 通过提供预设的样式和配色方案，以及丰富的图表类型，使得用户能够在短时间内生成多个美观且信息丰富的图表，从而加速原型设计和数据探索的进程。数据探索为例，假设用户正在分析一个包含多个变量和观测值的数据集。为了快速了解各个变量之间的关系和趋势，用户可以使用 Seaborn 的 pairplot 函数来生成一个成对关系图。这个图形将展示数据集中所有变量之间的散点图和分布图，帮助用户快速发现数据中的潜在规律和模式。由于 Seaborn 生成的图表美观且易于理解，用户可以更加专注于数据的特征和趋势，而不是花费大量时间在图表的美化和调整上。

虽然 Seaborn 在数据可视化方面相对于 Matplotlib 具有诸多优势。然而，Matplotlib 仍然是一个强大的底层绘图库，提供了高度的自定义和控制能力。在实际应用中，用户可以根据具体需求选择合适的工具进行数据可视化。

5.2.2 高级绘图功能

1. 关系图（Pairplot & PairGrid）

在数据分析和可视化中，关系图是一种非常有用的工具，它可以帮助我们理解数据集中各个变量之间的关系。Seaborn 提供了 pairplot 函数，该函数能够自动地为数据集中的每一对变量生成散点图，并在对角线上绘制每个变量的分布图。通过 pairplot 函数，我们可以直观地看到数据中的相关性、分布形态以及潜在的异常值。

此外，Seaborn 还提供了 PairGrid 类，它允许我们更灵活地定制成对关系图。使用 PairGrid，可以为每一对变量指定不同的绘图函数，从而创建出更加复杂和丰富的可视化效果。例如，可以为某些变量对使用散点图，而为其他变量对使用线性回归图，以揭示它们之间的不同关系。

2. 分布图（Distplot & Histplot）

分布图是展示数据分布形态的重要工具。在 Seaborn 中，distplot 函数曾经是一个常用的函数，用于绘制直方图、核密度估计（KDE）以及拟合分布曲线。然而，在新版的 Seaborn 中，distplot 函数已经被 histplot 和 kdeplot 等函数所替代，这些函数提供了更加灵活和强大的绘图功能。

histplot 函数用于绘制直方图，它允许我们指定不同的直方图风格，如条形图、阶梯图等。通过 histplot 函数，可以直观地看到数据的分布形态、峰度和偏度等统计特性。此外，还可以使用 kdeplot 函数来绘制核密度估计图，以揭示数据的潜在分布形态。

3. 类别图（Categorical Plots）

在处理类别数据时，Seaborn 提供了多种可视化工具，如 countplot、barplot 和 catplot 等函数。这些函数能够帮助我们展示类别数据的分布情况，以及不同类别之间的比较和关系。

countplot 函数用于绘制计数条形图，它展示了每个类别中观测值的数量。barplot 函数则用于绘制条形图，它不仅可以展示类别的计数，还可以展示类别的平均值、中位数等统计量。而 catplot 函数则是一个更加通用的类别数据可视化函数，它允许我们指定不同的绘图类型和统计量，以创建出更加复杂和丰富的可视化效果。

在绘制条形图时，还可以调整条形的顺序、颜色和标签等属性，以更好地展示数据的特征和趋势。

4. 矩阵图（Heatmap & Clustermap）

矩阵图是展示数据矩阵中相关性或重要性的重要工具。在 Seaborn 中，heatmap 函数用于绘制热力图，它通过将数据矩阵中的值映射到不同的颜色上，来直观地展示数据之间的相关性或重要性。

此外，Seaborn 还提供了 clustermap 函数，该函数结合了聚类分析和热力图绘制的功能。通过 clustermap 函数，可以先对数据进行聚类分析，然后根据聚类结果绘制热力图，从而揭示数据中的潜在结构和模式。

5. 回归与关系图（Lmplot & Regplot）

在探索数据中的关系时，回归模型是一种非常有用的工具。Seaborn 提供了 lmplot 和 regplot 函数，用于绘制线性回归模型与数据点的关系图。

lmplot 函数是一个高级的回归关系图绘制函数，它允许我们指定不同的回归模型、数据子集以及绘图样式等。通过 lmplot 函数，可以直观地看到数据点与回归线之间的关系，以及回归模型的拟合效果。

而 regplot 函数则提供了更多的选项来绘制简单的回归图。它允许我们指定不同的回归线样式、数据点的样式以及置信区间等属性，以创建出更加灵活和丰富的可视化效果。

6. 网格图（FacetGrid & PairGrid 的高级用法）

在处理复杂的数据集时，我们可能需要根据数据的不同子集来绘制多个图表。为了解决这个问题，Seaborn 提供了 FacetGrid 和 PairGrid 类，用于创建子图网格。

FacetGrid 类允许我们根据数据的某个或多个变量来创建子图网格，并在每个子图中绘制不同的图表。通过 FacetGrid，可以轻松地比较不同数据子集之间的特征和趋势。

而 PairGrid 类则用于创建成对关系图的网格。与 pairplot 函数相比，PairGrid 提供了更加灵活和定制化的绘图选项，可以为每个变量对指定不同的绘图函数和样式，以创建出更加复杂和丰富的成对关系图。

通过结合使用 FacetGrid 和 PairGrid 的高级用法，我们可以进一步定制和扩展 Seaborn 的可视化功能，以满足更加复杂和多样化的数据分析需求。

5.2.3　自定义与样式调整

在数据可视化的广阔领域中，样式的选择与调整是确保图表既美观又能够有效传达信息的关键环节。Seaborn，作为一个专注于统计图形的高级数据可视化库，提供了丰富的内置样式以及强大的自定义功能，使得创建高质量图表成为可能。

1. 多样化的样式与主题

Seaborn 内置了多种样式选项，旨在满足不同场景下的可视化需求。这些样式包括 darkgrid、whitegrid、dark、white 以及 ticks 等，每一种都具备独特的背景和网格线设计。

darkgrid：在深色背景上叠加网格线，使得数据点更加突出，适用于数据密集型图表的展示。

whitegrid：在白色背景上添加网格线，营造出简洁清晰的视觉效果，适用于报告或演示文稿中。

dark：纯深色背景，无网格线，强调数据的对比度和重要性，适突出数据的关键点。

white：纯白色背景，同样无网格线，营造出简洁大气的氛围，适用于需要强调数据本身的情况。

ticks：仅在坐标轴上绘制刻度线，无背景色和网格线，专注于数据的细节展示和趋势分析。

除内置的样式外，Seaborn 还支持自定义样式，用户可以根据实际需求调整背景颜色、网格线的颜色、线宽以及透明度等参数，从而创建出个性化的图表样式。

2. 调色板与颜色映射的灵活性

颜色在数据可视化中扮演着至关重要的角色，它能够吸引观众的注意力，并传达数据的特征和趋势。Seaborn 提供了丰富的调色板系统，包括顺序调色板、发散调色板和定性调色板，以满足不同数据类型的可视化需求。

顺序调色板：适用于表示具有顺序关系的数据，如时间序列数据或等级数据。颜色从一种色调逐渐过渡到另一种色调，清晰地展示数据的趋势和变化。

发散调色板：适用于表示具有中心对称性的数据，如正负值或零值附近的数据。颜色从中心色调向两侧逐渐变化，直观地展示数据的差异和对称性。

定性调色板：适用于表示具有分类关系的数据，如类别数据或标签数据。颜色之间没有明确的顺序或对称关系，但能够清晰地区分不同的类别和标签。

在创建图表时，用户可以根据需要选择不同的颜色映射方案，如为不同的类别设置不同的颜色，或为数据的大小、密度等属性设置颜色渐变。这种灵活性使得 Seaborn 能够创建出既美观又富有信息的图表。

3. 图形细节的优化与保存

除样式和颜色的调整外，优化图表的标题、轴标签、刻度等细节也是提升图表美观度和可读性的关键步骤。Seaborn 提供了丰富的设置选项和参数，允许用户根据实际需求进行定制。

标题和轴标签：通过调整字体大小、颜色和位置等参数，使得图表更加易于理解和阅读。

刻度：通过调整刻度的间距、标签和样式等参数，优化图表的显示效果和数据的可读性。

完成图表的创建和调整后，用户可以将图表保存为不同格式的文件，如 PNG、PDF、SVG 等。这些文件格式各有特点，适用于不同的应用场景。例如，PNG 格式适合网页展示或社交媒体分享；PDF 格式则适合打印或出版；而 SVG 格式则便于进一步地编辑和定制。

综上所述，Seaborn 的自定义与样式调整功能为用户提供了极大的灵活性和便利性，使得创建高质量图表变得更加简单和高效。

任务实施

Seaborn 数据可视化进阶的任务工单如表 5-2-1 所示。

表 5-2-1　任务工单

班级：		组别：		姓名：		掌握程度：	
任务名称	数据可视化进阶						
任务目标	使用 Seaborn 数据可视化库进行高级数据图表制作						
图表类型	折线图、柱状图、直方图、热力图、散点图、分簇散点图、小提琴图、多个分布图						
工具清单	Seaborn、Matplotlib、Sklearn、Pandas 等						
操作步骤	步骤一：Seaborn 数据可视化环境搭建。利用 Anconda3 配置 Python 的版本、安装相关模块 步骤二：使用 lineplot 函数制作折线图 步骤三：使用 barplot 函数制作柱状图 步骤四：使用 histplot 函数制作直方图 步骤五：使用 heatmap 函数制作热力图 步骤六：使用 lmplot 函数制作散点图 步骤七：使用 swarmplot 函数制作分簇散点图 步骤八：使用 violinplot 函数制作小提琴图 步骤九：使用 pairplot 绘制多个分布关系图						
考核标准	1. 使用 Seaborn 库函数制作精美图表 2. 对图表进行基本的定制，如修改颜色、添加标题和标签						

5.2.4　Seaborn 数据可视化实战

步骤一　数据可视化环境搭建

（1）在 Widnows 的"开始"菜单中找到 Anaconda3 下的 Anaconda Prompt，单击打开 Anaconda Prompt 终端，可参照任务 5.1 中的图 5-1-2。

（2）配置所需模块。

激活虚拟环境：

```
conda activate visualization
```

安装 seaborn 模块：

```
pip install seaborn -i https://pypi.tuna.tsinghua.edu.cn/simple
```

安装 pandas 模块：

```
pip install pandas -i https://pypi.tuna.tsinghua.edu.cn/simple
```

注意使用 Pycharm 时切换环境为 visualization 环境。

步骤二　折线图

加载 Seaborn 库中内置的鸢尾花数据，绘制数据集中数据组各特征的折线图。完整代码请参考本书配套资源中的"人工智能数据服务/工程代码/任务 5-2/ line_chart.py"。

（1）导入必要的库。

```
import seaborn as sns
import matplotlib.pyplot as plt
```

（2）加载 Seaborn 内置的鸢尾花数据集。

```
iris = sns.load_dataset("iris")
```

数据集中包含了三种不同种类的鸢尾花，每种均有 50 个样本，每个样本包含四个特征：花萼长度、花萼宽度、花瓣长度和花瓣宽度。

（3）绘制折线图。

```
sns.lineplot(data=iris)
```

调用 Seaborn 库的 lineplot 函数，用于绘制折线图。

（4）图表参数设置及显示。

```
plt.title("鸢尾花数据集每组数据各特征折线图")
plt.rcParams['font.sans-serif'] = ['SimHei']
plt.xlabel("数据序号")
plt.ylabel("特征值")
plt.show()
```

通过 Matplotlib 库对图表进行了美化设置。plt.title 设置了图表的标题，plt.rcParams ['font.sans-serif'] = ['SimHei']指定了中文字体为 SimHei，以确保图表中的中文字符能够正确显示。plt.xlabel 和 plt.ylabel 分别设置了 X 轴和 Y 轴的标题。最后，通过 plt.show 函数展示了经过美化后的图表，此函数会打开一个窗口，展示用户绘制的图表。绘制的折线图如图 5-2-2 所示。

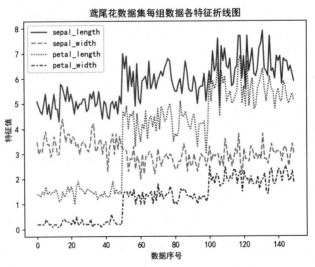

图 5-2-2　鸢尾花数据集每组数据各特征折线图

步骤三　柱状图

首先加载鸢尾花数据集，随后通过 Pandas 库构建包含数据集特征的数据框（DataFrame），并进行了描述性统计分析。最终，利用 Seaborn 库的 barplot 函数绘制各特征均值的条形图，并通过 Matplotlib 库对图表进行了美化设置，实现了数据的直观可视化。完整代码请参考本书配套资源中的"人工智能数据服务/工程代码/任务 5-2/ bar_chart.py"。

（1）导入必要的库。

```
import seaborn as sns
import matplotlib.pyplot as plt
from sklearn import datasets
import pandas as pd
import numpy as np
```

导入了四个 Python 库：Seaborn（用于数据可视化）、matplotlib.pyplot（用于绘图）、sklearn.datasets（包含各种数据集，本例中用于加载鸢尾花数据集）、Pandas（用于数据处理和分析）以及 Numpy（用于高效的数值计算）。

（2）加载数据集。

```
iris_data = datasets.load_iris()
```

通过 Sklearn 的 datasets 模块，加载了内置的鸢尾花数据集，该数据集包含了 150 个样本，每个样本具有 4 个特征（花萼长度、花萼宽度、花瓣长度、花瓣宽度）及一个目标变量（花的种类）。

（3）构建 DataFrame。

```
dataframe
= pd.DataFrame(data=np.c_[iris_data['data']], columns=iris_data['feature_
names'])
```

利用 Numpy 的 c_函数，将鸢尾花数据集的特征数据转换为二维数组，并结合特征名创建了一个 pandas DataFrame。DataFrame 是 pandas 中用于存储和操作结构化数据的主要数据结构，它提供了丰富的数据处理和分析功能。

（4）描述性统计分析。

```
iris_analysis = dataframe.describe()
```

对 DataFrame 进行了描述性统计分析，生成了一个包含统计量（如均值、标准差、最小值、四分位数、最大值等）的 DataFrame。这些统计量有助于了解数据的分布情况和特征。

（5）提取均值行。

```
mean_features = iris_analysis.loc['mean']
```

从描述性统计分析结果中提取了均值行，这是后续绘制均值条形图所需的数据。

（6）绘制均值条形图。

```
ax = sns.barplot(x-iris_data['feature_names'], y=mean_features)
```

使用 Seaborn 库的 barplot 函数，绘制了各特征均值的条形图。barplot 函数是 Seaborn 中用于绘制条形图的常用函数，它支持多种自定义选项，如颜色、宽度、透明度等。在本例中，X 轴设置为特征名，Y 轴设置为均值，从而直观地展示了不同特征的均值分布情况。

（7）添加数值标签。

```
for i, v in enumerate(mean_features):
    ax.text(i, v + 0.05, '%.2f' % v, ha='center')
```

遍历均值条形图的每个条形，为其添加了数值标签。标签的内容是均值的格式化字符串（保留两位小数），位置是在条形的上方（通过调整 Y 轴坐标实现），水平居中对齐（通过 ha='center'实现）。这有助于读者更准确地读取和理解条形图中的数据。

（8）美化图表。

```
plt.title("鸢尾花数据集各特征平均值")
plt.rcParams['font.sans-serif'] = ['SimHei']
plt.xlabel('特征名称')
plt.ylabel('均值')
plt.show()
```

通过 Matplotlib 库对图表进行了美化设置。设置了图表的标题、指定了中文字体以显示汉字（因为默认情况下 Matplotlib 可能不支持中文显示）、添加了 X 轴和 Y 轴标题，并显示了图表，这些设置使得图表更加清晰易读。绘制的柱状图如图 5-2-3 所示。

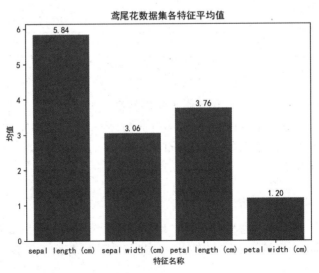

图 5-2-3　鸢尾花数据集各特征平均值

步骤四　直方图

加载鸢尾花数据集，构建一个包含特征和目标变量的 DataFrame，并使用 Seaborn 的

histplot 函数绘制花萼长度的直方图和核密度估计（KDE）图，以直观展示花萼长度的分布情况。完整代码请参考本书配套资源中的"人工智能数据服务/工程代码/任务 5-2/histogram.py"。

（1）加载数据集并构建 DataFrame。

```
iris_data = datasets.load_iris()
dataframe = pd.DataFrame(data=np.c_[iris_data['data'], iris_data['target']],
                         columns=iris_data['feature_names'] + ['species'])
```

通过 Sklearn 的 datasets 模块，加载了内置的鸢尾花数据集。该数据集包含了 150 个样本，每个样本具有 4 个特征（花萼长度、花萼宽度、花瓣长度、花瓣宽度）及一个目标变量（花的种类）。接着，使用 Numpy 的 c_函数将特征数据和目标变量组合成一个二维数组，并构建了一个 pandas DataFrame。DataFrame 的列名设置为特征名和目标变量名（'species'）。

（2）设置图形尺寸。

```
plt.figure(figsize=(8,6))
```

通过 Matplotlib 的 figure 函数，设置了图形的尺寸大小为 8×6 英寸。这有助于在绘图时获得合适的比例和清晰度。

（3）绘制直方图和 KDE 图。

```
ax = sns.histplot(dataframe, x='sepal length (cm)', bins=10, kde=True)
```

使用 Seaborn 的 histplot 函数，绘制了花萼长度的直方图和 KDE 图。histplot 函数是 seaborn 中用于绘制直方图的常用函数，它支持多种自定义选项，如柱子数量（bins）、是否显示 KDE 图（kde）等。在本例中，X 轴设置为'sepal length (cm)'（花萼长度），柱子数量设置为 10，同时显示了 KDE 图以平滑地估计数据的概率密度。

（4）为直方图添加标签。

```
ax.bar_label(ax.containers[0])
```

这行代码试图为直方图的每个柱子添加标签，显示其计数。然而，需要注意的是，histplot 函数通常不直接返回包含柱子的容器列表（containers）。在 Seaborn 的较新版本中，可以通过设置 stat 参数为'count'（默认）并使用 element 参数指定为'bars'或'poly'来获取柱子的容器。但由于此代码段中未明确提及 Seaborn 的版本，且 ax.containers[0]可能不是有效的访问方式，因此这行代码可能需要根据实际情况进行调整。在实际应用中，可以使用 ax.patches（在 Matplotlib 中）或 seaborn 的返回值（如果它提供了直接访问柱子的方式）来添加标签。

（5）美化图表。

```
plt.title("鸢尾花数据集花萼长度数据直方图")
plt.rcParams['font.sans-serif'] = ['SimHei']
plt.xlabel('箱数')
plt.ylabel('数值')
plt.show()
```

通过 Matplotlib 库对图表进行了美化设置。设置了图表的标题、指定了中文字体以显示汉字（因为默认情况下 Matplotlib 可能不支持中文显示）、添加了 X 轴和 Y 轴标题（但需要注意的是，X 轴标题更准确的应该是'花萼长度（cm）'，Y 轴标题更准确的应该是'频率'或'计数'），并显示了图表。这些设置使得图表更加清晰易读，绘制的图表如图 5-2-4 所示。

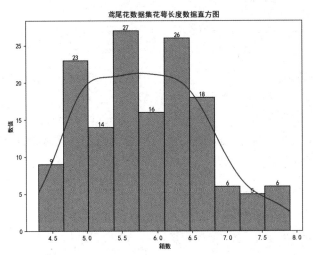

图 5-2-4　鸢尾花数据集花萼长度数据直方图

步骤五　热力图

计算特征之间的相关系数矩阵，并使用 Seaborn 库的 heatmap 函数绘制热力图，以直观展示鸢尾花数据集各特征之间的相关性。完整代码请参考本书配套资源中的"人工智能数据服务/工程代码/任务 5-2/ heatmap.py"。

（1）加载数据集并创建 DataFrame。

```
iris_data = datasets.load_iris()
dataframe = pd.DataFrame(data=np.c_[iris_data['data'], iris_data['target']],
                        columns=iris_data['feature_names'] + ['species'])
```

通过 Scikit-learn 的 datasets.load_iris 函数加载鸢尾花数据集。使用 NumPy 的 c_ 函数将特征数据与目标变量合并为一个二维数组，并创建 Pandas DataFrame。DataFrame 的列名由特征名与目标变量名（'species'）组成。

（2）计算相关系数矩阵。

```
corr = dataframe.corr()
```

利用 Pandas DataFrame 的 corr 方法计算特征之间的相关系数矩阵。该方法默认计算皮尔逊相关系数，用于衡量特征之间的线性相关性。

（3）设置图表尺寸并绘制热力图。

```
plt.figure(figsize=(10,8))
sns.heatmap(corr)
```

使用 Matplotlib 的 figure 函数设置图表尺寸，然后调用 Seaborn 的 heatmap 函数绘制热力图。热力图通过颜色深浅表示相关系数的大小，颜色越深表示相关性越强。

（4）设置图表属性并显示图表。

```
plt.title("鸢尾花数据集特征关系矩阵图")
plt.rcParams['font.sans-serif'] = ['SimHei']
plt.rcParams['axes.unicode_minus'] = False
plt.xticks(rotation=0)
plt.yticks(rotation=90)
plt.show()
```

设置图表的标题、字体（以支持中文显示）、负号显示（避免负号显示为方块），以及 X 轴和 Y 轴刻度标签的角度。通过 plt.show 函数显示绘制好的热力图，如图 5-2-5 所示。

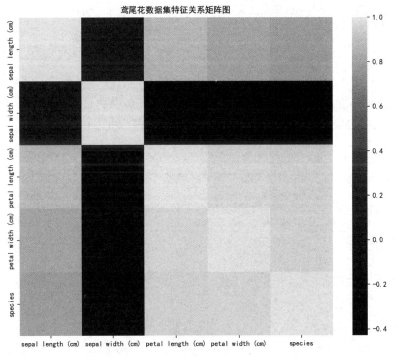

图 5-2-5 鸢尾花数据集特征关系热力图

步骤六 散点图

使用 Seaborn 库绘制鸢尾花数据集中花萼长度与宽度对应不同类别的散点图，并在图中添加了回归线以展示变量间的趋势关系。完整代码请参考本书配套资源中的"人工智能数据服务/工程代码/任务 5-2/ scatter_plot.py"。

（1）加载数据集并创建 DataFrame。

```
iris_data = datasets.load_iris()
dataframe = pd.DataFrame(data=np.c_[iris_data['data'], iris_data['target']],
                  columns=iris_data['feature_names'] + ['species'])
```

使用 Scikit-learn 的 datasets.load_iris 函数加载鸢尾花数据集，并通过 NumPy 的 c_ 函数将特征数据与目标变量合并为一个二维数组。然后，使用 Pandas 创建 DataFrame，其列名由特征名与目标变量名（'species'）组成。

（2）绘制散点图。

```
sns.lmplot(x='sepal length (cm)', y='sepal width (cm)', data=dataframe,
           fit_reg=True, hue='species')
```

使用 Seaborn 的 lmplot 函数绘制散点图。x 和 y 参数分别指定横轴和纵轴对应的特征名，data 参数指定数据源（即之前创建的 DataFrame）。fit_reg=True 表示在散点图中添加回归线，以展示变量间的线性关系趋势。hue='species'表示根据类别标签（'species'）用不同颜色区分散点，从而直观展示不同类别间的差异。

（3）设置图表属性并显示图表。

```
plt.title("鸢尾花花萼长度和宽度对应类别散点图")
plt.rcParams['font.sans-serif'] = ['SimHei']
plt.xlabel('花萼长度')
plt.ylabel('花萼宽度')
plt.show()
```

使用 Matplotlib 的 title 函数设置图表标题，rcParams 字典设置全局字体参数以支持中文显示，xlabel 和 ylabel 函数分别设置 x 轴和 y 轴的标题。通过 plt.show 函数显示绘制好的散点图，如图 5-2-6 所示。

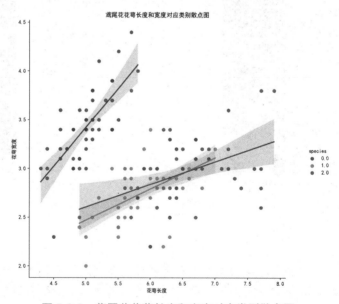

图 5-2-6　鸢尾花花萼长度和宽度对应类别散点图

步骤七　分簇散点图

使用 Seaborn 库绘制鸢尾花数据集中每组数据的四个特征（花萼长度、花萼宽度、花瓣长度、花瓣宽度）对应不同类别（Setosa、Versicolour、Virginica）的分簇散点图，以展示各特征在不同类别间的分布情况。完整代码请参考本书配套资源中的"人工智能数据服务/工程代码/任务 5-2/ swarm_plot.py"。

（1）设置绘图风格与图形大小。

```
sns.set(style="whitegrid")
fig = plt.gcf()
fig.set_size_inches(10, 7)
```

使用 Seaborn 的 set 函数设置绘图风格为带白色网格的背景，以提升图表的可读性。通过 plt.gcf()获取当前的图形对象，并使用 set_size_inches 方法设置图形的大小为 10 英寸宽、7 英寸高。

（2）绘制分簇散点图。

```
sns.swarmplot(x="species", y="sepal length (cm)", data=dataframe)
sns.swarmplot(x="species", y="sepal width (cm)", data=dataframe)
sns.swarmplot(x="species", y="petal length (cm)", data=dataframe)
sns.swarmplot(x="species", y="petal width (cm)", data=dataframe)
```

使用 Seaborn 的 swarmplot 函数分别绘制四个特征的分簇散点图。x 参数指定横轴对应的类别标签（'species'），y 参数指定纵轴对应的特征名，data 参数指定数据源（即之前创建的 DataFrame）。分簇散点图是一种基于散点图的增强型图表，它通过调整点的位置来避免重叠，从而更清晰地展示数据的分布情况。

（3）设置图表属性并显示图表。

```
plt.title("鸢尾花特征分布分簇散点图")
plt.rcParams['font.sans-serif'] = ['SimHei']
plt.xlabel('特征')
plt.ylabel('分布')
plt.show()
```

代码运行结果如图 5-2-7 所示。

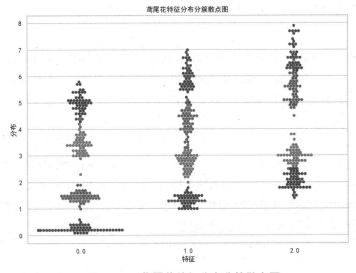

图 5-2-7 鸢尾花特征分布分簇散点图

步骤八 小提琴图

使用 Seaborn 库绘制小提琴图,以直观地展示鸢尾花数据集中各个特征值的分布情况。完整代码请参考本书配套资源中的"人工智能数据服务/工程代码/任务 5-2/ violin.py"。

(1)加载数据集并创建 DataFrame。

```
iris_data = datasets.load_iris()
dataframe = pd.DataFrame(data=np.c_[iris_data['data']],
                         columns=iris_data['feature_names'])
```

通过 Scikit-learn 的 datasets.load_iris 函数加载鸢尾花数据集,然后利用 Pandas 的 DataFrame 构造函数和 Numpy 的 c_ 函数创建一个包含数据集特征的 DataFrame。注意,这里仅包含了特征数据,未包含类别标签。

(2)设置调色盘颜色。

```
species_colors = ['#78C850', '#F08030', '#6890F0', '#EE8AF8']
```

定义一个颜色列表 species_colors,用于后续小提琴图中不同类别的颜色区分。

(3)绘制小提琴图。

```
plt.figure(figsize=(8,6))
sns.violinplot(data=dataframe, palette=species_colors)
```

调用 Seaborn 的 violinplot 函数绘制小提琴图。data 参数指定了要绘制的数据集(DataFrame),palette 参数指定了调色盘颜色。

(4)设置图表参数并显示图表。

```
plt.title("鸢尾花特征分布小提琴图")
plt.rcParams['font.sans-serif'] = ['SimHei']  # 显示汉字
plt.xlabel('特征')
plt.ylabel('分布')
plt.show()
```

使用 Matplotlib 的 title、xlabel 和 ylabel 函数设置图形的标题和轴标签。同时,通过设置 rcParams 中的 font.sans-serif 参数为['SimHei'],实现了在图形中显示汉字的功能。最后,调用 show 函数显示图形,如图 5-2-8 所示。

步骤九 绘制多个分布图

通过 Python 的 Seaborn 库和 Matplotlib 库,结合 Scikit-learn 提供的鸢尾花数据集,绘制出展示数据集中各变量间成对关系的图形。这些图形将根据不同的物种(类别)进行颜色区分,从而帮助用户直观地理解数据集中不同特征间的相互关系,以及它们在不同类别间的分布情况。完整代码请参考本书配套资源中的"人工智能数据服务/工程代码/任务 5-2/ pair_plot.py"。

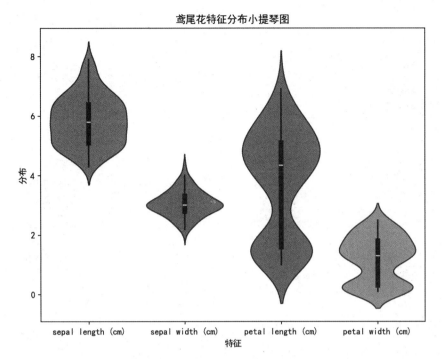

图 5-2-8　鸢尾花特征分布小提琴图

（1）加载数据集并创建 DataFrame。

```
iris_data = datasets.load_iris()
dataframe = pd.DataFrame(data=np.c_[iris_data['data'], iris_data['target']],
                   columns=iris_data['feature_names'] + ['species'])
```

使用 Pandas 的 DataFrame 构造函数和 Numpy 的 c_ 函数创建一个包含数据集特征和类别标签的 DataFrame。将特征数据（iris_data['data']）和类别标（iris_data['target']）拼接成一个二维数组，然后将其作为 DataFrame 的数据源。同时，将 DataFrame 的列名设置为特征名加上一个表示类别的列名'species'。

（2）绘制并显示成对关系图。

```
sns.pairplot(dataframe, hue='species', palette='tab10')
```

使用 Seaborn 的 pairplot 函数绘制 DataFrame 中各变量间的成对关系图。data 参数指定了要绘制的数据集（DataFrame），hue 参数指定了用于区分不同类别的列名（在这里是'species'），而 palette 参数则指定了用于不同类别的颜色调色板（在这里是'tab10'，它包含了10 种不同的颜色）。pairplot 函数会自动生成一个包含所有变量成对关系的图形矩阵，并根据 hue 参数指定的类别进行颜色区分，结果如图 5-2-9 所示。

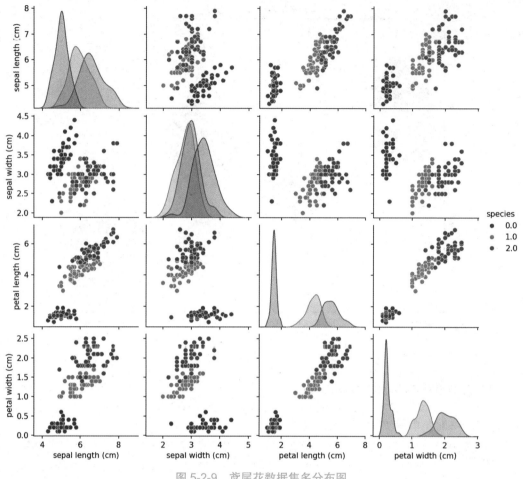

图 5-2-9　鸢尾花数据集多分布图

任务小结

　　本次 Seaborn 数据可视化任务深入探索了 Seaborn 这一基于 Python 的高级数据可视化库，通过实践全面掌握了其基础操作与高级功能。实训任务从搭建 Seaborn 数据可视化环境开始，利用 Anaconda3 配置 Python 版本并安装相关模块，为后续的数据可视化工作奠定了坚实基础。随后，参与者依次完成了折线图、柱状图、直方图、热力图、散点图、分簇散点图、小提琴图及多个分布图的制作。在制作过程中，不仅学会了如何使用 Seaborn 库函数创建精美的图表，还掌握了如何对图表进行基本定制，如修改颜色、添加标题和标签，以满足不同数据展示和分析的需求。通过这些实践任务，深刻体会到了 Seaborn 在数据可视化方面的优势，尤其是在展示数据分布、变异性和关系方面的独特能力。例如，通过制作小提琴图，能够直观地了解到数据的分布形态和潜在结构，这对于数据分析和决策制定具有重要意义。总体而言，本次任务不仅提升数据可视化技能，还加深了对数据分析和统计图形的理解，为未来的学术研究和职业生涯奠定了坚实的基础。

练习思考

练习题及答案与解析

实训任务

1．绘制鸢尾花数据集的花瓣长度与花瓣宽度的折线图。（难度系数*）

2．将鸢尾花数据集中三种不同种类鸢尾花（Setosa、Versicolour、Virginica）的花瓣长度与花瓣宽度绘制对比折线图，要求绘制在同一张图表上，并通过颜色或图例区分不同种类。（难度系数**）

3．绘制散点图，展示鸢尾花数据集中花萼长度与花瓣长度（或花萼宽度与花瓣宽度）的对应关系，添加回归线，并根据不同种类的鸢尾花进行颜色区分。（难度系数*）

4．绘制鸢尾花数据集特征成对关系图，并对不同种类的鸢尾花进行非线性趋势拟合。（难度系数***）

拓展提高

使用 Seaborn 库的内置数据集 titanic 泰坦尼克号数据集进行综合可视化分析。该数据集包含乘客的生存情况、年龄、性别、舱位等级、船票价格等多个特征。任务要求使用 Seaborn 的多个功能函数（如 countplot、histplot、FacetGrid 等），结合 Matplotlib 进行图表美化，以综合展示不同特征对乘客生存情况的影响。

任务 5.3　Pyecharts 数据可视化

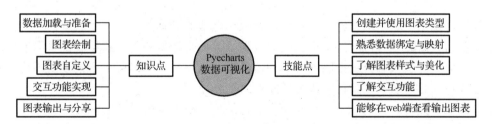

项目导入

在当今这个数据洪流涌动的时代，信息已成为企业制定战略与推动业务增长不可或缺的关键要素。然而，面对海量、复杂的数据集，如何高效地提取有价值的信息并进行直观的展示，成为了众多企业和数据分析师面临的难题。Pyecharts 作为一款强大的数据可视化工具，凭借其丰富的图表类型、灵活的配置选项以及高效的数据处理能力，成为了解决这一问题的得力助手。本任务旨在通过引入 Pyecharts，实现多系列数据展示、地图可视化以及词云生成等高级功能，帮助用户更好地理解和分析数据，提升数据分析和决策的效率与准确性。应用场景包括但不限于销售数据分析、人口统计分析、电商数据分析以及文本挖掘等多个领域，通过 Pyecharts 的可视化手段，用户可以更加直观地洞察数据的特征和趋势，为业务发展提供有力的支持。

Pyecharts 在项目中的应用具有显著的优势。首先，其强大的图表类型和配置选项能够满足用户多样化的数据可视化需求，无论是简单的柱状图、折线图，还是复杂的地图可视化、词云生成，Pyecharts 都能提供高效、便捷的实现方式。其次，Pyecharts 支持数据的动态更新和交互操作，使得用户能够实时跟踪数据的最新状态，并进行更加深入的分析和探索。此外，Pyecharts 还提供了丰富的数据绑定和展示功能，能够轻松地将数据转化为直观的图表，帮助用户更好地理解数据的内在关系和趋势。通过引入 Pyecharts，本任务将能够显著提升数据分析和决策的效率与准确性，为企业的发展提供有力的数据支持。

任务描述

本任务将深入探索 Pyecharts 这一强大的数据可视化工具，通过实践多个实验任务来掌握其高级功能。任务涵盖了多系列数据展示、地图可视化及词云生成等多个方面。多系列数据展示功能允许在同一个图表中呈现多个数据集，便于用户对数据进行对比和分析，从而挖掘更深层次的信息。地图可视化功能则能够直观展示数据的地理分布情况，帮助用户发现地域性的规律和趋势。词云生成功能则通过不同大小的字体展示词语的频率，突出文本数据中的关键词，为用户提供了一种全新的文本数据分析视角。通过本任务的实践，您学生能够熟练掌握 Pyecharts 的高级功能，并运用到实际工作和研究中，提升数据处理和分析的效率。

知识准备

5.3.1　Pyecharts 基础简介

1．Pyecharts 简介

数据可视化，这一术语源自信息科学领域，是数据处理和分析不可或缺的一环。它通过将复杂的数据转化为直观的图形、图像或动画，使得数据的信息和特征得以清晰展现，从而极大地提升了人们对数据的理解和分析能力。这一技术的出现，不仅改变了传统的数据分析方式，更推动了数据科学和信息技术的发展。

Pyecharts 则是在这一背景下应运而生，它是一个由百度公司开发并维护的开源 Python 库，它基于 Echarts 这一强大的可视化引擎，为 Python 用户提供了丰富的图表类型和高度定制化的选项。Pyecharts 不仅支持柱状图、折线图、散点图、饼图、地图等多种图表类型，还确保了生成的图表是交互式的，能够在网页中动态展示，极大地提升了数据可视化的效率和效果。由百度专业的开发团队持续更新和维护，Pyecharts 保证了其稳定性和功能的不断扩展，成为数据分析师和科学家们进行数据可视化的得力助手。

同时，Pyecharts 充分利用了 Python 的灵活性和强大的数据处理能力，结合 Echarts 这一开源可视化库的优势，为用户提供了丰富的图表类型和高度定制化的选项。无论是初学者还是经验丰富的数据分析师，都能通过 Pyecharts 轻松实现数据可视化的需求，从而更深入地挖掘数据的价值，如图 5-3-1 所示。

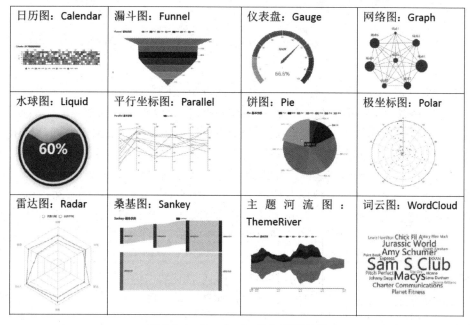

图 5-3-1 Pyecharts 图表类型举例

2. 功能概述

Pyecharts 的功能极为全面且强大，它支持的图表类型繁多，不仅涵盖了基础的柱状图、折线图、散点图、饼图，还包括了高级的雷达图、热力图、关系图、漏斗图、树图、桑基图、箱线图、日历图及三维图表（如 3D 柱状图、3D 散点图、3D 曲面图）等，更有丰富的地图可视化选项，如中国地图、世界地图及自定义地理区域的地图展示，充分展现了其在数据可视化领域的广泛适用性和深度定制能力。这些图表类型各有特色，能够满足不同场景下的数据可视化需求。

除了丰富的图表类型，Pyecharts 还提供了高度定制化的选项。用户可以根据自己的需求，对图表的颜色、字体、标题、标签等进行个性化设置。此外，Pyecharts 还支持数据的动态更新和交互功能，使得图表能够实时反映数据的最新状态，并允许用户通过鼠标悬停、点击等方式与图表进行交互，获取更多信息。

3. 应用概述

Pyecharts 在数据可视化领域的应用十分广泛。它可以用于数据分析、数据挖掘、机器学习等多个领域，帮助用户更好地理解和分析数据。例如，在数据分析中，Pyecharts 可以帮助用户快速识别数据中的规律和趋势，从而做出更准确的决策。在数据挖掘中，Pyecharts 则可以用于展示挖掘结果，帮助用户更好地理解数据的内在关联。

此外，Pyecharts 还可以与其他 Python 库（如 pandas、numpy 等）进行无缝集成，从而实现更加复杂和高效的数据处理和分析任务。这使得 Pyecharts 成为数据分析师和科学家们的得力助手，帮助他们更好地应对日益复杂的数据挑战。

Pyecharts 作为一款基于 Python 的数据可视化库,不仅具有丰富的图表类型和高度定制化的选项,还在数据分析、数据挖掘等多个领域有着广泛的应用。它的出现极大地提升了数据可视化的效率和效果,为数据科学和信息技术的发展注入了新的活力。

5.3.2　Pyecharts 亮点

1.　交互式图表

Pyecharts 生成的图表具备强大的交互性,这一特性极大地提升了用户体验和数据洞察能力。当用户将鼠标悬停在图表上的某个数据点时,图表会即时反馈该点的详细数据信息,如数值、百分比等,这种即时反馈机制有助于用户快速定位关键数据点。同时,用户还可以通过点击图表中的不同部分,触发相应的交互动作,如放大或缩小图表区域、深入探索相关数据或切换图表视角等。这种交互式的图表体验,不仅增强了图表的互动性和趣味性,还使得用户能够更深入地挖掘数据背后的故事,发现数据之间的潜在联系和规律。

除基本的交互功能外,Pyecharts 还支持丰富的交互事件和回调函数,允许用户根据自己的需求定义交互行为。例如,当用户点击某个数据点时,可以触发一个自定义的回调函数,显示该数据点的详细信息或跳转到相关页面。这种自定义交互功能的灵活性,使得 Pyecharts 能够满足不同应用场景下的需求,为用户带来更加个性化和便捷的数据可视化体验。

Pyecharts 还支持在图表中添加交互控件,如滑动条、选择器、下拉菜单等,这些控件可以帮助用户动态地调整图表的参数和视角,从而更全面地了解数据的变化和趋势。例如,用户可以通过滑动条调整时间轴的范围,查看不同时间段的数据变化;或者通过选择器选择不同的数据维度,进行多维度的数据分析和比较。

2.　丰富的图表类型

Pyecharts 所支持的图表类型极为丰富,几乎涵盖了数据可视化领域的所有常见图表。从基础的柱状图、折线图、散点图,到高级的雷达图、热力图、关系图等,Pyecharts 都能轻松应对。这些图表类型各具特色,适用于不同的数据可视化场景和需求。例如,柱状图常用于展示数据的对比和分布情况;折线图则更适合展示数据的变化趋势和周期性规律;散点图则用于展示数据之间的相关性和分布情况。

除常见的图表类型外,Pyecharts 还支持一些特殊的图表类型,如漏斗图、桑基图、词云等。漏斗图常用于展示销售流程、用户转化率等具有层级关系的数据;桑基图则用于展示数据之间的流动和转移情况;词云则用于展示文本数据中关键词的频率和重要性。这些特殊图表类型的应用,使得 Pyecharts 能够更直观地展示数据的内在规律和特征,帮助用户更好地理解数据背后的故事。

Pyecharts 还支持地图数据可视化功能,包括中国地图、世界地图及自定义地理区域的地图展示。通过地图可视化功能,用户可以直观地了解数据的地理分布和区域差异,为区域分析和地理研究提供有力支持。同时,Pyecharts 还支持将地图与其他图表类型进行组合和叠加,实现更加复杂和多样化的数据可视化效果。

3.　高度定制化

Pyecharts 提供了丰富的配置项和定制选项,使得用户能够根据自己的需求和喜好对图表进行高度定制。无论是图表的颜色、字体、标题、标签等外观元素，还是图表的布局、样式、动画效果等内部机制，用户都可以通过调整相应的配置项来实现个性化定制。这种高度定制化的能力不仅满足了用户对图表美观性和可读性的要求，还使得图表能够更好地适应不同的应用场景和展示需求。

在颜色定制方面，Pyecharts 支持多种颜色方案和渐变效果，用户可以根据自己的品牌风格和审美需求选择合适的颜色方案。同时，用户还可以对图表的字体大小、字体样式、颜色等进行定制，以满足不同场景下的可读性要求。

在布局和样式定制方面，Pyecharts 提供了多种布局选项和样式配置，如网格布局、环形布局、堆叠布局等。用户可以根据自己的需求选择合适的布局方式，并调整图表的边距、间距、边框等样式参数，以实现更加美观和协调的图表效果。

此外，Pyecharts 还支持将定制好的图表导出为多种格式的文件，如 HTML、PNG、JPEG 等。这种导出功能不仅方便用户在不同平台和设备上进行展示和分享，还使得图表能够在不同的应用场景下发挥更大的价值。例如，用户可以将定制好的图表嵌入到网页中作为数据报告的一部分；或者将图表导出为图片格式，用于制作 PPT 或宣传海报等。

5.3.3　Pyecharts 功能介绍

1. 数据绑定与展示

Pyecharts 作为一款高效的数据可视化工具，其核心功能之一便是能够轻松地将数据绑定到图表上，并以直观的方式呈现出来。通过 Pyecharts，用户无须复杂的编程和配置，只需将准备好的数据集传递给相应的图表对象，便能迅速生成各种类型的图表，如柱状图、折线图、饼图等。这些图表不仅美观大方，而且能够清晰地展示数据的内在关系和趋势，帮助用户更好地理解数据。

在数据绑定过程中，Pyecharts 提供了丰富的接口和参数，使得用户可以根据自己的需求自定义数据的展示方式。例如，用户可以通过设置数据标签、调整数据点的颜色、形状和大小等参数，来突出显示关键数据点，提高图表的可读性和理解度。此外，Pyecharts 还支持数据的分组和聚合操作，使得用户能够根据需要将数据进行分类展示，进一步挖掘数据的价值。

除了基本的图表类型外，Pyecharts 还支持多种高级图表类型，如雷达图、热力图、关系图等。这些高级图表类型能够更直观地展示数据的复杂关系和特征，帮助用户发现数据中的规律和趋势。同时，Pyecharts 还支持图表标题、图例、坐标轴等元素的自定义设置，使得图表更加符合用户的展示需求。

在数据展示方面，Pyecharts 的图表设计简洁明了，色彩搭配合理，使得数据的变化和趋势一目了然。用户可以通过鼠标悬停、点击等交互方式，进一步获取数据的详细信息。此外，Pyecharts 还支持将图表导出为多种格式的文件，如 HTML、PNG、JPEG 等，方便用户在不同平台和设备上进行展示和分享。

2. 全局配置与局部定制

Pyecharts 在提供强大数据绑定与展示功能的同时，还注重用户需求的个性化满足。通过全局配置项和局部配置项的设置，用户可以对图表的整体风格和某个部分进行细致的定制和调整，以满足不同场景下的展示需求。

全局配置项涵盖了图表的布局、主题、颜色方案、字体样式等基本设置。用户可以通过调整这些参数，快速改变图表的外观和风格。Pyecharts 提供了多种内置主题和颜色方案，用户可以根据自己的喜好和需求选择合适的主题进行应用。同时，用户还可以自定义全局的字体样式和大小，以及图表的标题、图例、坐标轴等元素的样式，使得图表更加符合用户的审美需求。

局部配置项则允许用户对图表的某个部分进行精细化的定制。例如，用户可以对数据点的颜色、形状和大小进行单独设置，以突出显示关键数据点；还可以对图表的某些区域进行标注和注释，以提供更加详细的信息和说明。此外，Pyecharts 还支持局部动画效果的设置，使得图表在展示过程中更加生动和有趣。用户可以根据需要调整动画效果的参数，如动画持续时间、缓动函数等，以实现更加丰富的视觉效果。

通过全局配置与局部定制的结合使用，用户可以灵活地调整图表的样式和布局，使其更加符合自己的展示需求和审美标准。同时，这种个性化的定制方式也有助于提升图表的美观度和可读性，使得数据可视化更加具有吸引力和说服力。

3. 数据动态更新

Pyecharts 的另一个重要功能是支持数据的动态更新。随着数据的不断变化和更新，传统的静态图表往往无法及时反映数据的最新状态。而 Pyecharts 则通过提供数据动态更新的接口和机制，使得图表能够实时地反映数据的最新变化。

在数据动态更新过程中，Pyecharts 允许用户随时将新的数据集传递给图表对象，并自动更新图表的内容。这种动态更新的方式不仅提高了数据的时效性和准确性，还使得图表在展示过程中更加灵活和多样。用户可以通过定时任务、事件触发或手动更新等方式，实现数据的自动更新和图表的重绘。

Pyecharts 还支持数据更新的动画效果设置。当数据更新时，图表会以平滑的动画效果展示新的数据点或数据区域，使得数据的变化过程更加直观和生动。用户可以根据需要调整动画效果的参数，如动画持续时间、缓动函数等，以实现更加流畅和自然的视觉效果。

数据动态更新的功能在实时数据分析和监控领域具有广泛的应用前景。例如，在金融市场中，投资者可以通过 Pyecharts 实时更新股票价格和交易量等关键数据，以便及时做出投资决策；在物流领域，企业可以通过 Pyecharts 实时更新货物的运输状态和位置信息，以便更好地进行物流管理和优化。通过数据动态更新的功能，Pyecharts 为实时数据分析和监控提供了有力的支持。

5.3.4 Pyecharts 高级功能

1. 多系列数据展示

Pyecharts 的强大之处在于其支持在同一个图表中展示多个系列的数据，这一功能对于数据的对比和分析尤为重要。多系列数据展示允许用户将不同来源、不同类型或不同时间段的数据集整合到同一个图表中，通过不同的颜色、形状或标记来区分各个数据系列。这种方式不仅节省了空间，还使得数据的对比和分析变得更加直观和高效。

在实际应用中，多系列数据展示可以帮助用户发现数据之间的关联和差异。例如，在销售数据分析中，用户可以将不同产品、不同区域或不同时间段的销售额数据整合到同一个柱状图中，通过对比不同数据系列的高度和变化趋势，快速识别出销售热点和潜在的增长机会。此外，多系列数据展示还可以用于趋势分析、季节性分析等场景，帮助用户更好地理解数据的内在规律和特征。

Pyecharts 的多系列数据展示功能还提供了丰富的自定义选项，如数据标签、数据点样式、数据系列名称等，使得用户可以根据自己的需求对图表进行个性化的定制。同时，Pyecharts 还支持数据系列的动态更新和交互操作，使得用户能够实时跟踪数据的最新状态，并进行更加深入地分析和探索。

多系列数据展示是 Pyecharts 中一个非常实用的高级功能，它为用户提供了便捷的数据对比和分析手段，使得数据可视化在数据分析和决策过程中发挥更加重要的作用。

2.　地图可视化

Pyecharts 提供了强大的地图可视化功能，使得用户能够在地图上展示数据，以直观地了解数据的地理分布和区域差异。地图可视化是一种非常直观和有效的数据呈现方式，它能够将数据与地理位置相结合，通过不同的颜色、大小或形状来表示数据的大小、密度或权重等信息。

在地图可视化中，Pyecharts 支持多种地图类型，如中国地图、世界地图以及自定义地图等。用户可以根据自己的需求选择合适的地图类型，并将数据绑定到地图上的相应位置。通过地图可视化，用户可以直观地看到数据的地理分布特征，如哪些地区的数据量较大、哪些地区的数据密度较高等。此外，用户还可以通过设置不同的颜色渐变、数据标签或数据点样式等参数，来进一步突出显示数据的特征和趋势。

地图可视化在多个领域都有广泛的应用。例如，在人口统计分析中，用户可以通过地图可视化来展示不同地区的人口数量、人口密度或人口结构等信息；在电商数据分析中，用户可以通过地图可视化来展示不同地区的销售额、订单量或用户活跃度等信息。这些应用场景都充分展示了地图可视化在数据分析和决策过程中的重要性和价值。

Pyecharts 的地图可视化功能为用户提供了直观、高效的数据呈现手段，使得用户能够更好地理解数据的地理分布和区域差异，为数据分析和决策提供有力的支持。

3.　词云生成

Pyecharts 还支持词云的生成，这是一种非常有趣且实用的数据可视化方式。词云是一种基于文本数据的可视化方法，它通过将文本中的关键词以不同的大小、颜色或形状来表示其权重或重要性，从而直观地展示文本数据的特征和趋势。

在词云生成中，Pyecharts 允许用户输入一段文本或一组关键词，并自动计算每个关键词的权重。然后，根据权重的大小，Pyecharts 会在词云中以不同的大小来展示每个关键词。权重越大的关键词，其在词云中的显示就越大越突出。此外，用户还可以通过设置不同的颜色、字体或形状等参数来进一步美化词云的效果。

词云生成在多个领域都有广泛的应用。例如，在新闻分析中，用户可以通过词云来快速识别新闻报道中的关键词和热点话题；在社交媒体分析中，用户可以通过词云来了解用户的关注点和兴趣点；在文本挖掘中，用户可以通过词云来发现文本中的主题和特征等。这些应用场景都充分展示了词云生成在文本数据分析和可视化过程中的重要性和价值。

Pyecharts 的词云生成功能为用户提供了一种直观、有趣的数据可视化方式，使得用户能够更好地理解文本数据的特征和趋势。通过词云生成，用户可以快速地洞察文本数据中的关键词和热点话题，为文本分析和决策提供有力的支持。

任务实施

Pyecharts 交互式数据可视化的任务工单如表 5-3-1 所示。

表 5-3-1　任务工单

班级：		组别：		姓名：		掌握程度：	
任务名称	交互式数据可视化						
任务目标	使用 Pyecharts 数据可视化库进行交互式的数据图表制作						
图表类型	柱状图、簇状柱形图、3D 簇状堆积柱形图、散点图、漏斗图、地图数据可视化、词云图						
工具清单	Pyecharts						
操作步骤	步骤一：Pyecharts 数据可视化环境搭建。利用 Anconda3 配置 Python 的版本、安装相关模块 步骤二：使用 Bar 类制作柱状图 步骤三：使用 Bar 类制作包含两个系列数据的簇状柱形图 步骤四：使用 Bar3D 类制作 3D 簇状堆积柱形图 步骤五：使用 Scatter 类制作散点图 步骤六：使用 Funnel 类制作漏斗图 步骤七：使用结合 Map 地图类和 Line 折线图类，并添加 Timeline 时间线类来制作复合图表 步骤八：使用 WordCloud 类制作词云						
考核标准	1. 使用 Pyecharts 库函数制作高级、交互式图表 2. 对图表进行定制，如修改颜色、添加标题和标签						

5.3.5　Pyecharts 数据可视化实战

步骤一　数据可视化环境搭建

（1）在 Widnows 的"开始"菜单中找到 Anaconda3 下的 Anaconda Prompt，单击打开 Anaconda Prompt 终端，可参照任务 5.1 中的图 5-1-2。

（2）配置所需模块。

激活虚拟环境：

```
conda activate visualization
```

安装 Pyecharts 模块：

```
pip install pyecharts -i https://pypi.tuna.tsinghua.edu.cn/simple
```

注意使用 Pycharm 时切换环境为 visualization 环境。

步骤二　柱状图

使用 Pyecharts 库中的 Bar 类来创建一个柱状图，并通过设置全局配置项来添加标题和副标题，渲染柱状图并保存为一个 HTML 文件。完整代码请参考本书配套资源中的"人工智能数据服务/工程代码/任务 5-3/ bar_chart.py"。

（1）导入必要的库。

```
from pyecharts.charts import Bar
from pyecharts import options as opts
```

从 Pyecharts 库中导入必要的模块。Bar 类用于创建柱状图对象，而 options 模块则提供了丰富的图表配置项。

（2）创建柱状图。

```
bar = (
Bar()
.add_xaxis(["第一季度", "第二季度", "第三季度", "第四季度"])
.add_yaxis("销售额（万元）", [101, 158, 96, 179])
.set_global_opts(title_opts=opts.TitleOpts(title="电商公司销售额",subtitle=
"快乐到家小店"))
)
```

通过 Pyecharts 库中的 Bar 类，一步到位地创建并配置了一个柱状图。具体步骤如下：

首先，通过实例化 Bar 类获得一个柱状图对象。紧接着，利用链式调用的方式，在这个对象上依次添加了 X 轴和 Y 轴的数据。X 轴数据包含四个季度的名称，即"第一季度"、"第二季度"、"第三季度"和"第四季度"，它们代表了时间轴上的不同区间。Y 轴数据则对应这四个季度的销售额，单位为万元，具体数值分别为 101、158、96 和 179。

随后，设置柱状图的全局配置项，特别是标题和副标题。使用 opts 模块中的 TitleOpts 类来详细配置标题的属性。标题被设定为"电商公司销售额"，副标题是"快乐到家小店"。

以上所有步骤都通过链式调用的方式在同一个 Bar 对象上完成，无需分步创建或修改多个对象。最终得到了一个配置完整、数据填充完毕的柱状图对象。

值得注意的是，虽然这段代码看起来是一行连续的链式调用，但实际上它包含了多个方法的执行，每个方法都对 Bar 对象进行了相应的修改或配置。这种链式调用的方式不仅使代码更加简洁明了，还提高了代码的可读性和执行效率。

（3）渲染并保存为 HTML 文件。

```
bar.render("web/bar_chart.html")
```

通过调用 render 方法，将柱状图渲染并保存为一个 HTML 文件。文件路径为 "web/bar_chart.html"，这意味着在项目的 web 目录下会生成一个名为 bar_chart.html 的文件，用浏览器方式打开该文件即可查看生成的柱状图，如图 5-3-2 所示。

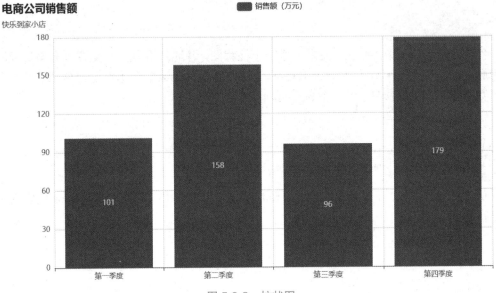

图 5-3-2　柱状图

步骤三　簇状柱形图

利用 Pyecharts 库中的 Bar 类，创建一个包含两个系列数据的簇状柱状图，并设置全局配置项，包括主题、标题和副标题，渲染并保存该簇状柱状图为一个 HTML 文件。完整代码请参考本书配套资源中的"人工智能数据服务/工程代码/任务 5-3/ cluster_bar.py"。

（1）导入必要的库。

```
from pyecharts.charts import Bar
from pyecharts import options as opts
from pyecharts.globals import ThemeType
```

从 Pyecharts 库中导入必要的模块。Bar 类用于创建柱状图对象，options 模块提供了丰富的图表配置项，而 ThemeType 则用于选择图表的显示主题。

（2）创建簇状柱状图。

```
bar = (
Bar(init_opts=opts.InitOpts(theme=ThemeType.LIGHT))
.add_xaxis(["第一季度", "第二季度", "第三季度", "第四季度"])
.add_yaxis("淘宝", [46, 60, 36, 101])
.add_yaxis("京东", [55, 98, 60, 79])
.set_global_opts(title_opts=opts.TitleOpts(title="快乐小店各电商平台销售额",
subtitle="销售额（万元）"))
)
```

利用 Pyecharts 库中的 Bar 类，通过链式调用的方式，一步到位地创建并配置了一个包含两个数据系列的柱状图。

首先，通过实例化 Bar 类，并传入 init_opts 参数来设置图表的初始化选项，包括选择

LIGHT 主题，以获得一个具有明亮外观和颜色方案的柱状图对象。紧接着，利用该对象的 add_xaxis 方法，添加了四个季度的名称作为 X 轴数据。随后，通过两次调用 add_yaxis 方法，分别添加了淘宝和京东在这四个季度的销售额数据，从而构成了柱状图中的两个数据系列。

在配置完数据后，使用 set_global_opts 方法设置了图表的全局配置项，特别是标题和副标题。这里，标题被设定为"快乐小店各电商平台销售额"，而副标题则是"销售额（万元）"，以清晰地传达图表的主题和信息。

最终，经过以上一系列的配置和设置，得到一个完整且配置完备的柱状图对象，它已经被准备好用于渲染和展示。虽然这段代码看似复杂，但实际上通过链式调用的方式，将多个步骤整合在一起，使得代码更加简洁明了，易于理解和维护。值得注意的是，Pyecharts 库提供了丰富的图表类型和配置项，用户可以根据自己的需求进行选择和定制，以生成满足特定要求的图表。

（3）渲染并保存为 HTML 文件。

```
bar.render("web/cluster_bar.html")
```

最后，通过调用 render 方法，将柱状图渲染并保存为一个 HTML 文件。文件路径为 "web/cluster_bar.html"，这意味着在项目的 web 目录下会生成一个名为 cluster_bar.html 的文件，用浏览器打开该文件即可查看生成的柱状图，如图 5-3-3 所示。

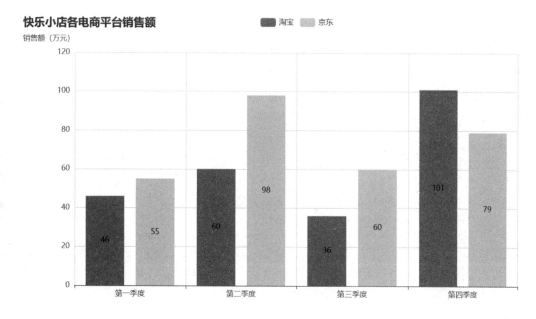

图 5-3-3　簇状柱形图

步骤四　3D 簇状堆叠柱状图

利用 Pyecharts 库中的 Bar3D 类，通过生成随机数据并配置相关选项，创建一个 3D 簇状堆叠柱状图。该图表展示了在三维空间中，不同数据点的堆叠情况，并通过渲染保存为一个 HTML 文件，便于在网页中查看和交互。完整代码请参考本书配套资源中的"人工智能数据服务/工程代码/任务 5-3/ bar3d_stack.py"。

（1）导入所需模块。

```
from pyecharts import options as opts
from pyecharts.charts import Bar3D
import random
```

导入创建和配置 3D 堆叠柱状图所需的模块。

（2）定义数据生成函数。

```
def generate_data():
    data = []
    for j in range(10):
        for k in range(10):
            value = random.randint(0, 9)
            data.append([j, k, value * 2 + 4])
    return data
```

该函数通过两层循环生成一个 10×10 的矩阵数据，每个数据点的 Z 轴值由随机生成的 0～9 的整数乘以 2 再加 4 得到。这样的数据生成方式确保了数据的随机性和多样性。

（3）初始化 X 轴和 Y 轴数据。

```
x_data = y_data = list(range(10))
```

分别初始化了 X 轴和 Y 轴的数据，均为 0～9 的整数序列。这些数据将作为 3D 柱状图的网格基础。

（4）创建 Bar3D 对象并添加数据。

```
bar3d = Bar3D()
for _ in range(10):
    bar3d.add(
        "",
        generate_data(),
        shading="lambert",
        xaxis3d_opts=opts.Axis3DOpts(data=x_data, type_="value"),
        yaxis3d_opts=opts.Axis3DOpts(data=y_data, type_="value"),
        zaxis3d_opts=opts.Axis3DOpts(type_="value"),
    )
```

首先，通过实例化 Bar3D 类创建了一个 3D 柱状图对象。然后，在一个循环中多次调用 add 方法，每次添加一层由 generate_data 函数生成的数据。shading 参数设置为"lambert"，以应用 Lambert 光照模型，增强 3D 效果。xaxis3d_opts、yaxis3d_opts 和 zaxis3d_opts 分别配置了 X 轴、Y 轴和 Z 轴的选项，其中 data 属性设置了轴的数据，type_ 属性设置为"value"表示这些轴是数值轴。

（5）设置全局和系列选项。

```
bar3d.set_global_opts(title_opts=opts.TitleOpts("Bar3D-堆叠柱状图示例"))
bar3d.set_series_opts(**{"stack": "stack"})
```

这两行代码分别设置了图表的全局和系列选项。set_global_opts 方法用于设置全局配置项，如标题。这里设置了标题为"Bar3D-堆叠柱状图示例"。set_series_opts 方法用于设置系列配置项，这里通过传递一个字典来设置堆叠效果，其中"stack"是堆叠的标识符。

（6）渲染并保存为 HTML 文件。

```
bar3d.render("web/bar3d_stack.html")
```

最后，通过调用 render 方法，将 3D 簇状堆叠柱状图渲染并保存为一个 HTML 文件。文件路径为"web/bar3d_stack.html"，这意味着在项目的 web 目录下会生成一个名为 bar3d_stack.html 的文件，打开该文件即可查看生成的 3D 堆叠柱状图，用户可通过旋转、缩放等操作交互式查看图表，如图 5-3-4 所示。

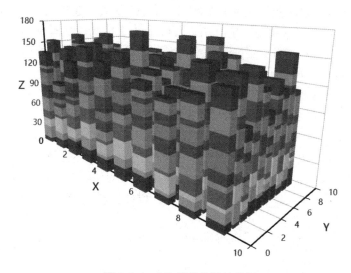

图 5-3-4 3D 簇状堆叠柱状图

步骤五 散点图

使用 Scatter 类来创建散点图，并通过 Faker 类生成虚拟的随机数据作为图表的数据源。完整代码请参考本书配套资源中的"人工智能数据服务/工程代码/任务 5-3/ scatter_plot.py"。

（1）导入必要的库和模块。

```
from pyecharts import options as opts
from pyecharts.charts import Scatter
from pyecharts.faker import Faker
```

导入了 Pyecharts 库中的 options 模块（重命名为 opts），Scatter 类（用于创建散点图），以及 Faker 类（用于生成虚拟数据）。

（2）导入必要的库。

```
c = (
Scatter()
.add_xaxis(Faker.choose())
.add_yaxis("虚拟随机数组 A", Faker.values())
.add_yaxis("虚拟随机数组 B", Faker.values())
.set_global_opts(
    title_opts=opts.TitleOpts(title="散点图"),
    visualmap_opts=opts.VisualMapOpts(type_="size", max_=150, min_=20),
)
.render("web/scatter_plot.html")
)
```

利用 Pyecharts 库中的 Scatter 类创建了一个散点图，并完成了从数据添加、全局配置到最终渲染的全过程。具体步骤如下：

首先，通过 Scatter 方法实例化了一个散点图对象。接着，使用.add_xaxis(Faker.choose())方法添加了 X 轴数据，这里的数据是由 Faker.choose()生成的虚拟类别数组。随后，通过两次调用.add_yaxis 方法，分别添加了名为"虚拟随机数组 A"和"虚拟随机数组 B"的两个 Y 轴数据集，这些数据由 Faker.values()生成，用于在散点图中表示不同系列的点。

在配置全局选项时，.set_global_opts 方法被用于设置图表的标题和视觉映射组件。其中，title_opts=opts.TitleOpts(title="散点图")设置了图表的标题为"散点图"，而 visualmap_opts=opts.VisualMapOpts(type_="size", max_=150, min_=20)则配置了视觉映射组件，使其根据数据值的大小调整散点的大小，大小在 20 到 150 之间。

最后，调用.render("web/scatter_plot.html")方法，将构建好的散点图渲染为一个 HTML 文件，并保存到"web/scatter_plot.html"路径下，以便在浏览器中查看和交互，如图 5-3-5 所示。

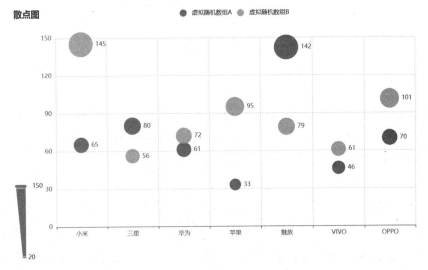

图 5-3-5　散点图

步骤六　漏斗图

使用 Pyecharts 库来创建一个漏斗图。完整代码请参考本书配套资源中的"人工智能数据服务/工程代码/任务 5-3/ funnel_chart.py"。

（1）导入必要的库和模块。

```
import pyecharts.options as opts
from pyecharts.charts import Funnel
```

这两行代码导入了 Pyecharts 库中的 options 模块（用于配置图表的选项）和 Funnel 类（用于创建漏斗图）。

（2）准备数据。

```
x_data = ["第一季度", "第二季度", "第三季度", "第四季度"]
y_data = [101, 158, 96, 179]
data = [[x_data[i], y_data[i]] for i in range(len(x_data))]
```

这里定义了 X 轴数据（各季度名称）和 Y 轴数据（各季度的销售额）。然后，通过列表推导式将 X 轴和 Y 轴数据组合成数据对列表，用于在漏斗图中表示各季度的销售额。

（3）创建漏斗图并添加数据。

```
(Funnel()
.add(
    series_name="销售额",
    data_pair=data,
    gap=2,
    tooltip_opts=opts.TooltipOpts(trigger="item", formatter="{a} <br/>{b} :
{c}"),
    label_opts=opts.LabelOpts(is_show=True, position="inside"),
    itemstyle_opts=opts.ItemStyleOpts(border_color="#fff", border_width=1),
)
.set_global_opts(title_opts=opts.TitleOpts(title="电商公司各季度销售额漏斗图
", subtitle="单位：万元"))
.render("web/funnel_chart.html")
)
```

本段代码通过 Pyecharts 库的 Funnel 类创建了一个漏斗图，用于展示电商公司各季度的销售额数据。具体实现步骤如下：

首先，实例化 Funnel 对象，并通过.add 方法添加了名为"销售额"的数据系列。在这个数据系列中，data_pair 参数接收了一个包含各季度名称和销售额的数据对列表，用于在漏斗图中表示不同季度的销售额。gap 参数设置了漏斗图各部分之间的间距，以调整漏斗图的形态。tooltip_opts 参数配置了提示框的触发方式为"item"，并通过 formatter 属性设置了提示框的显示格式，包括系列名称（{a}）、数据项名称（{b}）和数据项值（{c}）。label_opts 参数设置了标签的显示（is_show=True）和位置（position="inside"），即标签将显示在漏斗图内部。itemstyle_opts 参数则配置了图形的样式，包括边框颜色（#fff）和边框宽度（1）。

接着，通过.set_global_opts 方法设置了全局选项，其中 title_opts 参数配置了图表的标题为"电商公司各季度销售额漏斗图"，并添加了副标题"单位：万元"，以提供额外的信息。

最后，使用.render 方法将漏斗图渲染为一个 HTML 文件，并保存到"web/funnel_chart.html"路径下，以便在浏览器中查看，如图 5-3-6 所示。

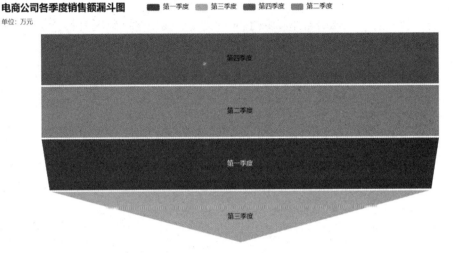

图 5-3-6　漏斗图

步骤七　地图数据可视化

利用 Pyecharts 库创建一个时间线（Timeline）图表，该图表结合了地图（Map）和折线图（Line）两种图表类型，用于展示 1993 年至 2018 年间中国各地区的 GDP 情况及全国 GDP 总量的变化趋势。通过时间线控件，用户可以逐年查看不同年份的 GDP 数据，同时地图和折线图提供了直观的数据可视化效果。完整代码请参考本书配套资源中的"人工智能数据服务/工程代码/任务 5-3/map.py"。

（1）导入必要的库和模块。

```python
import pyecharts.options as opts
from pyecharts.globals import ThemeType
from pyecharts.commons.utils import JsCode
from pyecharts.charts import Timeline, Grid, Map, Line
from typing import List
from data.gdp_data import data, time_list, total_num, maxNum, minNum
```

导入 pyecharts.options 中的 opts，用于设置图表的配置项。

从 pyecharts.globals 导入 ThemeType，用于设置图表的主题。

导入 JsCode，用于在图表中嵌入 JavaScript 代码。

导入 Timeline、Grid、Map、Line 等图表类。

导入 List 类型注解。

从 data.gdp_data 模块导入 GDP 数据相关变量。

（2）定义 get_year_chart 函数。

```python
def get_year_chart(year: str):
    map_data = [
  [[x["name"], x["value"]] for x in d["data"]] for d in data if d["time"] ==
year][0]
    min_data, max_data = (minNum, maxNum)
    data_mark: List = []
    i = 0
    for x in time_list:
        if x == year:
            data_mark.append(total_num[i])
        else:
            data_mark.append("")
        i = i + 1

    map_chart = (
        Map()
        .add(
            series_name="",
            data_pair=map_data,
            zoom=1,
            center=[119.5, 34.5],
            is_map_symbol_show=False,
            itemstyle_opts={
                "normal":{"areaColor":"#323c48","borderColor":"#404a59"},
                "emphasis": {
                    "label": {"show": Timeline},
                    "areaColor": "rgba(255,255,255, 0.5)", },},)
        .set_global_opts(
            title_opts=opts.TitleOpts(title="" + str(year) + "全国分地区 GPD 情况
(单位：亿)　数据来源：国家统计局",
                subtitle="",
                pos_left="center",
                pos_top="top",
                title_textstyle_opts=opts.TextStyleOpts(
                    font_size=25, color="rgba(255,255,255, 0.9)"),),
            tooltip_opts=opts.TooltipOpts(
                is_show=True,
                formatter=JsCode(
                    """function(params) {
                    if ('value' in params.data) {
                    return params.data.value[2] + ': ' + params.data.value[0];
```

```
                    }}""""),),
            visualmap_opts=opts.VisualMapOpts(
                is_calculable=True,
                dimension=0,
                pos_left="30",
                pos_top="center",
                range_text=["High", "Low"],
                range_color=["lightskyblue", "yellow", "orangered"],
                textstyle_opts=opts.TextStyleOpts(color="#ddd"),
                min_=min_data,
                max_=max_data,),))

    line_chart = (
        Line()
        .add_xaxis(time_list)
        .add_yaxis("", total_num)
        .add_yaxis(
            "",
            data_mark,
markpoint_opts=opts.MarkPointOpts(data=[opts.MarkPointItem(type_="max")]),)
        .set_series_opts(label_opts=opts.LabelOpts(is_show=False))
        .set_global_opts(title_opts=opts.TitleOpts(title = "全 国 GDP 总 量
1993-2018 年（单位：万亿）", pos_left="62%", pos_top = "15%" )))

    grid_chart = (
        Grid()
        .add(
            line_chart,
            grid_opts=opts.GridOpts(
                pos_left="65%", pos_top="20%"),)
    .add(map_chart,grid_opts=opts.GridOpts(pos_left="20%",pos_top="20%")))

    return grid_chart
```

函数 get_year_chart 旨在根据指定的年份生成一个包含地图和折线图的组合图表，该图表展示了全国各地区的 GDP 情况以及全国 GDP 总量的时间趋势。以下是该函数的详细功能讲解：

函数 get_year_chart(year: str)接收一个字符串参数 year，该参数指定了要展示的年份。

① 筛选地图数据。

- 函数内部首先通过列表推导式从全局变量 data 中筛选出与指定年份 year 相匹配的数据。data 是一个包含多个字典的列表，每个字典代表一个年份的数据，其中包含 time 键（表示年份）和 data 键（包含各地区的 GDP 数据）。

- 筛选后的数据被赋值给 map_data，它是一个包含多个[地区名, GDP 值]列表的列表。

② 准备数据标记。

- 函数初始化一个空列表 data_mark，用于存储与 time_list（一个全局变量，包含所有年份的列表）相对应的数据标记。

- 通过遍历 time_list，函数检查每个年份是否与指定年份 year 相匹配。如果匹配，则将对应年份的 GDP 总量（从全局变量 total_num 中获取）添加到 data_mark 中；如果不匹配，则添加一个空字符串。

③ 创建地图图表。

- 使用 Map() 类创建一个地图图表对象。

- 通过 .add 方法向地图中添加数据，包括数据对 data_pair（即 map_data）、缩放级别 zoom、地图中心点 center、是否显示地图符号 is_map_symbol_show 以及图形样式 itemstyle_opts。

- 图形样式中包括正常状态和高亮状态的区域颜色和边框颜色。注意，原代码中的 Timeline 在 label 的 show 属性中是不正确的，应为布尔值或函数，此处已假设为布尔值并省略（因为 Timeline 未在代码中定义，且通常不是用于此处的值）。

- 使用 .set_global_opts 方法设置全局选项，包括标题 title_opts（包含标题文本、位置、文本样式等）、提示框 tooltip_opts（使用自定义的 JsCode 来格式化提示框内容）和视觉映射组件 visualmap_opts（用于数据范围的颜色映射和计算）。

④ 创建折线图。

- 使用 Line() 类创建一个折线图对象。

- 通过 .add_xaxis() 和 .add_yaxis 方法向折线图中添加 X 轴（年份列表 time_list）和 Y 轴数据（总量列表 total_num 以及数据标记列表 data_mark）。

- 使用 .set_series_opts 方法设置系列选项，包括是否显示标签 label_opts。

- 使用 .set_global_opts 方法设置全局选项，包括标题 title_opts。

⑤ 创建网格图表。

- 使用 Grid() 类创建一个网格图表对象。

- 通过 .add 方法将折线图和地图添加到网格中，并分别设置它们的位置。

⑥ 返回网格图表。

- 函数最终返回组合后的网格图表对象 grid_chart。

请注意，由于原代码中包含了一些未定义的变量（如 data, time_list, total_num, minNum, maxNum），在实际使用该函数之前，需要确保这些变量已被正确定义和初始化。

（3）创建时间线图表并渲染。

```python
if __name__ == "__main__":
    timeline=
Timeline(init_opts=opts.InitOpts(width="1200px",height="768px",
theme=ThemeType.DARK))
    for y in time_list:
        g = get_year_chart(year=y)
        timeline.add(g, time_point=str(y))

    timeline.add_schema(
```

```
        orient="vertical",
        is_auto_play=True,
        is_inverse=False,
        play_interval=5000,
        pos_left="null",
        pos_right="5",
        pos_top="20",
        pos_bottom="20",
        width="60",
        label_opts=opts.LabelOpts(is_show=True, color="#fff"),
    )
    timeline.render("web/map.html")
```

创建 Timeline 对象，设置初始化选项，如宽度、高度和主题。

遍历年份列表，对每个年份调用 get_year_chart 函数生成图表，并添加到时间线中。

使用 add_schema 方法配置时间线的布局、播放设置和标签样式。

调用 render 方法将时间线图表渲染为 HTML 文件。

本代码段通过 Pyecharts 库创建了一个动态时间线图表，展示了 1993 年至 2018 年间中国各地区 GDP 的变化情况。代码首先定义了生成特定年份地图和折线图的函数，然后通过时间线对象将这些图表按时间顺序串联起来。通过详细配置图表样式和全局选项，最终生成了一个具有交互性和视觉吸引力的动态展示效果，折线图如图 5-3-7 所示。

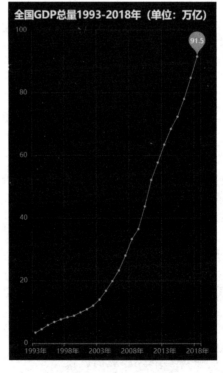

图 5-3-7　折线图

步骤八 词云图

利用 Pyecharts 库生成一个词云图,并将其保存为 HTML 文件。词云图是一种通过不同大小字体显示词语频率的可视化方法,常用于展示文本数据中关键词的权重分布。代码通过读取预定义的词频数据,设置词云图的形状、字体大小范围以及全局选项,如标题,最终渲染出包含词云图的 HTML 文件。完整代码请参考本书配套资源中的"人工智能数据服务/工程代码/任务 5-3/ word_cloud.py"。

(1)导入必要的库和模块。

```
from pyecharts import options as opts
from pyecharts.charts import WordCloud
from pyecharts.globals import SymbolType
```

导入了 Pyecharts 库中用于配置选项的 options 模块、用于创建词云图的 WordCloud 类,以及全局常量 SymbolType。SymbolType 提供了多种形状选项,用于定义词云图的外观。

(2)读取词频数块。

```
from data.wordcloud_data import words
```

从 data.wordcloud_data 模块中导入 words 变量,words 是一个包含词频数据的列表,每个元素是一个包含词语和对应频率的元组。

(3)创建词云图对象并添加数据。

```
c = (
WordCloud()
.add("", words, word_size_range=[20, 80], shape=SymbolType.ROUND_RECT)
.set_global_opts(title_opts=opts.TitleOpts(title="课程圆满落幕: 愿同学们以智慧
为翼, 翱翔科技蓝天, 未来可期!"))
.render("web/wordcloud.html")
)
```

通过 WordCloud()实例化一个词云图对象。随后,使用.add 方法向该对象中添加数据,其中""(空字符串)作为系列名称,words 变量包含词频数据,word_size_range=[20, 80]定义了词云中字体大小的范围,shape=SymbolType.ROUND_RECT 则指定了词云图的形状为圆角矩形。接着,.set_global_opts 方法用于设置全局配置选项,通过 title_opts=opts.TitleOpts (title=" ")为词云图添加了标题。最后,.render("web/wordcloud.html")方法将配置好的词云图渲染并保存为 HTML 文件,文件路径为 web/wordcloud.html。整个代码流程实现了从数据输入到词云图生成的自动化过程,如图 5-3-8 所示。

图 5-3-8　词云图

任务小结

本次任务围绕着使用 Pyecharts 数据可视化库进行交互式数据图表制作展开，通过一系列的实践操作，深入探索了 Pyecharts 的多种图表类型和高级功能。在任务推进的过程中，首先成功搭建起了 Pyecharts 数据可视化环境，利用 Anconda3 配置了 Python 的版本并安装了相关模块，为后续的任务打下了坚实的基础。紧接着，逐一制作了柱状图、簇状柱形图、3D 簇状堆叠柱形图、散点图、漏斗图、地图数据可视化及词云图等多种图表类型。在制作每种图表的过程中，不仅掌握了 Pyecharts 库中相应类的使用方法，还学会了如何通过全局配置项来定制图表的外观，如修改颜色、添加标题和标签等，使得最终的图表不仅美观大方，而且能够准确传达数据中的关键信息。特别是在制作地图数据可视化和词云时，能深刻感受到 Pyecharts 在数据处理和展示方面的强大能力。地图数据可视化让用户能够直观地看到数据在不同地区的分布情况，有助于发现地域性的规律和趋势。而词云图则通过不同大小的字体展示了词语的频率，提供了一种全新的文本数据分析视角。

通过本次实训任务践，不仅能熟练掌握了 Pyecharts 的高级功能，还学会了如何将数据可视化技术应用到实际工作和研究中，提升数据处理和分析的效率，为进一步的数据分析和决策提供有力的支持。

练习思考

练习题及答案与解析

实训任务

1．使用 Pyecharts 库中的 Bar 类创建一个柱状图，展示不同销售区域的月度销售额数据。（难度系数*）

2．使用 Pyecharts 库中的 Line 类，创建一个折线图，展示某产品在不同时间段的销量趋势。（难度系数*）

3．利用 Pyecharts 库中的 Bar 类制作一个簇状柱形图，展示不同班级学生的数学、英语成绩对比。（难度系数**）

4．使用 Pyecharts 库中的 WordCloud 类创建一个词云图，展示热门旅游景点的关键词和关注度。（难度系数***）

拓展提高

深度整合并展示某地区不同时间点的空气质量指数（AQI）与温度、湿度之间的复杂关系。搜集并整理相关空气质量数据，进而创建一个精细定制的 3D 散点图。在图表制作过程中，需精心设置坐标轴，确保 x 轴、y 轴、z 轴分别准确代表时间、温度和湿度，同时 AQI 值以散点的大小或颜色深浅来直观呈现。此外，还需为图表添加恰当的标题和标签，以便清晰传达 AQI 与温度、湿度之间的关联性，为环境保护、气象预测及公众健康等领域提供有力的数据支持。

反侵权盗版声明

电子工业出版社依法对本作品享有专有出版权。任何未经权利人书面许可，复制、销售或通过信息网络传播本作品的行为，歪曲、篡改、剽窃本作品的行为，均违反《中华人民共和国著作权法》，其行为人应承担相应的民事责任和行政责任，构成犯罪的，将被依法追究刑事责任。

为了维护市场秩序，保护权利人的合法权益，我社将依法查处和打击侵权盗版的单位和个人。欢迎社会各界人士积极举报侵权盗版行为，本社将奖励举报有功人员，并保证举报人的信息不被泄露。

举报电话：（010）88254396；（010）88258888
传　　真：（010）88254397
E-mail：　dbqq@phei.com.cn
通信地址：北京市海淀区万寿路 173 信箱
　　　　　电子工业出版社总编办公室
邮　　编：100036

高等职业教育新目录新专标
电子与信息大类教材

公共基础

中国数字技术文化
数字素养
信息技术基础

计算机类专业基础

Linux 操作系统
计算机网络技术基础
MySQL 数据库应用开发
Java 程序设计
Java 网络程序设计
Java 编程实训
Python 程序设计
云计算技术基础
大数据技术基础
人工智能技术基础
区块链技术基础
物联网技术基础
麒麟操作系统
低代码应用实训

云计算技术应用

云网络技术应用
私有云基础架构与运维
公有云服务架构与运维
容器云服务架构与运维
云计算平台运维与开发
云安全技术应用

大数据技术

大数据平台部署与运维
数据采集技术
大数据预处理技术
大数据分析技术应用
数据挖掘应用
数据可视化技术与应用

人工智能技术应用

人工智能数学基础
● **人工智能数据服务**
深度学习应用开发
计算机视觉应用开发
自然语言处理应用开发
智能语音处理及应用开发
人工智能系统部署与运维
人工智能综合项目开发
机器学习技术基础
智能感知技术应用实训
智能识别系统实现实训
人工智能边缘计算应用实训
智能嵌入式系统实训

区块链技术应用

区块链核心技术
区块链智能合约开发
区块链应用设计与开发
区块链部署与运维
区块链项目综合实践

软件技术

网站开发技术
界面设计
Vue 应用开发
软件测试技术
软件项目开发（Spring Boot）
Web 前端开发——网页设计
Web 前端开发——交互式设计
（JavaScript+jQuery）
微服务架构（Spring Cloud）
NoSQL 数据库技术

计算机网络技术

路由交换技术与应用
网络安全设备配置与管理
网络虚拟化技术应用
网络自动化运维
网络应用程序开发

信息安全技术应用

网络安全系统集成
网络设备配置与安全
操作系统安全
数据安全技术应用
Web 安全与防护
信息安全产品配置与应用
软件审计

数字媒体技术应用

后期特效制作
虚拟现实素材与资源制作
数字媒体制作
设计构成
非线性编辑技术
图形图像处理技术
数字平面制作技术（PS/AI）

虚拟现实技术应用

VR 高级模型制作
虚拟现实程序设计
增强现实引擎开发

工业互联网技术

工业互联网数据采集技术
工业互联网标识解析技术
工业互联网边缘计算技术
工业互联网平台及应用
工业 APP 开发与应用

物联网技术

物联网平台技术与应用
无线物联网组网技术应用
面向物联网的 Harmony OS 应用开发与实践
微处理器技术与应用
嵌入式 Linux 应用开发
计算机网络技术

ISBN 978-7-121-48780-4

9 787121 487804 >

责任编辑：邱瑞瑾
封面设计：创智时代

定价：58.00元